码出高效

Java开发手册

杨冠宝（孤尽） 高海慧（鸣莎） 著

电子工业出版社
Publishing House of Electronics Industry
北京·BEIJING

内容简介

《码出高效:Java 开发手册》源于影响了全球 250 万名工程师的《阿里巴巴 Java 开发手册》,作者静心沉淀,对 Java 规约内容的来龙去脉进行了全面而彻底的梳理。本书以实战为中心,以新颖的角度全面阐述面向对象理论,结合阿里巴巴最佳实践和故障分析报告,逐步深入地探索怎样成为一位优秀的开发工程师。比如:如何驾轻就熟地使用各类集合框架,如何得心应手地处理高并发多线程问题,如何顺其自然地写出可读性强、可维护性好的优雅代码。

本书旁征博引、文风轻松,秉持"图胜于表,表胜于言"的理念,深入浅出地将计算机基础、面向对象思想、JVM 探源、数据结构与集合、并发与多线程、单元测试等知识客观、立体地呈现出来。紧扣学以致用、学以精进的目标,结合阿里巴巴实践经验和故障案例,与底层源码解析融会贯通,娓娓道来。

本书以打造民族标杆图书为己任,追求极致,打磨精品,在技术广度和深度上兼具极强的参考性,适合计算机相关行业的管理者和研发人员、高等院校的计算机专业师生等阅读。无论是初学者入门,或是中、高级程序员的进阶提升,本书均为不容置疑的选择。

未经许可,不得以任何方式复制或抄袭本书之部分或全部内容。
版权所有,侵权必究。

本书著作权归阿里巴巴(中国)有限公司所有。

图书在版编目(CIP)数据

码出高效:Java 开发手册 / 杨冠宝,高海慧著. —北京:电子工业出版社,2018.10
ISBN 978-7-121-34909-6

Ⅰ. ①码… Ⅱ. ①杨… ②高… Ⅲ. ① JAVA 语言－程序设计 Ⅳ. ① TP312.8

中国版本图书馆 CIP 数据核字 (2018) 第 187939 号

责任编辑:孙学瑛
印　　刷:北京市大天乐投资管理有限公司
装　　订:北京市大天乐投资管理有限公司
出版发行:电子工业出版社
　　　　　北京市海淀区万寿路 173 信箱　邮编:100036
开　　本:720×1000　1/16　　　印张:19.5　　　字数:359 千字
版　　次:2018 年 10 月第 1 版
印　　次:2021 年 9 月第 7 次印刷
定　　价:99.00 元

凡所购买电子工业出版社图书有缺损问题,请向购买书店调换。若书店售缺,请与本社发行部联系,联系及邮购电话:(010)88254888,88258888。

质量投诉请发邮件至 zlts@phei.com.cn,盗版侵权举报请发邮件至 dbqq@phei.com.cn。
本书咨询联系方式:010-51260888-819,faq@phei.com.cn。

编委会

毕玄	索尼	多隆	不穷	叶渡
至简	冰够	晗光	广陌	金戟
骏烈	昶乐	曾候	胜燕	默研
文龙	楠山	锦铭	遁木	润谨
玄坛	虎仔	息羽	可期	澳明
星楚	唔哈	弗止	崟山	辰颜
别象	喻阳	余烬		

出版团队

郭 立　孙学瑛　康 旭　宋亚东
安 娜　白 涛　李 玲　王 乐

前　　言

《码出高效：Java 开发手册》书名中的"码"既是动词，也是名词，希望我们在"码"出高效的同时编写出高质量的代"码"。本书从立意到付梓，历时超过两年，期间推翻数次写作思路，历经曲折与艰辛，只希望为时代奉献一本好书，打造中国计算机民族标杆图书。愿这本书能陪伴在众多开发工程师的身边，大家一起进步、一起成长、一起感受编程的魅力。

本书缘起

这本书源于影响了全球 250 万名工程师的《阿里巴巴 Java 开发手册》（简称《手册》）。2017 年 2 月，《手册》以 PDF 文件的方式正式发布第一个版本。一经公布，在各大网络平台引发热议，堪称中国人自己原创的 Java 编程规范，英文版甚至走进硅谷，世界开始听到中国程序员的声音。2017 年 10 月杭州云栖大会开源此手册配套的扫描插件后，一度攀升至开源热度排行榜世界第一，已经有 170 万名开发工程师直接下载安装，数以千计的企业进行部分修订后在内部推行。《手册》在研发效能、人才培养与系统稳定性领域都产生了巨大而深远的影响，已经成为全球重要的开发基础标准文件。

从团队协作角度来说。虽然别人都说开发工程师是搬砖的码农，但我们知道自己是追求个性的艺术家。我们骨子里追求代码的美、系统的美、设计的美，代码规约其实就是在代码世界中对美的定义。曾经程序员最引以为豪的代码，却因为代码规约的缺失严重制约了相互之间的高效协同，频繁的系统重构和心惊胆战的维护似乎成了工作的主旋律，那么如何走出这种怪圈呢？众所周知，互联网公司的效能是企业的核心竞争力，体现在开发领域上，其实就是沟通效率和研发效率。本书的书名"码出高效"指的就是高效沟通与协作。大雁是一种非常讲究团队配合的鸟类，它们飞翔的队形可以有效地减少空气阻力，所以封面选择大雁作为背景，传递团队沟通与协作的理念，顺利达到共同的目标。

从个人发展角度来说。在计算机编程日益普及的今天，程序员群体日益壮大，职场竞争压力随之增加，本书以初级入门、中级进阶、高级修炼为目标，陪伴程序员的成长之路，提升程序员的综合实力。涵盖计算机领域基础知识、面向对象理念、数据结构与集合、高并发多线程、异常和日志以及单元测试等多个方面，讲解由浅入深，从源代码到最佳实践，囊括了一名开发工程师应具备的基本素质。本书以计算机民族标杆图书为自我要求，追求极致，打磨精品，目的是使读者在计算机综合素质上有大幅的提升。

从系统稳定角度来说。稳定是系统基础设施的关键目标，也是每个开发工程师考核中的重要指标之一。所谓前车之鉴，后事之师，本书搜集线上的真实故障，经过整理后与相应的知识点结合在一起进行讲解，身临其境，阐述了知其不然的背后逻辑，提出更好的实现方案，最终以技术解决技术问题。

本书内容

本书共包括 9 章，每章的主要内容如下：

第 1 章从计算机基础知识说起，介绍 0 与 1 的由来，深度分析数值位运算与逻辑位运算、字符集与乱码、浮点数表示与差值原因、CPU 与内存、TCP/IP 连接和断开时的网络交互与信息安全基础知识，为程序员进阶之路打下良好的技术基础。

第 2 章走入面向对象的世界，介绍面向对象编程思想和类的有关设计原则，详细讲解覆写、重载等重要概念，并从一个全新视角解读泛型；文表结合讲解类关系的区别与联系；简明扼要分析类的序列化；第一次提出 refvar 是一种基本数据类型，并解析对应的 refobj 对象头的组成。

第 3 章聊聊代码风格，针对命名、代码展示、控制语句和注释等进行分类定义。虽然代码风格不影响程序运行和执行效率，但是对于团队高效协作来说具有重要意义。通过践行本章，读者可以顺其自然地写出可读性强、可维护性好的优雅代码。

第 4 章揭开 Java 的神秘面纱，探讨底层 JVM 核心。从字节码说起，分析类加载的过程，并结合内存布局，讲解对象创建与垃圾回收等知识点。

第 5 章首先归纳了系统中各类的异常，以及定义各种异常的处理方式，然后定义了日志使用规范，以达到监控运行状况，回溯异常等目的。

第 6 章是重点章节，以数据结构为引子讲解时间复杂度和应用场景，引申至集合框架，再到重点集合源码分析，最后介绍高并发集合框架，目的是让读者对集合的了解成竹在胸，运用得心应手。尤其是对于集合中使用到的红黑树特性，经过一步步分析，使读者不再发怵于树的平衡性区别与左右旋转的算法调整。最后，深度分析 HashMap 与 ConcurrentHashMap 的相关源码。

第 7 章也是重点章节，走进并发与多线程。由并发与并行等基础概念开始，引申到线程安全，介绍几种常见的锁实现，然后讲解线程同步方案，最后扩展到如何正确使用线程池，如何深度解析 ThreadLocal 的安全使用等。目的是让读者深入理解并且安全规范地实现并发编程，得心应手地处理好高并发多线程问题，提高线程效率。

第 8 章分析了单元测试的重要意义、基本原则、开发规范和评判标准。单元测试的重要意义在于它是一件有情怀、有技术素养、有长期收益的工作，是保证软件质量和效率的重要手段之一。

第 9 章回归初心，聊聊开发工程师的成长方法论，讲解代码规约的起源与落地方法。虽然这更像一个故事，但是它对于推动项目落地与个人成长具有借鉴意义。最后从哲学角度谈谈工程师的学习方法论。

本书分析的底层源码基本来自于最新发布的 JDK11，所有示例代码能够正常运行在相应的 OpenJDK 64Bit JVM 上。在阿里巴巴 Java 开发手册相关扫描插件 P3C 的开源网站上，即将公布所有相关源代码，敬请关注：https://github.com/alibaba/p3c。

本书特色

本书旁征博引、文风轻松，坚持朴实的平民化写书理念，为方便理解增加了大量生活化的例子，秉持"图胜于表，表胜于言"的理念，紧扣学以致用、学以精进的目标，结合阿里巴巴实践，与底层源码解析融会贯通，深入浅出地把知识立体、客观、丰富地呈现出来。

友情说明一下，本书的示例代码着重于解释知识点的逻辑与使用技巧，简捷明了为主，并非一一规范。当然，有技术追求的读者可以尝试总结全文不符合规范的代码，然后与我们联系，会有奖品回赠。

致谢

每本书都在封面左上角有一个独一无二的编号，希望这本书能够陪着小伙伴们走过独特的技术人生。如果这个编号能够被 199 整除，那么请在微信公众号码出高效下直接留言，作者即送你一本签名版的《阿里巴巴 Java 开发手册》红宝书。

最后，要感谢在本书编写过程中，所有家人、朋友以及伙伴们的支持与帮助，让作者没有后顾之忧地投入到写作中。感谢阿里云业务安全团队、研发效能事业部、

AJDK、信息平台事业部、技术线 HR、技术战略部、约码项目组、P3C 项目组、云效运营小组、CTO 办公室等团队的倾力奉献和所有支持计算机事业发展的开发工程师们。感谢团队各级 Leader 一如既往地支持。感谢各位编委和电子工业出版社博文视点伙伴们的认真付出，正是你们的积极参与和认真编校保证了图书的顺利出版。

最后再送大家一个彩蛋，刮开封底右上角的验证码，只要四位数字一样，如 6666，赠送价值 588 元的阿里巴巴技术丛书一套；如果四位数字为 2 的整次幂，如 1024，赠送《码出高效》专属蓝颜公仔一个。中奖者加入封底反面的微信读者群，将序列码与验证码发送给图书编辑即可兑换奖品，活动截止日期：2021 年 12 月 31 日。

目 录

第 1 章 计算机基础   1

1.1 走进 0 与 1 的世界   2
1.2 浮点数   6
1.2.1 科学计数法   7
1.2.2 浮点数表示   8
1.2.3 加减运算   10
1.2.4 浮点数使用   15
1.3 字符集与乱码   15
1.4 CPU 与内存   17
1.5 TCP/IP   20
1.5.1 网络协议   20
1.5.2 IP 协议   23
1.5.3 TCP 建立连接   25
1.5.4 TCP 断开连接   30
1.5.5 连接池   34

1.6 信息安全   36
1.6.1 黑客与安全   36
1.6.2 SQL 注入   37
1.6.3 XSS 与 CSRF   38
1.6.4 CSRF   39
1.6.5 HTTPS   40
1.7 编程语言的发展   46

第 2 章 面向对象   49

2.1 OOP 理念   50
2.2 初识 Java   54
2.3 类   56
2.3.1 类的定义   56
2.3.2 接口与抽象类   56
2.3.3 内部类   58

2.3.4	访问权限控制	60
2.3.5	this 与 super	63
2.3.6	类关系	64
2.3.7	序列化	66
2.4	方法	68
2.4.1	方法签名	68
2.4.2	参数	69
2.4.3	构造方法	74
2.4.4	类内方法	75
2.4.5	getter 与 setter	77
2.4.6	同步与异步	80
2.4.7	覆写	80
2.5	重载	84
2.6	泛型	87
2.7	数据类型	90
2.7.1	基本数据类型	90
2.7.2	包装类型	94
2.7.3	字符串	96

第 3 章 代码风格 98

3.1	命名规约	99
3.1.1	常量	101
3.1.2	变量	105
3.2	代码展示风格	105
3.2.1	缩进、空格与空行	105
3.2.2	换行与高度	108
3.2.3	控制语句	109
3.3	代码注释	111
3.3.1	注释三要素	111
3.3.2	注释格式	112

第 4 章 走进 JVM 113

4.1	字节码	114
4.2	类加载过程	119
4.3	内存布局	126
4.4	对象实例化	133
4.5	垃圾回收	134

第 5 章 异常与日志 139

5.1	异常分类	141
5.2	try 代码块	143
5.3	异常的抛与接	146
5.4	日志	147
5.4.1	日志规范	147
5.4.2	日志框架	149

第 6 章 数据结构与集合 153

6.1	数据结构	154
6.2	集合框架图	156
6.2.1	List 集合	157
6.2.2	Queue 集合	158
6.2.3	Map 集合	158

6.2.4 Set 集合	158	
6.3 集合初始化	159	
6.4 数组与集合	162	
6.5 集合与泛型	168	
6.6 元素的比较	173	
6.6.1 Comparable 和 Comparator	173	
6.6.2 hashCode 和 equals	177	
6.7 fail-fast 机制	181	
6.8 Map 类集合	184	
6.8.1 红黑树	186	
6.8.2 TreeMap	192	
6.8.3 HashMap	203	
6.8.4 ConcurrentHashMap	215	

第 7 章 并发与多线程	**222**	
7.1 线程安全	223	
7.2 什么是锁	227	
7.3 线程同步	230	
7.3.1 同步是什么	230	
7.3.2 volatile	231	
7.3.3 信号量同步	235	
7.4 线程池	239	

7.4.1 线程池的好处	239	
7.4.2 线程池源码详解	246	
7.5 ThreadLocal	251	
7.5.1 引用类型	252	
7.5.2 ThreadLocal 价值	258	
7.5.3 ThreadLocal 副作用	267	

第 8 章 单元测试	**269**	
8.1 单元测试的基本原则	271	
8.2 单元测试覆盖率	273	
8.3 单元测试编写	277	
8.3.1 JUnit 单元测试框架	277	
8.3.2 命名	283	
8.3.3 断言与假设	285	

第 9 章 代码规约	**290**	
9.1 代码规约的意义	291	
9.2 如何推动落地	294	
9.3 手册纵览	295	
9.4 从规约到学习方法论	297	
9.5 聊聊成长	298	

第 1 章 计算机基础

大道至简,盘古生其中。计算机的绚丽世界一切都是由 0 与 1 组成的。

追根究底的习惯是深度分析和解决问题、提升程序员素质的关键所在，有助于编写高质量的代码。基础知识的深度认知决定着知识上层建筑的延展性。试问，对于如下的基础知识，你的认知是否足够清晰呢？

- 位移运算可以快速地实现乘除运算，那位移时要注意什么？
- 浮点数的存储与计算为什么总会产生微小的误差？
- 乱码产生的根源是什么？
- 代码执行时，CPU 是如何与内存配合完成程序使命的？
- 网络连接资源耗尽的问题本质是什么？
- 黑客攻击的通常套路是什么？如何有效地防止？

本章从编程的角度深度探讨计算机组成原理、计算机网络、信息安全等相关内容，与具体编程语言无关。本章并不会讨论内部硬件的工作原理、网络世界的协议和底层传输方式、安全领域的攻防类型等内容。

1.1 走进 0 与 1 的世界

简单地说，计算机就是晶体管、电路板组装起来的电子设备，无论是图形图像的渲染、网络远程共享，还是大数据计算，归根结底都是 0 与 1 的信号处理。信息存储和逻辑计算的元数据，只能是 0 与 1，但是它们在不同介质里的物理表现方式却是不一样的，如二极管的断电与通电、CPU 的低电平与高电平、磁盘的电荷左右方向。明确了 0 与 1 的物理表现方式后，设定基数为 2，进位规则是"逢二进一"，借位规则是"借一当二"，所以称为二进制。那么如何表示日常生活中的十进制数值呢？二进制数位从右往左，每一位都是乘以 2，如下示例为二进制数与十进制数的对应关系，阴影部分的数字为二进制数：

1=1，10=2，100=4，1000=8，11000=24，即 $2^0=1$；$2^1=2$；$2^2=4$；$2^3=8$；$2^4+2^3=24$

设想有 8 条电路，每条电路有低电平和高电平两种状态。根据数学排列组合，有 8 个 2 相乘，即 2^8，能够表示 256 种不同的信号。假设表示区间为 0 ~ 255，最大数即为 2^8-1，那么 32 条电路能够表示的最大数为（$2^{32}-1$）=4,294,967,295。平时所说的 32 位机器，就能够同时处理字长为 32 位的电路信号。

如何表示负数呢？上面的 8 条电路，最左侧的一条表示正负，0 表示正数，1 表示负数，不参与数值表示，其余的 7 条电路表示实际数值。在二进制世界中，表示数的基本编码方式有原码、反码和补码三种。

原码：符号位和数字实际值的结合。正数数值部分是数值本身，符号位为 0；负数数值部分是数值本身，符号位为 1。8 位二进制数的表示范围是 [-127,127]。

反码：正数数值部分是数值本身，符号位为 0；负数的数值部分是在正数表示的基础上对各个位取反，符号位为 1。8 位二进制数的表示范围是 [-127,127]。

补码：正数数值部分是数值本身，符号位为 0；负数的数值部分是在正数表示的基础上对各个位取反后加 1，符号位为 1。8 位二进制数的表示范围是 [-128,127]。

三种编码方式对比如表 1-1 所示。

表 1-1 三种编码方式对比

正数/负数	原码	反码	补码
1	0000 0001	0000 0001	0000 0001
-1	1000 0001	1111 1110	1111 1111
2	0000 0010	0000 0010	0000 0010
-2	1000 0010	1111 1101	1111 1110

既然原码的编码方式是最符合人类认知的，那为什么还会有反码和补码的表达方式呢？因为计算机的运作方式与人类的思维模式是不同的。为了加速计算机对加减乘除的运算速度，减少额外的识别成本，反码和补码应运而生。以减法计算为例，减去一个数等于加上这个数的负数，例如 1-2=1+（-2）=-1。在计算机中延续这种计算思维，不需要额外做符号位的识别，使用原码计算的结果为 1-2=1+（-2）=[0000 0001]_原+[1000 0010]_原=[1000 0011]_原=-3，这个结果显然是不正确的。为了解决这一问题，出现了反码的编码方式。使用反码计算，结果为 1-2=1+（-2）=[0000 0001]_反+[1111 1101]_反=[1111 1110]_反=-1，结果正确。但是在某些特殊情况下，使用反码存在认知方面的问题，例如 2-2=2+（-2）=[0000 0010]_反+[1111 1101]_反=[1111 1111]_反=-0，结果出现了 -0，但实际上 0 不存在 +0 和 -0 两种表达方式，它们对应的都是 0。随着数字的编码表示的发展，补码诞生了，它解决了反码中 +0 和 -0 的问题。例如 2-2=2+（-2）=[0000 0010]_补+[1111 1110]_补=[0000 0000]_补=0。补码的出现除解决运算的问题外，还带来一个额外的好处，即在占用相同位数的条件下，补码的表达区间比前两种编码的表达区间更大。例如，8 位二进制编码中，补码表示的范围增大到 -128，其对应的补码为 [1000 0000]_补。8 条电路的最大值为 0111 1111 即 127，表示范围因有正

负之分而改变为 −128 ~ 127，二进制整数最终都是以补码形式出现的。正数的补码与原码、反码是一样的，而负数的补码是反码加 1 的结果。这样使减法运算可以使用加法器实现，符号位也参与运算。比如 35 + (−35) 如图 1-1（a）所示，35−37 如图 1-1（b）所示。

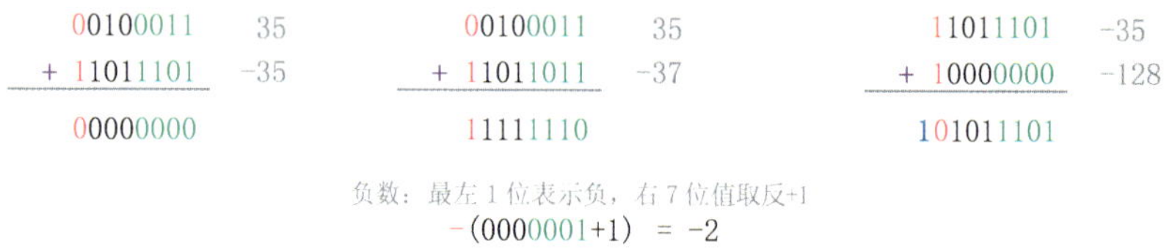

```
  00100011   35         00100011   35          11011101   -35
+ 11011101  -35       + 11011011  -37        + 10000000  -128
  00000000              11111110             101011101
                     负数：最左 1 位表示负，右 7 位值取反+1
                       −(0000001+1) = -2
     (a)                    (b)                    (c)
```

图 1-1 负数运算

　　加减法是高频运算，使用同一个运算器，可以减少中间变量存储的开销，这样也降低了 CPU 内部的设计复杂度，使内部结构更加精简，计算更加高效，无论对于指令、寄存器，还是运算器都会减轻很大的负担。

　　如图 1-1（c）所示，计算结果需要 9 条电路来表示，用 8 条电路来表达这个计算结果即溢出，即在数值运算过程中，超出规定的表示范围。一旦溢出，计算结果就是错误的。在各种编程语言中，均规定了不同数字类型的表示范围，有相应的最大值和最小值。

　　以上示例中的一条电路线在计算机中被称为 1 位，即 1 个 bit，简写为 B，中文翻译为字节。8 个 bit 组成一个单位，称为一个字节，即 1 个 Byte，简写为 B。1024 个 Byte，简写为 KB；1024 个 KB，简写为 MB；1024 个 MB，简写为 GB，这些都是计算机中常用的存储计量单位。

　　除二进制的加减法外，还有一种大家既陌生又熟悉的操作：位移运算。陌生是指不易理解且不常用，熟悉是指"别人家的开发工程师"在代码中经常使用这种方式进行高低位的截取、哈希计算，甚至运用在乘除法运算中。向右移动 1 位近似表示除以 2（如表 1-2 所示），十进制的奇数转化为二进制数后，在向右移时，最右边的 1 将被直接抹去，说明向右移对于奇数并非完全相当于除以 2。在左移 << 与右移 >> 两种运算中，符号位均参与移动，除负数往右移动，高位补 1 之外，其他情况均在空位处补 0，红色是原有数据的符号位，绿色仅是标记，便于识别移动方向。

表 1-2 带符号位移运算

正数 / 负数	向左移 << 1 位	向右移 >>1 位
正数（35 的补码 00100011）	01000110 = $2^6+2^2+2^1$ = 70	00010001 = 2^4+2^0 = 17（近似除 2）
负数（-35 的补码 11011101）	10111010 = 1(1000101+1) = -70	11101110 = 1(0010001+1) = -18
正数（99 的补码 01100011）	11000110 = -58（正数变负数）	00110001 = 49
负数（-99 的补码 10011101）	00111010 = 58（负数变正数）	11001110 = -50

左移运算由于符号位参与向左移动，在移动后的结果中，最左位可能是 1 或者 0，即正数向左移动的结果可能是正，也可能是负；负数向左移动的结果同样可能是正，也可能是负。所有结果均假想为单字节机器，而在实际程序运用中并非如此。

对于三个大于号的 >>> 无符号向右移动（注意不存在 <<< 无符号向左移动的运算方式），当向右移动时，正负数高位均补 0，正数不断向右移动的最小值是 0，而负数不断向右移动的最小值是 1。无符号意即藐视符号位，符号位失去特权，必须像其他平常的数字位一起向右移动，高位直接补 0，根本不关心是正数还是负数。此运算常用在高位转低位的场景中，如表 1-3 所示分别表示向右移动 1～3 位的结果，左侧空位均补 0。

表 1-3 无符号位移运算

正数 / 负数	向右移 >>>1 位	向右移 >>>2 位	向右移 >>>3 位
正数（35 的补码 00100011）	00010001 = 17	00000100 = 8	00000100 = 4
负数（-35 的补码 11011101）	01101110 = 110	00110111 = 55	00011011 = 27

为何负数不断地无符号向右移动的最小值是 1 呢？在实际编程中，位移运算仅作用于整型（32 位）和长整型（64 位）数上，假如在整型数上移动的位数是字长的整数倍，无论是否带符号位以及移动方向，均为本身。因为移动的位数是一个 mod 32 的结果，即 35>>1 与 35>>33 是一样的结果。如果是长整型，mod 64，即 35<<1 与 35<<65 的结果是一样的。负数在无符号往右移动 63 位时，除最右边为 1 外，左边均为 0，达到最小值 1，如果 >>>64，则为其原数值本身。

位运算的其他操作比较好理解，包括按位取反（符号为 ~）、按位与（符号为 &）、按位或（符号为 |）、按位异或（符号为 ^）等运算。其中，按位与（&）运算典型的场景是获取网段值，IP 地址与掩码 255.255.255.0 进行按位与运算得到高 24 位，即为当前 IP 的网段。按位运算的左右两边都是整型数，true&false 这样的方式也是合法的，

因为 boolean 底层表示也是 0 与 1。

按位与和逻辑与（符号为 &&）运算都可以作用于条件表达式，但是后者有短路功能，表达如下所示：

```
boolean a = true;
boolean b = true;
boolean c = (a=(1==2)) && (b=(1==2));
```

因为 && 前边的条件表达式，即如上的红色代码部分的结果为 false，触发短路，直接退出，最后 a 的值为 false，b 的值为 true。假如把 && 修改为按位与 &，则执行的结果为 a 与 b 都是 false。

同样的逻辑，按位或对应的逻辑或运算（符号为 ||）也具有短路功能，当逻辑或 || 之前的条件表达式，即如下的红色代码部分的结果为 true 时，直接退出：

```
boolean e = false;
boolean f = false;
boolean g = (e=(1==1)) || (f=(1==1));
```

最后 e 的值为 true，f 的值为 false。假如把 || 修改为按位或符号 |，执行的结果为 e 与 f 都是 true。

逻辑或、逻辑与运算只能对布尔类型的条件表达式进行运算，7&&8 这种运算表达式是错误的。

异或运算没有短路功能，符号在键盘的数字 6 上方，在哈希算法中用于离散哈希值，对应的位上不一样才是 1，一样的都是 0。比如，1^1=0 / 0^0=0 / 1^0=1 / true^true=false / true^false=true。

基于 0 与 1 的信号处理为我们带来了缤纷多彩的计算机世界，随着基础材料和信号处理技术的发展，未来计算机能够处理的基础信号将不仅仅是二进制信息。比如，三进制（高电平、低电平、断电），甚至十进制信息，届时计算机世界又会迎来一次全新的变革。

1.2 浮点数

计算机定义了两种小数，分别为定点数和浮点数。其中，定点数的小数点位置是固定的，在确定字长的系统中一旦指定小数点的位置后，它的整数部分和小数部分也随之确定。二者之间独立表示，互不干扰。由于小数点位置是固定的，所以定点数能够表示的范围非常有限。考虑到定点数相对简单，本节不再展开。下面重点介绍应用更广、更加复杂的浮点数。它是采用科学计数法来表示的，由符号位、有效数字、指数三部分组成。使用浮点数存储和计算的场景无处不在，若使用不当则容易造成计算值与理论值不一致，如下示例代码：

```
float a = 1f;
float b = 0.9f;

// 结果为: 0.100000024
float f = a - b;
```

执行结果显示计算结果与预期存在明显的误差，本节将通过深入剖析造成这个误差的原因来介绍浮点数的构成与计算原理。由于浮点数是以科学计数法来表示的，所以我们先从科学计数法讲起。

1.2.1 科学计数法

浮点数在计算机中用以近似表示任意某个实数。在数学中，采用科学计数法来近似表示一个极大或极小且位数较多的数。如 $a \times 10^n$，其中 a 满足 $1 \leq |a| < 10$，10^n 是以 10 为底数，n 为指数的幂运算表达式。$a \times 10^n$ 还可以表示成 aen，如图 1-2（a）中计算器的结果所示。$-4.86e11$ 等价于 -4.86×10^{11}，它们都表示真实值 -486000000000，具体格式说明如图 1-2（b）所示。

（a） （b）

图 1-2 科学计数法

科学计数法的有效数字为从第 1 个非零数字开始的全部数字，指数决定小数点的位置，符号表示该数的正与负。值得注意的是，十进制科学计数法要求有效数字的整数部分必须在 [1,9] 区间内，即图 1-2（b）中的"4"，满足这个要求的表示形式被称为"规格化"。科学计数法可以唯一地表示任何一个数，且所占用的存储空间会更少，计算机就是利用这一特性表示极大或极小的数值。例如，长整型能表示的最大值约为 922 亿亿，想要表示更大量级的数值，必须使用浮点数才可以做到。

1.2.2 浮点数表示

浮点数表示就是如何用二进制数表示符号、指数和有效数字。当前业界流行的浮点数标准是 IEEE754，该标准规定了 4 种浮点数类型：单精度、双精度、延伸单精度、延伸双精度。前两种类型是最常用的，它们的取值范围如表 1-4 所示。

表 1-4 单精度和双精度

精度	字节数	正数取值范围	负数取值范围
单精度类型	4	1.4e–45 至 3.4e+38	–3.4e+38 至 –1.4e–45
双精度类型	8	4.9e–324 至 1.798e+308	–1.798e+308 至 –4.9e–324

因为浮点数无法表示零值，所以取值范围分为两个区间：正数区间和负数区间。下面将着重分析单精度浮点数，而双精度浮点数与其相比只是位数不同而已，完全可以触类旁通，本节不再展开。以单精度类型为例，它被分配了 4 个字节，总共 32 位，具体格式如图 1-3 所示。

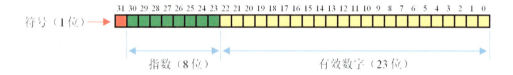

图 1-3 单精度浮点数格式

从数学世界的科学计数法映射到计算机世界的浮点数时，数制从十进制改为二进制，还要考虑内存硬件设备的实现方式。在规格化表示上存在差异，称谓有所改变，指数称为"阶码"，有效数字称为"尾数"，所以用于存储符号、阶码、尾数的二进制位分别称为符号位、阶码位、尾数位，下面详细阐述三个部分的编码格式。

1. 符号位

在最高二进制位上分配 1 位表示浮点数的符号，0 表示正数，1 表示负数。

2. 阶码位

在符号位右侧分配 8 位用来存储指数，IEEE754 标准规定阶码位存储的是指数对应的移码，而不是指数的原码或补码。根据计算机组成原理中对移码的定义可知，移码是将一个真值在数轴上正向平移一个偏移量之后得到的，即 $[x]_{移} = x + 2^{n-1}$（n 为 x 的二进制位数，含符号位）。移码的几何意义是把真值映射到一个正数域，其特点是可以直观地反映两个真值的大小，即移码大的真值也大。基于这个特点，对计算机来说用移码比较两个真值的大小非常简单，只要高位对齐后逐个比较即可，不用考虑负号的问题，这也是阶码会采用移码表示的原因所在。

由于阶码实际存储的是指数的移码，所以指数与阶码之间的换算关系就是指数与它的移码之间的换算关系。假设指数的真值为 e，阶码为 E，则有 $E = e + (2^{n-1} - 1)$，其中 $2^{n-1} - 1$ 是 IEEE754 标准规定的偏移量，n=8 是阶码的二进制位数。

为什么偏移值为 $2^{n-1} - 1$ 而不是 2^{n-1} 呢？因为 8 个二进制位能表示指数的取值范围为 [−128,127]，现在将指数变成移码表示，即将区间 [−128,127] 正向平移到正数域，区间里的每个数都需要加上 128，从而得到阶码范围为 [0,255]。由于计算机规定阶码全为 0 或全为 1 两种情况被当作特殊值处理（全 0 被认为是机器零，全 1 被认为是无穷大），去除这两个特殊值，阶码的取值范围变成了 [1,254]。如果偏移量不变仍为 128 的话，则根据换算关系公式 $[x]_{阶} = x + 128$ 得到指数的范围变成 [−127,126]，指数最大只能取到 126，显然会缩小浮点数能表示的取值范围。所以 IEEE754 标准规定单精度的阶码偏移量为 $2^{n-1} - 1$（即 127），这样能表示的指数范围为 [−126,127]，指数最大值能取到 127。

3. 尾数位

最右侧分配连续的 23 位用来存储有效数字，IEEE754 标准规定尾数以原码表示。正指数和有效数字的最大值决定了 32 位存储空间能够表示浮点数的十进制最大值。指数最大值为 $2^{127} \approx 1.7 \times 10^{38}$，而有效数字部分最大值是二进制的 1.11⋯1（小数点后 23 个 1），是一个无限接近于 2 的数字，所以得到最大的十进制数为 $2 \times 1.7 \times 10^{38}$，再加上最左 1 位的符号，最终得到 32 位浮点数最大值为 3.4e+38。为了方便阅读，从右向左每 4 位用短横线断开：

0111-1111-0111-1111-1111-1111-1111-1111

- 红色部分为符号位，值为 0，表示正数。
- 绿色部分为阶码位即指数，值为 $2^{254-127} = 2^{127} \approx 1.7 \times 10^{38}$。
- 黄色部分为尾数位即有效数字，值为 1.11111111111111111111111。

科学计数法进行规格化的目的是保证浮点数表示的唯一性。如同十进制规格化的要求 $1 \leq |a| < 10$，二进制数值规格化后的尾数形式为 1.xyz，满足 $1 \leq |a| < 2$。为了节约存储空间，将符合规格化尾数的首个 1 省略，所以尾数表面上是 23 位，却表示了 24 位二进制数，如图 1-4 所示。

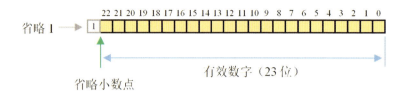

图 1-4　尾数的规格化表示

常用浮点数的规格化表示如表 1-5 所示。

表 1-5　浮点数的规格化表示

数　值	浮点数二进制表示	说　明
−16	1100-0001-1000-0000-0000-0000-0000-0000	第 1 位为符号位，1 表示负数。131−127=4，即 2^4=16，尾数部分为 1.0
16.35	0100-0001-1000-0010-1100-1100-1100-1101	第 1 位为符号位，0 表示正数。绿色部分上同，尾数部分见说明[①]
0.35	0011-1110-1011-0011-0011-0011-0011-0011	此例的目的是说明 16.35 和 0.35 的尾数部分是不一样的
1.0	0011-1111-1000-0000-0000-0000-0000-0000	127−127=0 即 2^0=1，尾数部分为 1.0
0.9	0011-1111-0110-0110-0110-0110-0110-0110	126−127=−1 即 0.5[②]

注：[①] 尾数部分的有效数字为 1.00000101100110011001101，将其转换成十进制值为 1.021875，然后乘以 2^4 得到 16.35000038。由此可见，计算机实际存储的值可能与真值是不一样的。补充说明，二进制小数转化为十进制小数，小数点后一位是 2^{-1}，依次累加即可，如 1.00000101 = 1+2^{-6}+2^{-8}= 1.01953125。

[②] 0.9 不能用有限二进制位进行精确表示，所以 1−0.9 并不精确地等于 0.1，实际结果是 0.100000024，具体原因后面进行分析。

1.2.3　加减运算

在数学中，进行两个小数的加减运算时，首先要将小数点对齐，然后同位数进行加减运算。对两个采用科学计数法表示的数做加减法运算时，为了让小数点对齐就需要确保指数一样。当小数点对齐后，再将有效数字按照正常的数进行加减运算。

（1）零值检测。检查参加运算的两个数中是否存在为 0 的数（0 在浮点数是一种规定，即阶码与尾数全为 0），因为浮点数运算过程比较复杂，如果其中一个数为 0，可以直接得出结果。

（2）对阶操作。通过比较阶码的大小判断小数点位置是否对齐。当阶码不相等时表示当前两个浮点数的小数点位置没有对齐，则需要通过移动尾数改变阶码的大小，使二者最终相等，这个过程便称为对阶。尾数向右移动1位，则阶码值加1，反之减1。在移动尾数时，部分二进制位将会被移出，但向左移会使高位被移出，对结果造成的误差更大。所以，IEEE754规定对阶的移动方向为向右移动，即选择阶码小的数进行操作。

（3）尾数求和。当对阶完成后，直接按位相加即可完成求和（如果是负数则需要先转换成补码再进行运算）。这个道理与十进制数加法相同，例如 9.8×10^{38} 与 6.5×10^{37} 进行求和，将指数小的进行升阶，即 6.5×10^{37} 变成 0.65×10^{38}，然后求和得到结果为 10.45×10^{38}。

（4）结果规格化。如果运算的结果仍然满足规格化形式，则无须处理，否则需要通过尾数位的向左或右移动调整达到规格化形式。尾数位向右移动称为右规，反之称为左规。如上面计算结果为 10.45×10^{38}，右规操作后为 1.045×10^{39}。

（5）结果舍入。在对阶过程或右规时，尾数需要右移，最右端被移出的位会被丢弃，从而导致结果精度的损失。为了减少这种精度的损失，先将移出的这部分数据保存起来，称为保护位，等到规格化后再根据保护位进行舍入处理。

了解了浮点数的加减运算过程后可以发现，阶码在加减运算过程中只是用来比较大小，从而决定是否需要进行对阶操作。所以，IEEE754标准针对这一特性，将阶码采用移码表示，目的就是利用移码的特点来简化两个数的比较操作。下面针对前面例子从对阶、按位减法的角度分析为什么1.0−0.9结果为0.100000024，而不是理论值0.1。1.0−0.9等价于1.0 + (−0.9)，首先分析1.0与 −0.9 的二进制编码：

1.0 的二进制为　0011-1111-1000-0000-0000-0000-0000-0000

−0.9 的二进制为　1011-1111-0110-0110-0110-0110-0110-0110

从上可以得出二者的符号、阶码、尾数三部分数据，如表1-6所示。

表1-6　符号、阶码与尾数

浮点数	符号	阶码	尾数（红色表示规格化后最高位）	尾数补码
1.0	0	127	1000-0000-0000-0000-0000-0000	1000-0000-0000-0000-0000-0000
−0.9	1	126	1110-0110-0110-0110-0110-0110	0001-1001-1001-1001-1001-1010

由于尾数位的最左端存在一个隐藏位，所以实际尾数二进制分别为：1000-0000-

0000-0000-0000-0000 和 1110-0110-0110-0110-0110-0110，红色为隐藏位。下面运算都是基于实际的尾数位进行的，具体过程如下：

（1）对阶。1.0 的阶码为 127，−0.9 的阶码为 126，比较阶码大小时需要向右移动 −0.9 尾数的补码，使其阶码变为 127，同时高位需要补 1，移动后的结果为 1000-1100-1100-1100-1100-1101，最左的 1 是图 1-4 介绍的隐藏灰色的 1 补进的。注意，绿色的数字仅仅是为了方便阅读，更加清晰观察到数字位的对齐或整体移动方向。

（2）尾数求和。因为尾数都转换成补码，所以可以直接按位相加，注意符号位也要参与运算，如图 1-5 所示。

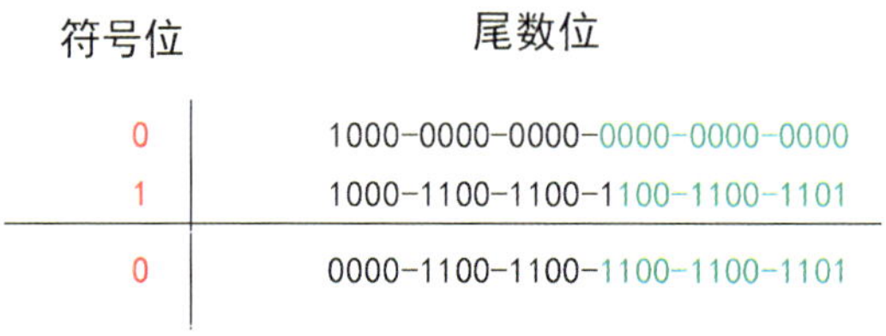

符号位	尾数位
0	1000-0000-0000-0000-0000-0000
1	1000-1100-1100-1100-1100-1101
0	0000-1100-1100-1100-1100-1101

图 1-5　尾数求和示意

其中最左端为符号位，计算结果为 0，尾数位计算结果为 0000-1100-1100-1100-1100-1101。

（3）规格化。上一步计算的结果并不符合要求，尾数的最高位必须是 1，所以需要将结果向左移动 4 位，同时阶码需要减 4。移动后阶码等于 123（二进制为 1111011），尾数为 1100-1100-1100-1100-1101-0000。再隐藏尾数的最高位，进而变为 100-1100-1100-1100-1101-0000，最右边的 4 个 0 是左移 4 位后补上的。

综上所述，得出运算后结果的符号为 0、阶码为 1111011、尾数为 100-1100-1100-1100-1101-0000，三部分组合起来就是 1.0−0.9 的结果，对应的十进制值为 0.100000024。至此，在本节开始处的减法悬案真相大白。

但是，浮点数的悬案并不止于此。如下示例代码为三种判断浮点数是否相等比较的方式，请大家思考运行结果是什么？

```java
float g = 1.0f - 0.9f;
float h = 0.9f - 0.8f;

// 第一种，判断浮点数是否相等的方式
if (g == h) {
    System.out.println("true");
} else {
```

```java
    System.out.println("false");
}

// 第二种，判断浮点数是否相等的方式
Float x = Float.valueOf(g);
Float y = Float.valueOf(h);
if (x.equals(y)) {
    System.out.println("true");
} else {
    System.out.println("false");
}

// 第三种，判断浮点数是否相等的方式
Float m = new Float(g);
Float n = new Float(h);
if (m.equals(n)) {
    System.out.println("true");
} else {
    System.out.println("false");
}
```

相信以上代码的运行结果会让人大跌眼镜，输出结果为 3 个 false！1.0f−0.9f 与 0.9f−0.8f 的结果理应都为 0.1，但实际是不相等的。上面已经分析出 1.0f−0.9f=0.100000024，那么 0.9f−0.8f 的结果为多少呢？0.9−0.8 等价于 0.9+(−0.8)，首先分析 0.9 与 −0.8 的二进制编码：

0.9 的二进制编码为　0011-1111-0110-0110-0110-0110-0110-0110

−0.8 的二进制编码为　1011-1111-0100-1100-1100-1100-1100-1101

从上可以得出二者的符号、阶码、尾数三部分数据，如表 1-7 所示。

表 1-7　0.9 与 −0.8 的符号、阶码与尾数

浮点数	符号	阶码	尾数（红色表示规格化后最高位）	尾数补码
0.9	0	126	1110-0110-0110-0110-0110-0110	1110-0110-0110-0110-0110-0110
−0.8	1	126	1100-1100-1100-1100-1100-1101	0011-0011-0011-0011-0011-0011

由于尾数位的最左端存在一个隐藏位，所以实际尾数二进制分别为：1110-0110-0110-0110-0110-0110 和 1100-1100-1100-1100-1100-1101，红色为隐藏位。下面运算都是基于实际的尾数位进行的，具体过程如下：

（1）对阶。0.9 和 −0.8 的阶码都为 126，不需要进行移阶运算。

（2）尾数求和。因为尾数都转换成补码，所以可以直接按位相加，注意符号位也要参与运算，如图1-6所示。

符号位	尾数位
0	1110-0110-0110-0110-0110-0110
1	0011-0011-0011-0011-0011-0011
0	0001-1001-1001-1001-1001-1001

图 1-6　尾数求和

其中最左端为符号位，计算结果为 0，尾数位计算结果为 0001-1001-1001-1001-1001-1001。

（3）规格化。上一步计算的结果并不符合要求，尾数的最高位必须是 1，所以需要将结果向左移动 3 位，同时阶码需要减 3。移动后阶码等于 123（二进制为 1111011），尾数为 1100-1100-1100-1100-1100-1000。再隐藏尾数的最高位，进而变为 100-1100-1100-1100-1100-1000。

综上所述，得出运算后结果的符号为 0、阶码为 1111011、尾数为 100-1100-1100-1100-1100-1000，三部分组合起来就是 0.9f-0.8f 的结果，对应的十进制数值为 0.099999964。至此，又揭秘了一个悬案 1.0f-0.9f 的结果与 0.9f-0.8f 的结果不相等。因此在浮点数比较时正确的写法：

```java
float g = 1.0f - 0.9f;
float h = 0.9f - 0.8f;

double diff = 1e-6;
if (Math.abs(g - h) < diff) {
    System.out.println("true");
} else {
    System.out.println("false");
}

BigDecimal a = new BigDecimal("1.0");
BigDecimal b = new BigDecimal("0.9");
BigDecimal c = new BigDecimal("0.8");
BigDecimal x = a.subtract(b);
BigDecimal y = b.subtract(c);
if (x.compareTo(y) == 0) {
    System.out.println("true");
} else {
```

```
    System.out.println("false");
}
```

1.2.4 浮点数使用

在使用浮点数时推荐使用双精度，使用单精度由于表示区间的限制，计算结果会出现微小的误差，实例代码如下所示：

```
float ff = 0.9f;
double dd = 0.9d;
// 0.8999999761581421
System.out.println(ff/1.0);
// 0.9
System.out.println(dd/1.0);
```

在要求绝对精确表示的业务场景下，比如金融行业的货币表示，推荐使用整型存储其最小单位的值，展示时可以转换成该货币的常用单位，比如人民币使用分存储，美元使用美分存储。在要求精确表示小数点 n 位的业务场景下，比如圆周率要求存储小数点后 1000 位数字，使用单精度和双精度浮点数类型保存是难以做到的，这时推荐采用数组保存小数部分的数据。在比较浮点数时，由于存在误差，往往会出现意料之外的结果，所以禁止通过判断两个浮点数是否相等来控制某些业务流程。在数据库中保存小数时，推荐使用 decimal 类型，禁止使用 float 类型和 double 类型。因为这两种类型在存储的时候，存在精度损失的问题。

综上所述，在要求绝对精度表示的业务场景中，在小数保存、计算、转型过程中都需要谨慎对待。

1.3 字符集与乱码

理解 0 和 1 的物理信号来源及数值表示方式后，如何将 0 和 1 表示成我们看到的文字呢？从 26 个英文字母说起，大小写共 52 个，加上 10 个数字达到 62 个，考虑到还有特殊字符（如：! @ # $ % ^ & * { } |等）和不可见的控制字符，必然超过 64 个，这又该如何表示呢？注意这里特别提到了"64"，因为它的特殊性，即 2 的 6 次方。使用刚才的 0 与 1 组合，至少是 7 组连续的信号量。计算机在诞生之初对于存储和传输介质实在没有什么信心，所以预留了一个 bit（位）用于奇偶校验，这就是 1 个 Byte（字节）由 8 个 bit 组成的来历，也就是 ASCII 码。

在 ASCII 码中，有两个特殊的控制字符 10 和 13，前者是 LF 即"\n"，后者是

CR即"\r",在编码过程中,代码的换行虽然是默认不可见的,但在不同的操作系统中,表示方式是不一样的。在 UNIX 系统中,换行使用换行符"\n";在 Windows 系统中,换行使用"\r\n";在旧版 macOS 中,换行使用回车符"\r",在新版 macOS 中使用与 UNIX 系统相同的换行方式。如图 1-7 所示,当前编码环境使用换行方式是 LF,这也是推荐的换行方式,避免出现源码在不同操作系统中换行显示不同的情况。

图 1-7 不同操作系统的换行方式

再说汉字的字符集表示,首先汉字的个数远远超过英文字符的个数。毕竟 ASCII 码先入为主,必须在它基础上继续编码,也必须想办法和它兼容。一个字节只能表示 128 个字符,所以采用双字节进行编码。早期使用的标准 GB2312 收录了 6763 个常用汉字。而 GBK(K 是拼音 kuò 的首字母,是扩展的意思)支持繁体,兼容 GB2312。而后来的 GB18030 是国家标准,在技术上是 GBK 的超集并与之兼容。1994 年正式公布的 Unicode,为每种语言中的每个字符都设定了唯一编码,以满足跨语言的交流,分为编码方式和实现方式。实现 Unicode 的编码格式有三种:UTF-8、UTF-16、UTF-32,UTF(Unicode Transformation Format)即 Unicode 字符集转换格式,可以理解为对 Unicode 的压缩方式。根据二八原则,常用文字只占文字总数的 20% 左右。其中,UTF-8 是一种以字节为单位,针对 Unicode 的可变长度字符编码,用 1~6 个字节对 Unicode 字符进行编码压缩,目的是用较少的字节表示最常用的字符。此规则能有效地降低数据存储和传输成本。

在日常开发中,字符集如果不兼容则会造成乱码。淘宝以前的系统都是 GBK 编码,而国际站使用的是 UTF-8,在互相查看源码时,使用 UTF-8 的 IDE 环境打开 GBK 源码,中文注释基本上都是不可读的乱码。乱码的出现场景并不止于编码环境中,还有网页展示、文本转换、文件读取等。数据流从底层数据库到应用层,到 Web 服务器,再到客户端显示,每位开发工程师都会碰到字符乱码的问题,排查起来是一个比较长的链路。数据库是存储字符之源,在不同层次上都能够设置独立的字符集,如服务器级别、schema 级别、表级别甚至列级别。为了减少麻烦,所有情况下的字符集设置最好是一致的。

1.4 CPU 与内存

CPU（Central Processing Unit）是一块超大规模的集成电路板，是计算机的核心部件，承载着计算机的主要运算和控制功能，是计算机指令的最终解释模块和执行模块。硬件包括基板、核心、针脚，基板用来固定核心和针脚，针脚通过基板上的基座连接电路信号，CPU 核心的工艺极度精密，达到 10 纳米级别。

和其他硬件设备相比，在实际代码的运行环境中，CPU 与内存是密切相关的两个硬件设备，本节对 CPU 和内存简单介绍一下。开发工程师在实际编程中，对这两个部件有一定的掌控性，熟悉 CPU 和内存的脾气，让它们以自己期望的方式执行相关指令。在 CPU 的世界里，没有缤纷多彩的图像、悦耳动听的音乐，只有日复一日地对 0 与 1 电流信号的处理。但 CPU 内部的处理机制是十分精密而复杂的，总的来说，就是由控制器和运算器组成的，内部寄存器使这两者协同更加高效。CPU 的内部结构如图 1-8 所示。

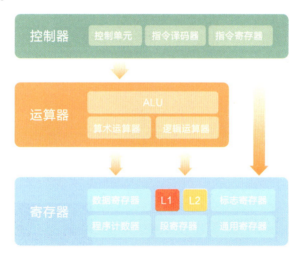

图 1-8　CPU 的内部结构

1．控制器

控制器由图 1-8 中所示的控制单元、指令译码器、指令寄存器组成。其中控制单元是 CPU 的大脑，由时序控制和指令控制等组成；指令译码器是在控制单元的协调下完成指令读取、分析并交由运算器执行等操作；指令寄存器是存储指令集，当前流行的指令集包括 X86、SSE、MMX 等。控制器有点像一个编程语言的编译器，输入 0 与 1 的源码流，通过译码和控制单元对存储设备的数据进行读取，运算完成后，保存回寄存器，甚至是内存。

2. 运算器

运算器的核心是算术逻辑运算单元，即 ALU，能够执行算术运算或逻辑运算等各种命令，运算单元会从寄存器中提取或存储数据。相对控制单元来说，运算器是受控的执行部件。任何编程语言诸如 a+b 的算术运算，无论字节码指令，还是汇编指令，最后一定会以 0 与 1 的组合流方式在部件内完成最终计算，并保存到寄存器，最后送出 CPU。平时理解的栈与堆，在 CPU 眼里都是内存。

3. 寄存器

最著名的寄存器是 CPU 的高速缓存 L1、L2，缓存容量是在组装计算机时必问的两个 CPU 性能问题之一。缓存结构和大小对 CPU 的运行速度影响非常大，毕竟 CPU 的运行速度远大于内存的读写速度，更远大于硬盘。基于执行指令和热点数据的时间局部性和空间局部性，CPU 缓存部分指令和数据，以提升性能。但由于 CPU 内部空间狭小且结构复杂，高速缓存远小于内存空间。

CPU 是一个高内聚的模块化组件，它对外部其他硬件设备的时序协调、指令控制、存取动作，都需要通过操作系统进行统一管理和协调。所谓的 CPU 时间片切分，并非 CPU 内部能够控制与管理。CPU 部件是一个任劳任怨的好公民代表，只要有指令就会马不停蹄地执行，高级语言提供的多线程技术和并发更多地依赖于操作系统的调配，并行更多依赖于 CPU 多核技术。多核 CPU 即在同一块基板上封装了多个 Core。还有一种提升 CPU 性能的方式是超线程，即在一个 Core 上执行多个线程，如图 1-9 所示为 2 个 Core，但是有 4 个逻辑 CPU，并有对应独立的性能监控数据。

图 1-9　多核 CPU

CPU 与内存的执行速度存在巨大的鸿沟，如图 1-8 所示的 L2 和 L3 分别是 256KB 和 4MB，它们是 CPU 和内存之间的缓冲区，但并非所有的处理器都有 L3 缓存。

曾几何时，内存就是系统资源的代名词，它是其他硬件设备与 CPU 沟通的桥梁，计算机中的所有程序都在内存中运行，它的容量与性能如果存在瓶颈，即使 CPU 再快，也是枉然。内存物理结构由内存芯片、电路板、控制芯片、相关支持模块等组成，内存芯片结构比较简单，核心是存储单元，支持模块是地址译码器和读写控制器，如图 1-10 所示。

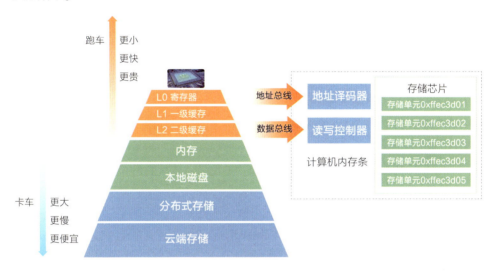

图 1-10 计算机存储方式

从图 1-10 中可以看出，越往 CPU 核心靠近，存储越贵，速度越快。越往下，存储越便宜、速度越慢，当然容量也会更大。云端存储使得应用程序无须关心是分布式还是集中式，数据如何备份和容灾。在本地磁盘与 CPU 内部的缓存之间，内存是一个非常关键的角色，但它很敏感，内存颗粒如果有问题无法存储，或控制模块出现地址解析问题，或内存空间被占满，都会导致无法正常地执行其他应用程序，甚至是操作系统程序。程序员们最害怕的 OOM 通常来源于由于不恰当的编码方式而导致内存的资源耗尽，虽然现代内存的容量已经今非昔比，但仍然是可以在秒级内耗尽所有内存资源的。

图 1-10 中的存储单元都有一个十六进制的编号，在 32 位机器上是 0x 开始的 8 位数字编号，就是内存存储单元的地址，相当于门牌号。以 C 和 C++ 为代表的编程语言可以直接操作内存地址，进行分配和释放。举个例子，要写一份数据到存储单元中，

就像快递一个包裹，需要到付并且当面签收，到了对应的住址，发现收件人不在，就抛出异常。如图 1-11 所示的经典错误，估计很多人都遇到过，选择要调试程序，单击【取消】按钮，并无反应，也不会出现调试界面。内存的抽象就是线性空间内的字节数组，通过下标访问某个特定位置的数据，比如 C 语言使用 malloc() 进行内存的分配，然后使用指针进行内存的读与写。

图 1-11　内存出错警告

而以 Java 为代表的编程语言，内存就交给 JVM 进行自动分配与释放，这个过程称为垃圾回收机制。这就好像刚才的快递员并不直接访问内存单元，只是把包裹放在叫 JVM 的老大爷家里。付出的代价是到货速度慢了，影响客户体验。毕竟老大爷并不是实时立马转交的，而是要攒到一定的包裹量再挨家挨户地给收件人送过去。虽然垃圾回收机制能为程序员减负，但如果不加节制的话，同样会耗尽内存资源。

1.5　TCP/IP

1.5.1　网络协议

在计算机诞生后，从单机模式应用发展到将多台计算机连接起来，形成计算机网络，使信息共享、多机协作、大规模计算等成为现实，历经了 20 多年的时间。计算机网络需要解决的第一个问题是如何无障碍地发送和接收数据。而这个发送和接收数据的过程需要相应的协议来支撑，按互相可以理解的方式进行数据的打包与解包，使不同厂商的设备在不同类型的操作系统上实现顺畅的网络通信。

TCP/IP（Transmission Control Protocol / Internet Protocol）中文译为传输控制协议 / 因特网互联协议，这个大家族里的其他知名协议还有 HTTP、HTTPS、FTP、SMTP、UDP、ARP、PPP、IEEE 802.x 等。TCP/IP 是当前流行的网络传输协议框架，从严格意义上讲它是一个协议族，因为 TCP、IP 是其中最为核心的协议，所以就把该协议族称为 TCP/IP。而另一个是耳熟能详的 ISO/OSI 的七层传输协议，其中 OSI（Open System Interconnection）的出发点是想设计出计算机世界通用的网络通信基本框架，它已经被淘汰，本节略过。

TCP/IP 是在不断解决实际问题中成长起来的协议族，是经过市场检验的事实标准，已经很难被取代。就像即使键盘的布局不那么合理，比如字母 A 被设计在左手小指位置，不利于敲击，但原来的键盘布局已经成为群体习惯的事实标准。TCP 分层框架图如图 1-12 所示，为了表示网络拓扑图在连接层面上的机器对等理念，故图 1-12 中采用 A 机器和 B 机器的说法，而不是服务器和客户端的说法。

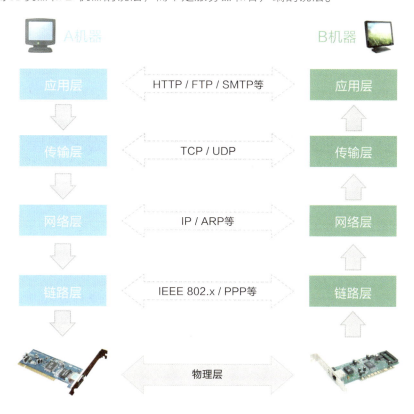

图 1-12 TCP/IP 协议分层框架

- **链路层**：单个 0、1 是没有意义的，链路层以字节为单位把 0 与 1 进行分组，定义数据帧，写入源和目标机器的物理地址、数据、校验位来传输数据。图 1-13 所示是以太网的帧协议。

图 1-13 链路层报文结构

MAC 地址长 6 个字节共 48 位，通常使用十六进制数表示。使用 ifconfig -a 命令即可看到 MAC 地址。如图 1-14 所示的 f4:5c:89，即前 24 位由管理机构统一分配，后 24 位由厂商自己分配，保证网卡全球唯一。网卡就像家庭地址一样，是计算机世界范围内的唯一标识。

图 1-14 MAC 地址

- **网络层**：根据 IP 定义网络地址，区分网段。子网内根据地址解析协议（ARP）进行 MAC 寻址，子网外进行路由转发数据包，这个数据包即 IP 数据包。
- **传输层**：数据包通过网络层发送到目标计算机后，应用程序在传输层定义逻辑端口，确认身份后，将数据包交给应用程序，实现端口到端口间通信。最典型的传输层协议是 UDP 和 TCP。UDP 只是在 IP 数据包上增加端口等部分信息，是面向无连接的，是不可靠传输，多用于视频通信、电话会议等（即使少一帧数据也无妨）。与之相反，TCP 是面向连接的。所谓面向连接，是一种端到端间通过失败重传机制建立的可靠数据传输方式，给人感觉是有一条固定的通路承载着数据的可靠传输。
- **应用层**：传输层的数据到达应用程序时，以某种统一规定的协议格式解读数据。比如，E-mail 在各个公司的程序界面、操作、管理方式都不一样，但是都能够读取邮件内容，是因为 SMTP 协议就像传统的书信格式一样，按规定填写邮编及收信人信息。

总结一下，程序在发送消息时，应用层按既定的协议打包数据，随后由传输层加上双方的端口号，由网络层加上双方的 IP 地址，由链路层加上双方的 MAC 地址，并将数据拆分成数据帧，经过多个路由器和网关后，到达目标机器。简而言之，就是按

"端口→IP 地址→MAC 地址"这样的路径进行数据的封装和发送，解包的时候反过来操作即可。

1.5.2　IP 协议

　　IP 是面向无连接、无状态的，没有额外的机制保证发送的包是否有序到达。IP 首先规定出 IP 地址格式，该地址相当于在逻辑意义上进行了网段的划分，给每台计算机额外设置了一个唯一的详细地址。既然链路层可以通过唯一的 MAC 地址找到机器，为什么还需要通过唯一的 IP 地址再来标识呢？简单地说，在世界范围内，不可能通过广播的方式，从数以千万计的计算机里找到目标 MAC 地址的计算机而不超时。在数据投递时就需要对地址进行分层管理。举个例子，一个重要快递从美国发出，要发给中国浙江省台州市某小区的 X 先生。快递公司需要先确定中国的转运中心（如浙江某转运中心），然后再从转运中心逐级配送到各个下级转运点。当快递到达该小区后，快递员大喊一声："X 先生领快递啦！"虽然小区里包括 X 先生在内的所有人都听到了快递员的喊声，但只有 X 先生收取快递并当面打开确认，其他人确定不是叫自己则不用理会。IP 地址如图 1-15 所示，即 30.38.48.22，右边为物理层发送和接收数据的统计。

```
Interface Information                    Transfer Statistics
Hardware Address: f4:5c:89:ae:bd:23      Sent Packets: 2,421,565
IP Address: 30.38.48.22                  Send Errors: 0
Link Speed: 11 Mbit/s                    Recv Packets: 1,479,672
```

图 1-15　IP 地址

　　IP 地址属于网络层，主要功能在 WLAN 内进行路由寻址，选择最佳路由。IP 报文格式如图 1-16 所示，共 32 位 4 个字节，通常用十进制数来表示。IP 地址的掩码 0xffffff00 表示 255.255.255.0，掩码相同，则在同一子网内。IP 协议在 IP 报头中记录源 IP 地址和目标 IP 地址，如图 1-16 所示。

图 1-16 IP 报文格式

协议结构比较简单，重点说一下数据包的生存时间，即 TTL（Time To Live），该字段表示 IP 报文被路由器丢弃之前可经过的最多路由总数。TTL 初始值由源主机设置后，数据包在传输过程中每经过一个路由器 TTL 值则减 1，当该字段为 0 时，数据包被丢弃，并发送 ICMP 报文通知源主机，以防止源主机无休止地发送报文。这里扩展说一下 ICMP（Internet Control Message Protocol），它是检测传输网络是否通畅、主机是否可达、路由是否可用等网络运行状态的协议。ICMP 虽然并不传输用户数据，但是对评估网络健康状态非常重要，经常使用的 ping、tracert 命令就是基于 ICMP 检测网络状态的有力工具。图 1-16 中 TTL 右侧是挂载协议标识，表示 IP 数据包里放置的子数据包协议类型，如 6 代表 TCP、17 代表 UDP 等。

IP 报文在互联网上传输时，可能要经历多个物理网络，才能从源主机到达目标主机。比如在手机上给某个 PC 端的朋友发送一个信息，经过无线网的 IEEE 802.1x 认证，转到光纤通信上，然后进入内部企业网 802.3，并最终到达目标 PC。由于不同硬件的物理特性不同，对数据帧的最大长度都有不同的限制，这个最大长度被称为最大传输单元，即 MTU（Maximum Transmission Unit）。那么在不同的物理网之间就可能需要对 IP 报文进行分片，这个工作通常由路由器负责完成。

IP 是 TCP/IP 的基石，几乎所有其他协议都建立在 IP 所提供的服务基础上进行传输，其中包括在实际应用中用于传输稳定有序数据的 TCP。

1.5.3 TCP 建立连接

传输控制协议（Transmission Control Protocol，TCP），是一种面向连接、确保数据在端到端间可靠传输的协议。面向连接是指在发送数据前，需要先建立一条虚拟的链路，然后让数据在这条链路上"流动"完成传输。为了确保数据的可靠传输，不仅需要对发出的每一个字节进行编号确认，校验每一个数据包的有效性，在出现超时情况时进行重传，还需要通过实现滑动窗口和拥塞控制等机制，避免网络状况恶化而最终影响数据传输的极端情形。每个 TCP 数据包是封装在 IP 包中的，每一个 IP 头的后面紧接着的是 TCP 头，TCP 报文格式如图 1-17 所示。

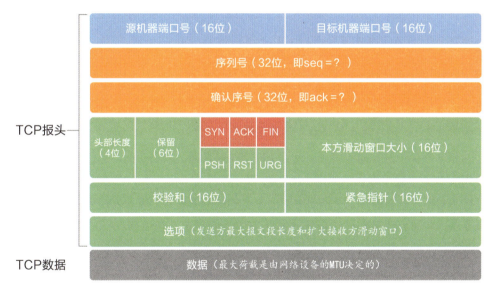

图 1-17 TCP 报文格式

协议第一行的两个端口号各占两个字节，分别表示了源机器和目标机器的端口号。这两个端口号与 IP 报头中的源 IP 地址和目标 IP 地址所组成的四元组可唯一标识一条 TCP 连接。由于 TCP 是面向连接的，因此有服务端和客户端之分。需要服务端先在相应的端口上进行监听，准备好接收客户端发起的建立连接请求。当客户端发起第一个请求建立连接的 TCP 包时，目标机器端口就是服务端所监听的端口号。比如广为人知的端口号——HTTP 服务的 80 端口、HTTPS 服务的 443 端口、SSH 服务的 22 端口等。可通过 netstat 命令列出机器上已建立的连接信息，其中包含唯一标识一条连接的四元组，以及各连接的状态等内容，如图 1-18 所示，图中的红框代表端口号。

```
Local Address          Foreign Address        (state)
192.168.0.120.50971    74.125.204.100.443     SYN_SENT
192.168.0.120.50970    182.254.44.205.80      ESTABLISHED
```

图 1-18　IP 地址与端口信息

协议第二行和第三行是序列号，各占 4 个字节。前者是指所发送数据包中数据部分第一个字节的序号，后者是指期望收到来自对方的下一个数据包中数据部分第一个字节的序号。

由于 TCP 报头中存在一些扩展字段，所以需要通过长度为 4 个 bit 的头部长度字段表示 TCP 报头的大小，这样接收方才能准确地计算出包中数据部分的开始位置。

TCP 的 FLAG 位由 6 个 bit 组成，分别代表 SYN、ACK、FIN、URG、PSH、RST，都以置 1 表示有效。我们重点关注 SYN、ACK 和 FIN。SYN（Synchronize Sequence Numbers）用作建立连接时的同步信号；ACK（Acknowledgement）用于对收到的数据进行确认，所确认的数据由确认序列号表示；FIN（Finish）表示后面没有数据需要发送，通常意味着所建立的连接需要关闭了。

TCP 报头中的其他字段可以阅读 RFC793 来掌握，本书在此不加赘述。接下来重点分析 TCP 中连接建立的原理。图 1-19 展示了正常情形下通过三次握手建立连接的过程。A 与 B 的机器标识并不是绝对意义上的服务器与客户端。发起请求的也可能是服务器，向另一台其他后端服务器发送 TCP 连接请求。前者需要在后者发起连接建立请求时先打开某个端口等待数据传输，否则将无法正常建立连接。三次握手指的是建立连接的三个步骤：

- A 机器发出一个数据包并将 SYN 置 1，表示希望建立连接。这个包中的序列号假设是 x。
- B 机器收到 A 机器发过来的数据包后，通过 SYN 得知这是一个建立连接的请求，于是发送一个响应包并将 SYN 和 ACK 标记都置 1。假设这个包中的序列号是 y，而确认序列号必须是 $x+1$，表示收到了 A 发过来的 SYN。在 TCP 中，SYN 被当作数据部分的一个字节。
- A 收到 B 的响应包后需进行确认，确认包中将 ACK 置 1，并将确认序列号设置为 $y+1$，表示收到了来自 B 的 SYN。

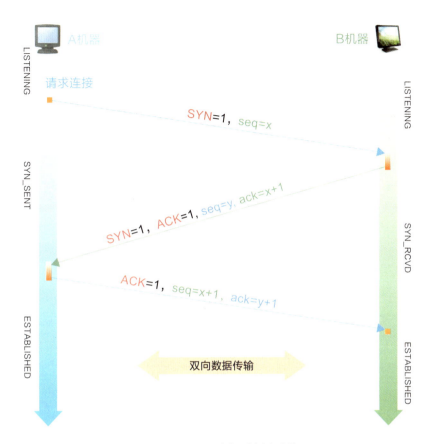

图 1-19 TCP 三次握手创建连接

这里为什么需要第 3 次握手？它有两个主要目的：信息对等和防止超时。先从信息对等角度来看，如表 1-8 所示，双方只有确定 4 类信息，才能建立连接。在第 2 次握手后，从 B 机器视角看还有两个红色的 NO 信息无法确认。在第 3 次握手后，B 机器才能确认自己的发报能力和对方的收报能力是正常的。

表 1-8 TCP 三次握手待确认信息

第 N 次握手	A 机器确认				B 机器确认			
	自己发报能力	自己收报能力	对方发报能力	对方收报能力	自己发报能力	自己收报能力	对方发报能力	对方收报能力
第 1 次握手后	NO	NO	NO	NO	NO	YES	YES	NO
第 2 次握手后	YES	YES	YES	YES	NO	YES	YES	NO
第 3 次握手后	YES	YES	YES	YES	YES	YES	YES	YES

连接三次握手也是防止出现请求超时导致脏连接。TTL 网络报文的生存时间往往都会超过 TCP 请求超时时间，如果两次握手就可以创建连接，传输数据并释放连接后，第一个超时的连接请求才到达 B 机器的话，B 机器会以为是 A 创建新连接的请求，然后确认同意创建连接。因为 A 机器的状态不是 SYN_SENT，所以直接丢弃了 B 的确认数据，以致最后只是 B 机器单方面创建连接完毕，简要示意图如图 1-20 所示。

图 1-20　两次握手导致的 TCP 脏连接

如果是三次握手，则 B 机器收到连接请求后，同样会向 A 机器确认同意创建连接，但因为 A 机器不是 SYN_SENT 状态，所以会直接丢弃，B 机器由于长时间没有收到确认信息，最终超时导致连接创建失败，因而不会出现脏连接。根据抓包分析，呈现出三次握手请求过程，SYN+ACK 的应答，告诉 A 机器期望下一个数据包的第一个字节序号为 1，如图 1-21 所示。

图 1-21 TCP 三次握手抓包分析

从编程的角度，TCP 连接的建立是通过文件描述符（File Descriptor，fd）完成的。通过创建套接字获得一个 fd，然后服务端和客户端需要基于所获得的 fd 调用不同的函数分别进入监听状态和发起连接请求。由于 fd 的数量将决定服务端进程所能建立连接的数量，对于大规模分布式服务来说，当 fd 不足时就会出现"open too many files"错误而使得无法建立更多的连接。为此，需要注意调整服务端进程和操作系统所支持的最大文件句柄数。通过使用 ulimit -n 命令来查看单个进程可以打开文件句柄的数量。如果想查看当前系统各个进程产生了多少句柄，可以使用如下的命令：

```
lsof -n | awk '{print $2}'| sort|uniq -c |sort -nr|more
```

执行结果如图 1-22 所示，左侧列是句柄数，右侧列是进程号。lsof 命令用于查看当前系统所打开 fd 的数量。在 Linux 系统中，很多资源都是以 fd 的形式进行读写的，除了提到的文件和 TCP 连接，UDP 数据报、输入输出设备等都被抽象成了 fd。

图 1-22 文件句柄与进程 ID 的对应关系

想知道具体的 PID 对应的具体应用程序是谁，使用如下命令即可：

```
ps -ax|grep 32764
```

Java 进程示例如图 1-23 所示。

```
✘ yangguanbao@yangguanbaodeMacBook-Pro ~ ps -ax|grep 32764
32764 ??         0:06.65 /Library/Java/JavaVirtualMachines/jdk-11.jdk/Contents/Home/bin/java -
ead=true -Dpreload.project.path=/Users/yangguanbao/book/easyCoding -Dpreload.config.path=/User
 -Dcompile.parallel=false -Drebuild.on.dependency.change=true -Djava.net.preferIPv4Stack=true
```

图 1-23 根据进程 ID 查询具体进程

TCP 在协议层面支持 Keep Alive 功能，即隔段时间通过向对方发送数据表示连接处于健康状态。不少服务将确保连接健康的行为放到了应用层，通过定期发送心跳包检查连接的健康度。一旦心跳包出现异常不仅会主动关闭连接，还会回收与连接相关的其他用于提供服务的资源，确保系统资源最大限度地被有效利用。

1.5.4 TCP 断开连接

TCP 是全双工通信，双方都能作为数据的发送方和接收方，但 TCP 连接也会有断开的时候。所谓相爱容易分手难，建立连接只有三次，而挥手断开则需要四次，如图 1-24 所示。A 机器想要关闭连接，则待本方数据发送完毕后，传递 FIN 信号给 B 机器。B 机器应答 ACK，告诉 A 机器可以断开，但是需要等 B 机器处理完数据，再主动给 A 机器发送 FIN 信号。这时，A 机器处于半关闭状态（FIN_WAIT_2），无法再发送新的数据。B 机器做好连接关闭前的准备工作后，发送 FIN 给 A 机器，此时 B 机器也进入半关闭状态（CLOSE_WAIT)。A 机器发送针对 B 机器 FIN 的 ACK 后，进入 TIME_WAIT 状态，经过 2MSL（Maximum Segment Lifetime）后，没有收到 B 机器传来的报文，则确定 B 机器已经收到 A 机器最后发送的 ACK 指令，此时 TCP 连接正式释放。具体释放步骤如图 1-24 所示。一般来说，MSL 大于 TTL 衰减至 0 的时间。在 RFC793 中规定 MSL 为 2 分钟。

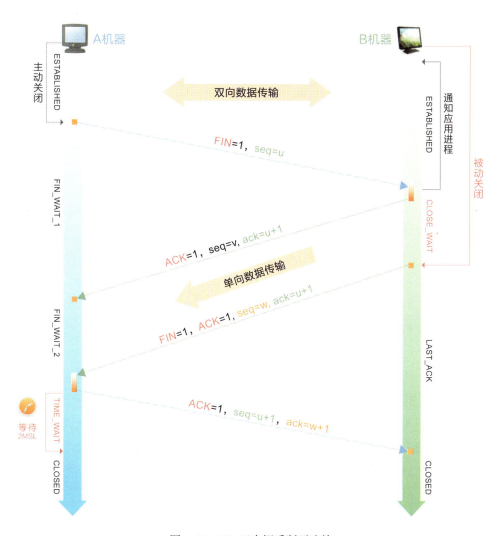

图 1-24 TCP 四次挥手断开连接

通过抓包分析，如图 1-25 所示红色箭头表示 B 机器已经清理好现场，并发送 FIN+ACK。注意，B 机器主动发送的两次 ACK 应答的都是 81，第一次进入 CLOSE_WAIT 状态，第二次应答进入 LAST_ACK 状态，表示可以断开连接，在绿色箭头处，A 机器应答的就是 Seq=81。

图 1-25 TCP 四次挥手抓包分析

四次挥手断开连接用通俗的说法可以形象化地这样描述。

男生：我们分手吧。

女生：好的，我的东西收拾完，发信息给你。（此时男生不能再拥抱女生了。）

（1 个小时后）

女生：我收拾好了，分手吧。（此时，女生也不能再拥抱男生了。）

男生：好的。（此时，双方约定两个月过渡期后，才可以分别找新的对象。）

图 1-24 中的红色字体所示的 TIME_WAIT 和 CLOSE_WAIT 分别表示主动关闭和被动关闭产生的阶段性状态，如果在线上服务器大量出现这两种状态，就会加重机器负载，也会影响有效连接的创建，因此需要进行有针对性的调优处理。

- TIME_WAIT：主动要求关闭的机器表示收到了对方的 FIN 报文，并发送出了 ACK 报文，进入 TIME_WAIT 状态，等 2MSL 后即可进入到 CLOSED 状态。如果 FIN_WAIT_1 状态下，同时收到带 FIN 标志和 ACK 标志的报文时，可以直接进入 TIME_WAIT 状态，而无须经过 FIN_WAIT_2 状态。
- CLOSE_WAIT：被动要求关闭的机器收到对方请求关闭连接的 FIN 报文，在第一次 ACK 应答后，马上进入 CLOSE_WAIT 状态。这种状态其实表示在等待关闭，并且通知应用程序发送剩余数据，处理现场信息，关闭相关资源。

在 TIME_WAIT 等待的 2MSL 是报文在网络上生存的最长时间，超过阈值报文则被丢弃。但是在当前的高速网络中，2 分钟的等待时间会造成资源的极大浪费，在高并发服务器上通常会使用更小的值。既然 TIME_WAIT 貌似是百害而无一利的，为何不直接关闭，进入 CLOSED 状态呢？原因有如下两点。

第一，确认被动关闭方能够顺利进入 CLOSED 状态。如图 1-24 所示，假如最后一个 ACK 由于网络原因导致无法到达 B 机器，处于 LAST_ACK 的 B 机器通常"自信"地以为对方没有收到自己的 FIN+ACK 报文，所以会重发。A 机器收到第二次的 FIN+ACK 报文，会重发一次 ACK，并且重新计时。如果 A 机器收到 B 机器的 FIN+ACK 报文后，发送一个 ACK 给 B 机器，就"自私"地立马进入 CLOSED 状态，可能会导致 B 机器无法确保收到最后的 ACK 指令，也无法进入 CLOSED 状态。这是 A 机器不负责任的表现。

第二，防止失效请求。这样做是为了防止已失效连接的请求数据包与正常连接的请求数据包混淆而发生异常。

因为 TIME_WAIT 状态无法真正释放句柄资源，在此期间，Socket 中使用的本地端口在默认情况下不能再被使用。该限制对于客户端机器来说是无所谓的，但对于高并发服务器来说，会极大地限制有效连接的创建数量，成为性能瓶颈。所以，建议将高并发服务器 TIME_WAIT 超时时间调小。

在服务器上通过变更 /etc/sysctl.conf 文件来修改该省略值（秒）：net.ipv4.tcp_fin_timeout = 30（建议小于 30 秒为宜）。

修改完之后执行 /sbin/sysctl -p 让参数生效即可。可以通过如下命令：

```
netstat -n | awk '/^tcp/ {++S[$NF]} END {for(a in S) print a, S[a]}'
```

查看各连接状态的计数情况，为了使数据快速生效，2MSL 从 240 秒更改为 5 秒。参数生效后如图 1-26 所示，TIME_WAIT 很快从 75 个降为 1 个。

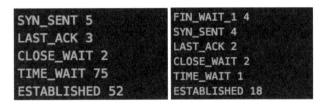

图 1-26　各种 TCP 状态的计数

在 sysctl.conf 中还有其他连接参数也用来不断地调优服务器 TCP 连接能力，以提升服务器的有效利用率。毕竟现代网络和路由处理能力越来越强，跨国时延通常也在 1 秒钟以内，丢包率极低。如何快速地使连接资源被释放和复用，参数的优化往往可以取得事半功倍的效果。记得某大公司在大型购物节时，系统宕机，老总下令要加一倍服务器来解决问题。事实上，如果是参数配置错误导致的系统宕机，即使增加硬件资源，也无法达到好的效果。硬件的增加与性能的提升绝对不是线性相关的，更多的时候是对数曲线关系。

TIME_WAIT 是挥手四次断开连接的尾声，如果此状态连接过多，则可以通过优化服务器参数得到解决。如果不是对方连接的异常，一般不会出现连接无法关闭的情况。但是 CLOSE_WAIT 过多很可能是程序自身的问题，比如在对方关闭连接后，程序没有检测到，或者忘记自己关闭连接。在某次故障中，外部请求出现超时的情况，当时的 Apache 服务器使用的是默认的配置方式，通过命令：netstat -ant|grep -i "443"|grep CLOSE_WAIT|wc -l 发现在 HTTPS 的 443 端口上堆积了 2.1 万个左右的 CLOSE_WAIT 状态。经排查发现，原来是某程序处理完业务逻辑之后没有释放流操作，但程序一直运行正常，直到运营活动时才大量触发该业务逻辑，最终导致故障的产生。

1.5.5 连接池

我们使用连接来进行系统间的交互，如何管理成千上万的连接呢？服务器可以快速创建和断开连接，但对于高并发的后台服务器而言，连接的频繁创建与断开，是非常重的负担。就好像我们正在紧急处理线上故障，给同事打电话一起定位问题时，一般情况下都不会挂断电话，直到问题解决。在时间极度紧张的情况下，频繁地拨打和接听电话会降低处理问题的效率。在客户端与服务端之间可以事先创建若干连接并提前放置在连接池中，需要时可以从连接池直接获取，数据传输完成后，将连接归还至连接池，从而减少频繁创建和释放连接所造成的开销。例如，RPC 服务集群的注册中心与服务提供方、消费方之间，消息服务集群的缓存服务器和消费者服务器之间，应用后台服务器和数据库之间，都会使用连接池来提升性能。

重点提一下数据库连接池，连接资源在数据库端是一种非常关键且有限的系统资源。连接过多往往会严重影响数据库性能。数据库连接池负责分配、管理和释放连接，这是一种以内存空间换取时间的策略，能够明显地提升数据库操作的性能。但如果数据库连接管理不善，也会影响到整个应用集群的吞吐量。连接池配置错误加上慢 SQL，就像屋漏偏逢连夜雨，可以瞬间让一个系统进入服务超时假死宕机状态。

如何合理地创建、管理、断开连接呢？以 Druid 为例，Druid 是阿里巴巴的一个数据库连接池开源框架，准确来说它不仅仅包括数据库连接池，还提供了强大的监控和扩展功能。当应用启动时，连接池初始化最小连接数（MIN）；当外部请求到达时，直接使用空闲连接即可。假如并发数达到最大（MAX），则需要等待，直到超时。如果一直未拿到连接，就会抛出异常。

如果 MIN 过小，可能会出现过多请求排队等待获取连接；如果 MIN 过大，会造成资源浪费。如果 MAX 过小，则峰值情况下仍有很多请求处于等待状态；如果 MAX 过大，可能导致数据库连接被占满，大量请求超时，进而影响其他应用，引发服务器连环雪崩。在实际业务中，假如数据库配置的 MAX 是 100，一个请求 10ms，则最大能够处理 10000QPS。增大连接数，有可能会超过单台服务器的正常负载能力。另外，连接数的创建是受到服务器操作系统的 fd（文件描述符）数量限制的。创建更多的活跃连接，就需要消耗更多的 fd，系统默认单个进程可同时拥有 1024 个 fd，该值虽然可以适当调整，但如果无限制地增加，会导致服务器在 fd 的维护和切换上消耗过多的精力，从而降低应用吞吐量。

懒惰是人的天性，有时候开发工程师为了图省事还会不依不饶地要求调长 Timeout 时间，如果这个数值过大，对于调用端来说也是不可接受的。如果应用服务器超时，前台已经失败返回，但是后台仍然在没有意义地重试，并且还有新的处理请求不断堆积，最终导致服务器崩溃。这明显是不合理的。所以在双十一的场景里，应用服务器的全链路上不论是连接池的峰值处理，还是应用之间的调用频率，都会有相关的限流措施和降级预案。

图 1-27 所示的是某连接池的监控图。图中连接池最小的连接数是 2，一个线程就是一个活跃连接。一般可以把连接池的最大连接数设置在 30 个左右，理论上还可以设置更大的值，但是 DBA 一般不会允许，因为往往只有出现了慢 SQL，才需要使用更多的连接数。这时候通常需要优化应用层逻辑或者创建数据库索引，而不是一味地采用加大连接数这种治标不治本的做法。极端情况下甚至会导致数据库服务不响应，进而影响其他业务。

图 1-27 连接池的监控图

从经验上来看，在数据库层面的请求应答时间必须在 100ms 以内，秒级的 SQL 查询通常存在巨大的性能提升空间，有如下应对方案：

（1）建立高效且合适的索引。索引谁都可以建，但要想建好难度极大。因为索引既有数据特征，又有业务特征，数据量的变化会影响索引的选择，业务特点不一样，索引的优化思路也不一样。通常某个字段平时不用，但是某种触发场景下命中"索引缺失"的字段会导致查询瞬间变慢。所以，要事先明确业务场景，建立合适的索引。

（2）排查连接资源未显式关闭的情形。要特别注意在 ThreadLocal 或流式计算中使用数据库连接的地方。

（3）合并短的请求。根据 CPU 的空间局部性原理，对于相近的数据，CPU 会一起提取到内存中。另外，合并请求也可以有效减少连接的次数。

（4）合理拆分多个表 join 的 SQL，若是超过三个表则禁止 join。如果表结构建得不合理，应用逻辑处理不当，业务模型抽象有问题，那么三表 join 的数据量由于笛卡儿积操作会呈几何级数增加，所以不推荐这样的做法。另外，对于需要 join 的字段，数据类型应保持绝对一致。多表关联查询时，应确保被关联的字段要有索引。

（5）使用临时表。某种情况下，该方法是一种比较好的选择。曾经遇到一个场景不使用临时表需要执行 1 个多小时，使用临时表可以降低至 2 分钟以内。因为在不断的嵌套查询中，已经无法很好地利用现有的索引提升查询效率，所以把中间结果保存到临时表，然后重建索引，再通过临时表进行后续的数据操作。

（6）应用层优化。包括进行数据结构优化、并发多线程改造等。

（7）改用其他数据库。因为不同数据库针对的业务场景是不同的，比如 Cassandra、MongoDB。

1.6 信息安全

1.6.1 黑客与安全

黑客是音译词，译自 Hacker。黑客的攻击手段十分多样，大体可分为非破坏性攻击和破坏性攻击。非破坏性攻击一般是为了扰乱系统的运行，使之暂时失去正常对外提供服务的能力，比如 DDoS 攻击等。破坏性攻击主要会造成两种后果：系统数据受损或者信息被窃取，比如 CSRF 攻击等。黑客使用的攻击手段有病毒式、洪水式、系统漏洞式等。黑客是计算机世界里永恒的存在，攻与守如同太极阴阳平衡的道家之道，不可能有一天黑客会彻底消失。

现代黑客攻击的特点是分布式、高流量、深度匿名。由于国外大量"肉鸡"计算机没有登记，所以国外的服务器遭遇 DDoS 攻击时，无法有效地防御。现今云端提供商的优势在于能提供一套完整的安全解决方案。离开云端提供商，一个小企业要从头到尾地搭建一套安全防御体系，技术成本和资源成本将是难以承受的。所以互联网企业都要建立一套完整的信息安全体系，遵循 CIA 原则，即保密性（Confidentiality）、完整性（Integrity）、可用性（Availability）。

- 保密性。对需要保护的数据（比如用户的私人信息等）进行保密操作，无论是存储还是传输，都要保证用户数据及相关资源的安全。比如，在存储文件时会进行加密,在数据传输中也会通过各种编码方式对数据进行加密等。在实际编程中,通常使用加密等手段保证数据的安全。黑客不只是外部的,有可能从内部窃取数据,所以现在大多数企业的用户敏感信息都不是以明文存储的,避免数据管理员在某些利益的驱动下,直接拖库下载。数据泄露可能导致黑客进一步利用这些数据进行网站攻击,造成企业的巨大损失。

- **完整性**。访问的数据需要是完整的,而不是缺失的或者被篡改的,不然用户访问的数据就是不正确的。比如,在商场看中一个型号为 NB 的手机,但售货员在包装的时候被其他人换成了更便宜的型号为 LB 的手机,这就是我们所说的资源被替换了,也就是不满足完整性的地方。在实际编写代码中,一定要保证数据的完整性,通常的做法是对数据进行签名和校验(比如 MD5 和数字签名等)。

- **可用性**。服务需要是可用的。如果连服务都不可用,也就没有安全这一说了。比如还是去商场买东西,如果有人恶意破坏商场,故意雇用大量水军在商场的收银台排队,既不结账也不走,导致其他人无法付款,这就是服务已经不可用的表现。这个例子和常见的服务拒绝(DoS)攻击十分相似。对于这种情况,通常使用访问控制、限流、数据清洗等手段解决。

以上三点是安全中最基本的三个要素,后面谈到的 Web 安全问题,都是围绕这三点来展开的。

1.6.2　SQL 注入

SQL 注入是注入式攻击中的常见类型。SQL 注入式攻击是未将代码与数据进行严格的隔离,导致在读取用户数据的时候,错误地把数据作为代码的一部分执行,从而导致一些安全问题。SQL 注入自诞生以来以其巨大的杀伤力闻名。典型的 SQL 注入的例子是当对 SQL 语句进行字符串拼接操作时,直接使用未加转义的用户输入内容作为变量,比如:

```
var testCondition;
testCondition = Request.from("testCondition")
var sql = "select * from TableA where id = '" + testCondition + "'";
```

在上面的例子中,如果用户输入的 id 只是一个数字是没有问题的,可以执行正常的查询语句。但如果直接用";"隔开,在 testCondition 里插入其他 SQL 语句,则会带来意想不到的结果,比如输入 drop、delete 等。

曾经在某业务中,用户在修改签名时,非常偶然地输入 "# -- !#(@ 这样的内容用来表达心情，单击保存后触发数据库更新。由于该业务未对危险字符串 "# --" 进行转义，导致 where 后边的信息被注释掉，执行语句变成：

```
update table set memo="\"# -- !#(@ " where use_id=12345;
```

该 SQL 语句的执行导致全库的 memo 字段都被更新。所以，SQL 注入的危害不必赘述，注入的原理也非常简单。应该如何预防呢？这里主要从下面几个方面考虑：

（1）过滤用户输入参数中的特殊字符，从而降低被 SQL 注入的风险。

（2）禁止通过字符串拼接的 SQL 语句，严格使用参数绑定传入的 SQL 参数。

（3）合理使用数据库访问框架提供的防注入机制。比如 MyBatis 提供的 #{} 绑定参数，从而防止 SQL 注入。同时谨慎使用 ${}，${} 相当于使用字符串拼接 SQL。拒绝拼接的 SQL 语句，使用参数化的语句。

总之，一定要建立对注入式攻击的风险意识，正确使用参数化绑定 SQL 变量，这样才能有效地避免 SQL 注入。实际上，其他的注入方式也是类似的思路，身为一个开发工程师，我们一定要时刻保持对注入攻击的高度警惕。

1.6.3　XSS 与 CSRF

XSS 与 CSRF 两个名词虽然都比较熟悉，但也容易混淆。跨站脚本攻击，即 Cross-Site Scripting，为了不和前端开发中层叠样式表（CSS）的名字冲突，简称为 XSS。XSS 是指黑客通过技术手段，向正常用户请求的 HTML 页面中插入恶意脚本，从而可以执行任意脚本。XSS 主要分为反射型 XSS、存储型 XSS 和 DOM 型 XSS。XSS 主要用于信息窃取、破坏等目的。比如发生在 2011 年左右的微博 XSS 蠕虫攻击事件，攻击者就利用了微博发布功能中未对 action-data 漏洞做有效的过滤，在发布微博信息的时候带上了包含攻击脚本的 URL。用户访问该微博时便加载了恶意脚本，该脚本会让用户以自己的账号自动转发同一条微博，通过这种方式疯狂扩散，导致微博大量用户被攻击。

从技术原理上，后端 Java 开发人员、前端开发人员都有可能造成 XSS 漏洞，比如下面的模板文件就可能导致反射型 XSS：

```
<div>
<h3>反射型 XSS 示例 </h3>
<br>用户：<%= request.getParameter("userName") %>
<br>系统错误信息：<%= request.getParameter("errorMessage") %>
</div>
```

上面的代码从 HTTP 请求中取了 userName 和 errorMessage 两个参数，并直接输出到 HTML 中用于展示，当黑客构造如下的 URL 时就出现了反射型 XSS，用户浏览器就可以执行黑客的 JavaScript 脚本。

```
http://xss.demo/self-xss.jsp?userName= 张三 <script>alert(" 张三 ")</script>
&errorMessage=XSS 示例 <script src=http://hacker.demo/xss-script.js />
```

在防范 XSS 上，主要通过对用户输入数据做过滤或者转义。比如 Java 开发人员可以使用 Jsoup 框架对用户输入字符串做 XSS 过滤，或者使用框架提供的工具类对用户输入的字符串做 HTML 转义，例如 Spring 框架提供的 HtmlUtils。前端在浏览器展示数据时，也需要使用安全的 API 展示数据，比如使用 innerText 而不是 innerHTML。所以需要前、后端开发人员一同配合才能有效防范 XSS 漏洞。

除了开发人员造成的漏洞，近年来出现了一种 Self-XSS 的攻击方式。Self-XSS 是利用部分非开发人员不懂技术，黑客通过红包、奖品或者优惠券等形式，诱导用户复制攻击者提供的恶意代码，并粘贴到浏览器的 Console 中运行，从而导致 XSS。由于 Self-XSS 属于社会工程学攻击，技术上目前尚无有效防范机制，因此只能通过在 Console 中展示提醒文案来阻止用户执行未知代码。

1.6.4　CSRF

跨站请求伪造（Cross-Site Request Forgery），简称 CSRF，也被称为 One-click Attack，即在用户并不知情的情况下，冒充用户发起请求，在当前已经登录的 Web 应用程序上执行恶意操作，如恶意发帖、修改密码、发邮件等。

CSRF 有别于 XSS，从攻击效果上，两者有重合的地方。从技术原理上两者有本质的不同，XSS 是在正常用户请求的 HTML 页面中执行了黑客提供的恶意代码；CSRF 是黑客直接盗用用户浏览器中的登录信息，冒充用户去执行黑客指定的操作。XSS 问题出在用户数据没有过滤、转义；CSRF 问题出在 HTTP 接口没有防范不受信任的调用。很多工程师会混淆这两个概念，甚至认为这两个攻击是一样的。

比如某用户 A 登录了网上银行，这时黑客发给他一个链接，URL 如下：

```
https://net-bank.demo/transfer.do?targetAccount=12345&amount=100
```

如果用户 A 在打开了网银的浏览器中点开了黑客发送的 URL，那么就有可能在用户 A 不知情的情况下从他的账户转 100 元人民币到其他账户。当然网上银行不会有这么明显的漏洞。

防范 CSRF 漏洞主要通过以下方式：

（1）CSRF Token 验证，利用浏览器的同源限制，在 HTTP 接口执行前验证页面或者 Cookie 中设置的 Token，只有验证通过才继续执行请求。

（2）人机交互，比如在调用上述网上银行转账接口时校验短信验证码。

1.6.5　HTTPS

在谍战剧里，情报如何不被截获，不被破译，几乎是全剧的主线剧情之一。某电台通过某个频道发送一串数字，然后潜伏人员一般会拿密码本，译码后得到原文。这个密码本就是对称加密中的密钥，发送方和接收方按照密码本分别进行加密和解密工作。如果密码本被敌人截获，则后果极为严重，通常能够做的也就是更换密码本。

早期计算机都是单机状态，保证数据的安全依赖于加密算法的可靠性。如果加密算法可靠，即使存储介质被窃取，对方想把密文恢复明文也是十分困难的。DES 加密算法是一种对称加密算法，它几乎让破解者无法找到规律，即使暴力破解也很难还原出明文。

发展到网络时代，整个网络中最频繁、最重要的操作就是网络中各终端之间的通信。在传输层本身不会做任何的加密，这就好比一辆满载黄金的马车在驿道奔驰，很难不让网络上的黑客视而不见。如何保证通信之间数据传输的安全性，成为了计算机网络时代最重要的安全课题。说到对网络传输数据的加密，必须要先说安全套接字层（Secure Socket Layer，SSL）。SSL 协议工作于传输层与应用层之间，为应用提供数据的加密传输。而 HTTPS 的全称是 HTTP over SSL，简单的理解就是在之前的 HTTP 传输上增加了 SSL 协议的加密能力。

我们可以通过对称加密算法对数据进行加密，比如 DES，即一个主站与用户之间可以使用相同的密钥对传输内容进行加解密。是否可以认为这样就完全没有风险呢？答案显然是否定的。因为密钥几乎没有什么保密性可言，如果与每一个用户之间都约定一个独立的密钥，如何把密钥传输给对方，又是一个安全难题。在互联网上，IP 报文好比官道上运送粮草、黄金、物资的载体，很容易被人盯上，密钥本身如果被盗，那么再复杂的密钥也是摆设。自然的想法是在密钥之上再加密，这就是递归的穷举问题了。

有没有一种方式，使报文被截取之后，黑客依然无计可施呢？一种全新的算法 RSA 出现了。它把密码革命性地分成公钥和私钥，由于两个密钥并不相同，所以称为非对称加密。私钥是用来对公钥加密的信息进行解密的，是需要严格保密的。公钥是对信息进行加密，任何人都可以知道，包括黑客。

非对称加密的安全性是基于大质数分解的困难性，在非对称的加密中公钥和私钥是一对大质数函数。计算两个大质数的乘积是简单的，但是这个过程的逆运算（即将这个乘积分解为两个质数）是非常困难的。而在 RSA 的算法中，从一个公钥和密文中解密出明文的难度等同于分解两个大质数的难度。因此在实际传输中，可以把公钥发给对方。一方发送信息时，使用另一方的公钥进行加密生成密文。收到密文的一方再用私钥进行解密，这样一来，传输就相对安全了。

但是非对称加密并不是完美的，它有一个很明显的缺点是加密和解密耗时长，只适合对少量数据进行处理。回到前面的例子中，我们担心对称加密中的密钥安全问题，那么将密钥的传输使用非对称加密就完美地解决了这个问题。实际上，HTTPS 也正是通过这样一种方式来建立安全的 SSL 连接的。按照上述逻辑，用户甲与用户乙进行非对称加密传输的过程如下：

（1）甲告诉乙，使用 RSA 算法进行加密。乙说，好的。

（2）甲和乙分别根据 RSA 生成一对密钥，互相发送公钥。

（3）甲使用乙的公钥给乙加密报文信息。

（4）乙收到信息，并用自己的密钥进行解密。

（5）乙使用同样方式给甲发送信息，甲使用相同方式进行解密。

这个过程，看起来似乎无懈可击，但是在 TCP/IP 里，端到端的通信，路途遥远，夜长梦多。在（2）中，如果甲的送信使者中途被强盗截住，在严刑拷打之下，强盗知道使者是去送公钥的，虽然没有办法破解甲的加密信息，但是可以把这个使者关起来，自己生成一对密钥，然后冒充甲的使者到乙家，把自己的公钥给乙。乙信了，把银行卡密码、存款金额统统告诉了中间的强盗。

所以，在解决了加密危机之后又产生了信任危机。如何解决信任问题呢？如果有一个具有公信力的组织来证明身份，这个问题就得到了解决。CA（Certificate Authority）就是颁发 HTTPS 证书的组织。HTTPS 是当前网站的主流文本传输协议，在基于 HTTPS 进行连接时，就需要数字证书。如图 1-28 所示，可以看到协议版本、签名方案、签发的组织是 GlobalSign，这个证书的有效期至 2018 年 10 月 31 日。

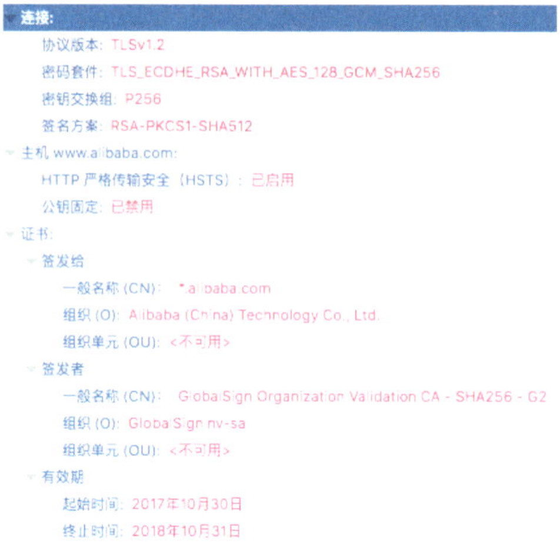

图 1-28 CA 数字证书

访问一个 HTTPS 的网站的大致流程如下：

（1）浏览器向服务器发送请求，请求中包括浏览器支持的协议，并附带一个随机数。

（2）服务器收到请求后，选择某种非对称加密算法，把数字证书签名公钥、身份信息发送给浏览器，同时也附带一个随机数。

（3）浏览器收到后，验证证书的真实性，用服务器的公钥发送握手信息给服务器。

（4）服务器解密后，使用之前的随机数计算出一个对称加密的密钥，以此作为加密信息并发送。

（5）后续所有的信息发送都是以对称加密方式进行的。

我们注意到在证书的信息中出现了传输层安全协议（Transport Layer Security，TLS）的概念。这里先解释 TLS 和 SSL 的区别。TLS 可以理解成 SSL 协议 3.0 版本的升级，所以 TLS 的 1.0 版本也被标识为 SSL 3.1 版本。但对于大的协议栈而言，SSL 和 TLS 并没有太大的区别，因此在 Wireshark 里，分层依然用的是安全套接字层（SSL）标识。

在整个 HTTPS 的传输过程中，主要分为两部分：首先是 HTTPS 的握手，然后是数据的传输。前者是建立一个 HTTPS 的通道，并确定连接使用的加密套件及数据传输使用的密钥。而后者主要使用密钥对数据加密并传输。

首先来看 HTTPS 是如何进行握手的，如图 1-29 所示是一个完整的 SSL 数据流和简单流程。

图 1-29 HTTPS 连接建立过程

第一，客户端发送了一个 Client Hello 协议的请求：在 Client Hello 中最重要的信息是 Cipher Suites 字段，这里客户端会告诉服务端自己支持哪些加密的套件。比如在这次 SSL 连接中，客户端支持的加密套件协议如图 1-30 所示。

```
▼ Cipher Suites (20 suites)
    Cipher Suite: TLS_ECDHE_ECDSA_WITH_AES_256_GCM_SHA384 (0xc02c)
    Cipher Suite: TLS_ECDHE_ECDSA_WITH_AES_128_GCM_SHA256 (0xc02b)
    Cipher Suite: TLS_ECDHE_ECDSA_WITH_AES_256_CBC_SHA384 (0xc024)
    Cipher Suite: TLS_ECDHE_ECDSA_WITH_AES_128_CBC_SHA256 (0xc023)
    Cipher Suite: TLS_ECDHE_ECDSA_WITH_AES_256_CBC_SHA (0xc00a)
    Cipher Suite: TLS_ECDHE_ECDSA_WITH_AES_128_CBC_SHA (0xc009)
    Cipher Suite: TLS_ECDHE_ECDSA_WITH_CHACHA20_POLY1305_SHA256 (0xcca9)
    Cipher Suite: TLS_ECDHE_RSA_WITH_AES_256_GCM_SHA384 (0xc030)
    Cipher Suite: TLS_ECDHE_RSA_WITH_AES_128_GCM_SHA256 (0xc02f)
    Cipher Suite: TLS_ECDHE_RSA_WITH_AES_256_CBC_SHA384 (0xc028)
    Cipher Suite: TLS_ECDHE_RSA_WITH_AES_128_CBC_SHA256 (0xc027)
    Cipher Suite: TLS_ECDHE_RSA_WITH_AES_256_CBC_SHA (0xc014)
    Cipher Suite: TLS_ECDHE_RSA_WITH_AES_128_CBC_SHA (0xc013)
    Cipher Suite: TLS_ECDHE_RSA_WITH_CHACHA20_POLY1305_SHA256 (0xcca8)
    Cipher Suite: TLS_RSA_WITH_AES_256_GCM_SHA384 (0x009d)
    Cipher Suite: TLS_RSA_WITH_AES_128_GCM_SHA256 (0x009c)
    Cipher Suite: TLS_RSA_WITH_AES_256_CBC_SHA256 (0x003d)
    Cipher Suite: TLS_RSA_WITH_AES_128_CBC_SHA256 (0x003c)
    Cipher Suite: TLS_RSA_WITH_AES_256_CBC_SHA (0x0035)
    Cipher Suite: TLS_RSA_WITH_AES_128_CBC_SHA (0x002f)
```

图 1-30 Cipher Suites

第二，服务端在收到客户端发来的 Client Hello 的请求后，会返回一系列的协议数据，并以一个没有数据内容的 Server Hello Done 作为结束。这些协议数据有的是单独发送，有的则是合并发送，这里分别解释下几个比较重要的协议，如图 1-31 所示。

```
▼ Secure Sockets Layer
  ▼ TLSv1.2 Record Layer: Handshake Protocol: Server Hello
      Content Type: Handshake (22)
      Version: TLS 1.2 (0x0303)
      Length: 108
    ▼ Handshake Protocol: Server Hello
        Handshake Type: Server Hello (2)
        Length: 104
        Version: TLS 1.2 (0x0303)
      ▶ Random: 1b765bad74b75dc2a547bcd0914bb32304f9374e981a5e08...
        Session ID Length: 32
        Session ID: a92819230cd672adfedfb36e2970ca8b3550736decb08c0e...
        Cipher Suite: TLS_ECDHE_RSA_WITH_AES_128_GCM_SHA256 (0xc02f)
        Compression Method: null (0)
        Extensions Length: 32
      ▶ Extension: server_name (len=0)
      ▶ Extension: renegotiation_info (len=1)
      ▶ Extension: ec_point_formats (len=4)
      ▶ Extension: application_layer_protocol_negotiation (len=11)
```

图 1-31 SSL 协议

（1）Server Hello 协议。主要告知客户端后续协议中要使用的 TLS 协议版本，这个版本主要和客户端与服务端支持的最高版本有关。比如本次确认后续的 TLS 协议版本是 TLSv1.2，并为本次连接分配一个会话 ID（Session ID）。此外，还会确认后续采用的加密套件（Cipher Suite），这里确认使用的加密套件为 TLS_ECDHE_RSA_WITH_AES_128_GCM_SHA256。该加密套件的基本含义为：使用非对称协议加密（RSA）进行对称协议加密（AES）密钥的加密，并使用对称加密协议（AES）进行信息的加密。

（2）Certificate 协议。主要传输服务端的证书内容。

（3）Server Key Exchange。如果在 Certificate 协议中未给出客户端足够的信息，则会在 Server Key Exchange 进行补充，如图 1-32 所示。比如在本次连接中 Certificate 未给出证书的公钥（Public Key），这个公钥的信息将会通过 Server Key Exchange 发送给客户端。

```
▼ EC Diffie-Hellman Server Params
    Curve Type: named_curve (0x03)
    Named Curve: secp256r1 (0x0017)
    Pubkey Length: 65
    Pubkey: 04dc07762b35c80628dff85f77dc82ce80afb5fc727af261...
  ▶ Signature Algorithm: rsa_pkcs1_sha512 (0x0601)
    Signature Length: 256
    Signature: 0cc2955ce3b90aebbc6246f6ad8cf8d61eade05112f6b494..
```

图 1-32　Server Key Exchange

（4）Certificate Request。这个协议是一个可选项，当服务端需要对客户端进行证书验证的时候，才会向客户端发送一个证书请求（Certificate Request）。

（5）最后以 Server Hello Done 作为结束信息，告知客户端整个 Server Hello 过程结束。

第三，客户端在收到服务端的握手信息后，根据服务端的请求，也会发送一系列的协议。

（1）Certificate。它是可选项。因为上文中服务端发送了 Certificate Request 需要对客户端进行证书验证，所以客户端要发送自己的证书信息。

（2）Client Key Exchange。它与上文中 Server Key Exchange 类似，是对客户端 Certificate 信息的补充，在本次请求中同样是补充了客户端证书的公钥信息，如图 1-33 所示。

```
▼ Handshake Protocol: Client Key Exchange
    Handshake Type: Client Key Exchange (16)
    Length: 66
    ▼ EC Diffie-Hellman Client Params
        Pubkey Length: 65
        Pubkey: 0441504d4054613e1c73d30170c34d822e8dc44dfac040e9...
```

图 1-33 Client Key Exchange

（3）Certification Verity。对服务端发送的证书信息进行确认。

（4）Change Cipher Spec。该协议不同于其他握手协议（Handshake Protocol），而是作为一个独立协议告知服务端，客户端已经接收之前服务端确认的加密套件，并会在后续通信中使用该加密套件进行加密。

（5）Encrypted Handshake Message。用于客户端给服务端加密套件加密一段 Finish 的数据，用以验证这条建立起来的加解密通道的正确性。

第四，服务端在接收客户端的确认信息及验证信息后，会对客户端发送的数据进行确认，这里也分为几个协议进行回复。

（1）Change Cipher Spec。通过使用私钥对客户端发送的数据进行解密，并告知后续将使用协商好的加密套件进行加密传输数据。

（2）Encrypted Handshake Message。与客户端的操作相同，发送一段 Finish 的加密数据验证加密通道的正确性。

最后，如果客户端和服务端都确认加解密无误后，各自按照之前约定的 Session Secret 对 Application Data 进行加密传输。

1.7　编程语言的发展

编程语言以既定的语法规则，使用一组自定义的特定标记字符流或关键字，实现基本的顺序、条件、循环处理，这样的逻辑通过编译或解释形成计算机底层硬件可以执行的一系列指令，来自动化执行某种逻辑计算或实现某种需求。计算机语言诞生的历史虽然很短，可是已经产生了上千种编程语言。为什么编程语言如此之多？其实这反映了一种生物多样化的自然属性。随着时代的进步，编程语言就像一棵树，树根是 0 与 1，越往上生长树枝越多，这些树枝快速产生的原因和计算机技术应用的快速蓬勃发展有关。计算机从单机时代，到网络时代、移动时代、云计算，直至目前的 AI 时代，总有一批编程语言随着大潮退去，又有一批新的语言随着浪潮诞生。从编程语言类型的角度，可划分为三个编程语言时代：

第一代，机器语言时代。机器语言的编程就是单纯的 0 与 1 的二进制流输入。机器语言的优点是可以直接对芯片进行指令操作，最大的问题也来源于此。换一套不同的硬件环境，机器语言几乎 100% 卡壳。另外，指令不利于记忆，语言的生产率非常低。汇编语言本质上与机器语言处于同一个时代，只是在与机器指令对应的字符编程方式，以及助记符之上增加了编译功能。

第二代，高级语言时代。高级语言正是当前百花齐放的时代。正因为机器语言面向机器编程，理解度差，复用度低。无论是面向过程，还是面向对象，都是面向问题编程，不是描述计算机具体应该执行什么样的分步操作，而是更倾向于描述需要解决的问题本身。面向过程更多描述的是解决问题的步骤，在实际步骤中协调各个参与方达成最后的目标；面向对象是抽象问题各方的参与者，包括领域对象、问题域、运行环境等，然后定义各个参与者的属性与行为，最后合力解决问题。高级语言时代，尤其是 C、C++、Java、Python 等这些工业级语言的诞生和发展，使计算机行业得到极大的发展，推动了互联网和人工智能的快速发展。

第三代，自然语言时代。自然语言编程是面向思维或模糊语义的编程方式，软件生产只是思考问题本身的存在性和合理性，而不是定义问题的解决方式和解决步骤。这个时代很遥远，但很唯美。相信随着 AI 科技的不断进步，一定会实现。

存在即是合理，本节并非讨论编程语言的高低优劣；对编程语言历史的回顾，只是让我们更加热爱从事的编程事业，了解那些大师们的伟大，体验语言背后的魅力与时代特征。

早在 1936 年，图灵在《论数字计算在决断难题中的应用》论文中提出了图灵机的设想。图灵机假想有一条无限长的纸带，纸带上有一系列带有某种信息的方格，机器会根据当前状态和控制规则，处理当前方格上的信息，然后纸带移动或跳转一格。编写这个纸带的过程就是最初的编程雏形，形成的规则来操控图灵机进行顺序读取，或者直接跳至某个方格，在另一条纸带上写入某些信息。

冯·诺依曼被称为"计算机之父"，从世界上第一台计算机 ENIAC 到现在的服务器、笔记本、手机，基本上沿用了他的计算机结构设计理念。它根据电子元件双稳工作的特点，从简化机器逻辑线路的角度出发，明确提出了二进制理论，采用 0 与 1 代表十进制数值；提出计算机的基本工作原理是存储数据、处理数据、相关控制，定义出新一代机器的雏形，即分成五个部分，运算器、控制器、存储器、输入设备和输出设备。任何程序要想运行都需要加载到内部存储器（内存）中，在内存中才有资格和运算器、控制器进行对话，执行逻辑运算和数据处理，计算机雏形如图 1-34 所示。

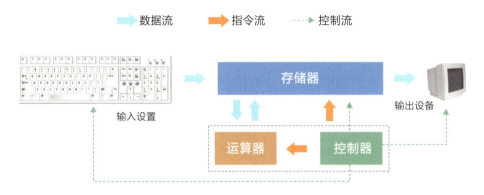

图 1-34 计算机的基本结构

1946 年，按此设想的第一台计算机诞生，从此自动化处理的场景越来越多。计算机能够自动化处理的事情是需要以它可以理解的方式进行设计并录入的，这个过程称为编码。计算机只能消化两种录入的信息：0 或 1。在机器语言编程的时代，编码就是这样枯燥的 0 与 1 的数据流录入。汇编语言以方便记忆的代号表示 0 与 1 的指令流，在执行时，再反向转成 0 或 1 的二进制流，这个过程称为编程。不再直接编写 0 或 1 的机器码指令，而是以一定的方式组织成程序。至此，可以阅读的代码开始出现。到了 20 世纪 70 年代，丹尼斯·里奇设计的 C 语言在 BCPL 语言基础上诞生。UNIX 和 Linux 系统成功推动了 C 语言的普及，至今 C 语言仍然是 TOP 的主流语言，在操作系统、底层编译、硬件设备上依然发挥着不可替代的价值。C 语言是高级语言时代中的低级语言，低级的意思是更加贴近于硬件底层。这类低级语言使编程者有机会深入了解底层硬件，后续的众多高级语言的编译器本身就是由 C 语言编写的。

后来出现的一种高级语言，火了一个岛屿和一种饮料：爪哇岛和咖啡，即 Java 语言。它的校验首字段即为十六进制的 cafe babe，诉说着与咖啡的不解之缘，这是第一个真正面向对象的语言。

据不完全统计，当前编程语言超过 1000 种，优秀的程序员至少需要掌握 3 门语言，这有助于知晓不同语言的各自特性，更重要的是洞悉语言的共性和编程语言思想，跨越语言的抽象思维和架构掌控力。但是掌握不等于精通，真正的大师，需要醉心在某种语言，不断研究、不断打磨、不断回炉，才能达到炉火纯青、登峰造极的境界。我们写的每一行代码都是站在巨人的肩膀上，使我们看得更远。虽然任何编程语言的结构都是顺序、条件、循环，任何编程语言的本质都是输入与输出，但是 0 与 1 的世界一定会因为编程而变得更加智能、更加美好。

第 2 章　面向对象

"一树一菩提，一'门'一世界。"一切皆对象，万物有三问：我是谁？我从哪里来？我到哪里去？

本章开始讲解面向对象思想，并以 Java 为载体讲述面向对象思想在具体编程语言中的运用与实践。当前主流的编程语言有 50 种左右，主要分为两大阵营：面向对象编程与面向过程编程。

面向对象编程（Object-Oriented Programming，OOP）是划时代的编程思想变革，推动了高级语言的快速发展和工业化进程。OOP 的抽象、封装、继承、多态的理念使软件大规模化成为可能，有效地降低了软件开发成本、维护成本和复用成本。面向对象编程思想完全不同于传统的面向过程编程思想，使大型软件的开发就像搭积木一样隔离可控、高效简单，是当今编程领域的一股势不可当的潮流。OOP 实践了软件工程的三个主要目标：可维护性、可重用性和可扩展性。

2.1　OOP 理念

面向过程让计算机有步骤地顺序地做一件事情，是一种过程化的叙事思维。但是在大型软件开发过程中，发现用面向过程语言开发，软件维护、软件复用存在着巨大的困难，代码开发变成了记流水账，久而久之就成为"面条"代码，模块之间互相耦合，流程互相穿插，往往牵一发而动全身。面向对象提出一种计算机世界里解决复杂软件工程的方法论，拆解问题复杂度，从人类思维角度提出解决问题的步骤和方案。

比如"开门"这个动作，面向过程是"open(Door door)"，动宾结构，"door"是被作为操作对象的参数传入方法的，方法内定义开门的具体步骤实现。而在面向对象的世界里，首先定义一个对象"Door"，然后抽象出门的属性和相关操作，属性包括门的尺寸、颜色、开启方式（往外开还是往内开）、防盗功能等；门这个对象的操作必然包括 open() 和 close() 两个必备的行为，主谓结构。面向过程的代码结构相对松散，强调如何流程化地解决问题；面向对象的思维更加内聚，强调高内聚、低耦合，先抽象模型，定义共性行为，再解决实际问题。

但是，编程语言仅是一个工具，就像练武之人的剑，武功高者草木皆剑，武功差者即使倚天剑在身也依然平庸。所以，能否将工具的价值发挥得淋漓尽致，最终还是取决于开发工程师本身。优秀的开发工程师用面向过程的语言也能把程序写得非常内聚，可扩展性好，具备一定的复用性；而平庸程序员用面向对象语言一样能把程序写得松散随意、毫无抽象与建模、模块间耦合严重、维护性差。

传统意义上，面向对象有三大特性：封装、继承、多态。本书明确将"抽象"作为面向对象的特性之一，支持面向对象"四大特性"的说法。抽象是程序员的核心素质之一，体现出程序员对业务的建模能力，以及对架构的宏观掌控力。虽然面向过程也需要进行一定的抽象能力，但是相对来说，面向对象思维，以对象模型为核心，丰富模型的内涵，扩展模型的外延，通过模型的行为组合去共同解决某一类问题，抽象能力显得尤为重要；封装是一种对象功能内聚的表现形式，使模块之间耦合度变低，更具有维护性；继承使子类能够继承父类，获得父类的部分属性和行为，使模块更有复用性；多态使模块在复用性基础上更加有扩展性，使系统运行更有想象空间。

抽象是面向对象思想最基础的能力之一，正确而严谨的业务抽象和建模分析能力是后续的封装、继承、多态的基础，是软件大厦的无形基石。在面向对象的思维中，抽象分为归纳和演绎。前者是从具体到本质，从个性到共性，将一类对象的共同特征进行归一化的逻辑思维过程；后者则是从本质到具体，从共性到个性，逐步形象化的过程。在归纳的过程中，需要抽象出对象的属性和行为的共性，难度大于演绎。演绎也是一种抽象思维，并非是具像思维。如果人对理论的认知与理解存在误区，那么推理的过程一定会产生偏差，演绎的结果可能是一个抽象结果，并非一定是一个具体的对象或者物体，比如从化合物到食物，从食物到水果，都还是在抽象层面上。演绎是在已有问题多个解决方案的基础上，正确地找到合适的使用场景。在使用集合时，演绎错误比较常见，比如针对查多改少的业务场景，使用链表是非常不合理的；如果在底层框架技术选型时有错误，则有可能导致技术架构完全不适应业务的快速发展。

Java 之父 Gosling 设计的 Object 类，是任何类的默认父类，是对万事万物的抽象，是在哲学方向上进行的延伸思考，高度概括了事物的自然行为和社会行为。我们都知道哲学的三大经典问题：我是谁，我从哪里来，我到哪里去。在 Object 类中，这些问题都可以得到隐约的解答：

（1）我是谁？ getClass() 说明本质上是谁，而 toString() 是当前我的名片。

（2）我从哪里来？ Object() 构造方法是生产对象的基本方式，clone() 是繁殖对象的另一种方式。

（3）我到哪里去？ finalize() 是在对象销毁时触发的方法。

这里重点介绍 clone() 方法，它分为浅拷贝、一般深拷贝和彻底深拷贝。浅拷贝只复制当前对象的所有基本数据类型，以及相应的引用变量，但没有复制引用变量指向的实际对象；而彻底深拷贝是在成功 clone 一个对象之后，此对象与母对象在任何引用路径上都不存在共享的实例对象，但是引用路径递归越深，则越接近 JVM 底层对象，会发现彻底深拷贝实现难度越大，因为 JVM 底层对象可能是完全共享的。介于浅拷贝和彻底深拷贝之间的都是一般深拷贝。归根结底，慎用 Object 的 clone() 方法来拷贝对象，因为对象的 clone() 方法默认是浅拷贝，若想实现深拷贝，则需要覆写 clone() 方法实现引用对象的深度遍历式拷贝。

另外，Object 还映射了社会科学领域的一些问题：

（1）世界是否因你而不同？ hashCode() 和 equals() 就是判断与其他元素是否相同的一组方法。

（2）与他人如何协调？ wait() 和 notify() 是对象间通信与协作的一组方法。

随着时代的发展，当初抽象的模型已经有部分不适用当下的技术潮流，比如 finalize() 方法在 JDK9 之后直接被标记为过时方法。而 wait() 和 notify() 同步方式事实上已经被同步信号、锁、阻塞集合等取代。

封装是在抽象基础上决定信息是否公开，以及公开等级，核心问题是以什么样的方式暴露哪些信息。抽象是要找到属性和行为的共性，属性是行为的基本生产资料，具有一定的敏感性，不能直接对外暴露；封装的主要任务是对属性、数据、部分内部敏感行为实现隐藏。对属性的访问与修改必须通过定义的公共接口来进行，某些敏感方法或者外部不需要感知的复杂逻辑处理，一般也会进行封装。封装使面向对象的世界变得单纯，对象之间的关系变得简单，各人自扫门前雪，耦合度变弱，有利于维护。智能化的时代，对封装的要求越来越高，产品使用更加简单方便、轻松自然。就像天猫精灵，与用户交互的唯一接口就是语音输入，隐藏了指令内部的细节实现和相关数据，这些信息外部用户无法访问，即大大降低了使用成本，又有效地保护内部数据安全。

设计模式七大原则之一的迪米特法则就是对于封装的具体要求，即 A 模块使用 B 模块的某个接口行为，对 B 模块中除此行为之外的其他信息知道得尽可能少。比如：耳塞的插孔就是提供声音输出的行为接口，只需关心这个插孔是否有相应的耳塞标记，是否是圆形的，有没有声音即可，至于内部 CPU 如何运算音频信息，以及各个电容如何协同工作，根本不需要去关注，这使模块之间的协作只需忠于接口、忠于功能实现即可。

封装这件事情是由俭入奢易，由奢入俭难。属性值的访问与修改需要使用相应的 getter/setter 方法，而不是直接对 public 的属性进行读取和修改，可能有些程序员存在疑问，既然通过这两个方法来读取和修改，那与直接对属性进行操作有何区别？如果某一天，类的提供方想在修改属性的 setter 方法上进行鉴权控制、日志记录，这是在直接访问属性的情形中无法做到的。若是将已经公开的属性和行为直接暴力修改为

private，则依赖模块都会编译出错。所以，在不知道什么样的访问控制权限合适的时候，优先推荐使用 private 控制级别。

继承是面向对象编程技术的基石，允许创建具有逻辑等级结构的类体系，形成一个继承树，让软件在业务多变的客观条件下，某些基础模块可以被直接复用、间接复用或增强复用，父类的能力通过这种方式赋予子类。继承把枯燥的代码世界变得更有层次感，更有扩展性，为多态打下语法基础。

人人都说继承是 is-a 关系，那么如何衡量当前的继承关系是否满足 is-a 关系呢？判断标准即是否符合里氏代换原则（Liskov Substitution Principle，LSP）。LSP 是指任何父类能够出现的地方，子类都能够出现。从字面上很难深入理解，先打个比方，警察在枪战片中经常说：放下武器，把手举起来！而对面的匪徒们有的使用手枪，有的使用匕首，这些都是武器的子类。父类出现的地方，即"放下武器"，那么，放下手枪，是对的，放下匕首，也是对的！在实际代码环境中，如果父类引用直接使用子类引用来代替，可以编译正确并执行，输出结果符合子类场景的预期，那么说明两个类之间符合 LSP 原则，可以使用继承关系。

继承的使用成本很低，一个关键字就可以使用别人的方法，似乎更加轻量简单。想复用别人的代码，跳至脑海的第一反应是继承它，所以继承像抗生素一样容易被滥用，我们传递的理念是谨慎使用继承，认清继承滥用的危害性，即方法污染和方法爆炸。方法污染是指父类具备的行为，通过继承传递给子类，子类并不具备执行此行为的能力，比如鸟会飞，鸵鸟继承鸟，发现飞不了，这就是方法污染。子类继承父类，则说明子类对象可以调用父类对象的一切行为。在这样的情况下，总不能在继承时，添加注释说明哪几个父类方法不能在子类中执行，更不能覆写这些无法执行的父类方法，抛出异常，以阻止别人的调用。方法爆炸是指继承树不断扩大，底层类拥有的方法虽然都能够执行，但是由于方法众多，其中部分方法并非与当前类的功能定位相关，很容易在实际编程中产生选择困难症。比如某些综合功能的类，经过多次继承后达到上百个方法，造成了方法爆炸，因而带来使用不便和安全隐患。在实际故障中，因为方法爆炸，父类的某些方法签名和子类非常相似，在 IDE 中，输入类名＋点之后，在自动提示的极为相似的方法签名中选择错误，导致线上异常。综上所述，提倡组合优先原则来扩展类的能力，即优先采用组合或聚合的类关系来复用其他类的能力，而不是继承。

多态是以上述的三个面向对象特性为基础，根据运行时的实际对象类型，同一个方法产生不同的运行结果，使同一个行为具有不同的表现形式。多态是面向对象天空中绚丽多彩的礼花，提升了对象的扩展能力和运行时的丰富想象力。我们来明确两个非常容易混淆的概念："override"和"overload"，"override"译成"覆写"，是子类实现接口，或者继承父类时，保持方法签名完全相同，实现不同的方法体，是垂直方向上行为的不同实现。"overload"译成"重载"，方法名称是相同的，但是参数类型或参数个数是不相同的，是水平方向上行为的不同实现。多态是指在编译层面无法确定最终调用的方法体，以覆写为基础来实现面向对象特性，在运行期由 JVM 进行动态绑定，调用合适的覆写方法体来执行。重载是编译期确定方法调用，属于静态绑定，本质上重载的结果是完全不同的方法，所以本书认为多态专指覆写。自然界的多态最典型例子就是碳家族，据说某化学家告诉他女朋友将在她的生日晚会上送她一块碳，女朋友当然不高兴，可收到的却是 5 克拉的钻石。钻石就是碳元素在不断进化过程中的一种多态表现。严格意义上来说，多态并不是面向对象的一种特质，而是一种由继承行为衍生而来的进化能力而已。

2.2 初识 Java

面向对象编程思想把所有的有形或无形的事物都看作对象，并给对象赋予相应的属性和行为，建立对象之间的联系，使程序员更加立体、形象地解决编程领域的问题。面向对象语言的忠实代表是 Java 语言，它是一门富有生命力的语言，在最受欢迎的语言排行榜上，多年位居第一。Java 语言是 1995 年由 Sun 公司首次发布的。次年 Java 开发工具包发布，即 Java Development Kit，简称 JDK1.0，这是 Java 发展的一个重要里程碑，标志着 Java 成为一门独立的成熟语言。随后，Sun 公司再接再厉发布了 Just-in-time 编译器，简称 JIT，不断进步的 JIT 技术使 Java 的执行速度接近甚至超过其他高级语言。

JDK 随着时代不断往前发展。在众多版本中，最具划时代影响力的版本是 JDK5，项目代号 Tiger。Doug Lea 推出的并发包，使 Java 如虎添翼，成为工业级语言，在企业服务端得到极为广泛的应用。随着后续版本的陆续推出，Java 的发展与时俱进，推出了 diamond 语法、函数式、模块化、var 类型推断等新特性。最新的 JDK 版本是 JDK11。

JRE（Java Runtime Environment）即 Java 运行环境，包括 JVM、核心类库、核心配置工具等。其中 JVM（Java Virtual Machine）即 Java 虚拟机，它是整个 Java 体系的底层支撑平台，把源文件编译成平台无关的字节码文件，屏蔽了 Java 源代码与具体平台相关的信息，所以 Java 源代码不需要额外修改即可跨平台运行。JVM 不仅支撑着 Java 语言，还包括 Kotlin、Scala、Python 等其他流行语言。其中 Kotlin 是 Jetbrains 开发的跨平台语言，其语法简洁、类型安全，可以编译成字节码运行在 JVM 上，与 Java 语言非常方便地进行混合编程。1999 年，Sun 公司发布公开版本的 HotSpot，它是当前主流的 Java 虚拟机。2006 年，在 JavaOne 大会上开源相关核心技术，启动 OpenJDK 项目，逐步形成了活跃的 OpenJDK 社区。在社区的带动下，Java 生态也随之繁荣，包括 AJDK、Spring、Hadoop、Dubbo、JStorm、RocketMQ 等 Java 相关解决方案，极大地提升了 Java 语言的生产效率。

Java 语言拥有跨平台、分布式、多线程、健壮性等特点，是当下比较主流的高级编程语言。它的类库非常丰富、功能强大、简单易用，对开发者友好，不仅吸收了 C++ 的优点，还摒弃了其难以掌控的多继承、指针等概念。Java 比较好地实现了面向对象理论，允许开发工程师以优雅的思维方式处理复杂的编程场景。

现在我们简要回顾和总结一下从 JDK5 到 JDK11 的重要类、特性和重大改变。

JDK5 新特性：foreach 迭代方式、可变参数、枚举、自动拆装箱、泛型、注解等重要特性。

JDK6 新特性：Desktop 类和 SystemTray 类、使用 Compiler API、轻量级 HTTPServer API、对脚本语言的支持、Common Annotations 等重要特性。

JDK7 新特性：Switch 支持字符串作为匹配条件、泛型类型自动推断、try-with-resources 资源关闭技巧、Objects 工具类、ForkJoinPool 等重要类与特性。

JDK8 新特性：接口的默认方法实现与静态方法、Lambda 表达式、函数式接口、方法与构造函数引用、新的日期与时间 API、流式处理等重要特性。

JDK9 新特性：Jigsaw 模块化项目、简化进程 API、轻量级 JSON API、钱和货币的 API、进程改善和锁机制优化、代码分段缓存等重要特性。

JDK10 新特性：局部变量的类型推断、改进 GC 和内存管理、线程本地握手、备用内存设备上的堆分配等重要特性。

JDK11 新特性：JDK11 于 2018 年 9 月与《码出高效：Java 开发手册》同期发布，JDK11 中删除了 Java EE 和 CORBA 模块，增加基于嵌套的访问控制，支持动态类文件常量，改进 Aarch64 内联函数，提供实验性质的可扩展的低延迟垃圾收集器 ZGC 等重要特性。

JDK12 新特性：Shenandoah 低暂停时间的 GC、Switch 表达式功能增强、G1 收集器的优化。

2.3 类

2.3.1 类的定义

类的定义由访问级别、类型、类名、是否抽象、是否静态、泛型标识、继承或实现关键字、父类或接口名称等组成。类的访问级别有 public 和无访问控制符，类型分为 class、interface、enum。

Java 类主要由两部分组成：成员和方法。在定义 Java 类时，推荐首先定义变量，然后定义方法。由于公有方法是类的调用者和维护者最关心的方法，因此最好首屏展示；保护方法虽然只被子类关心，但也可能是模板设计模式下的核心方法，因此重要性仅次于公有方法；而私有方法对外部来说是一个黑盒实现，因此一般不需要被特别关注；最后是 getter/setter 方法，虽然它们也是公有方法，但是因为承载的信息价值较低，一般不包含业务逻辑，所以所有 getter/setter 方法须放在类最后。

2.3.2 接口与抽象类

正如面向对象四大特性（抽象、封装、继承、多态）所述，定义类的过程就是抽象和封装的过程，而接口与抽象类则是对实体类进行更高层次的抽象，仅定义公共行为和特征。接口与抽象类的共同点是都不能被实例化，但可以定义引用变量指向实例对象。本节主要分析两者的不同之处，首先从语法上进行区分，如表 2-1 所示。

表 2-1 接口与抽象类的语法区别

语法维度	抽象类	接 口
定义关键字	abstract	interface
子类继承或实现关键字	extends	implements
方法实现	可以有	不能有，但在 JDK8 及之后，允许有 default 实现
方法访问控制符	无限制	有限制，默认是 public abstract 类型
属性访问控制符	无限制	有限制，默认是 public static final 类型
静态方法	可以有	不能有，但在 JDK8 及以后，允许有
static{} 静态代码块	可以有	不能有
本类型之间扩展	单继承	多继承
本类型之间扩展关键字	extends	extends

抽象类在被继承时体现的是 is-a 关系，接口在被实现时体现的是 can-do 关系。与接口相比，抽象类通常是对同类事物相对具体的抽象，通常包含抽象方法、实体方法、属性变量。如果一个抽象类只有一个抽象方法，那么它就等同于一个接口。is-a 关系需要符合里氏代换原则，例如 Eagle is a Bird. Bird is an Object。can-do 关系要符合接口隔离原则，实现类要有能力去实现并执行接口中定义的行为，例如 Plane can fly. Bird can fly. 中应该把 fly 定义成一个接口，而不是把 fly() 放在某个抽象类中，再由 Plane 和 Bird 利用 is-a 关系去继承此抽象类。因为严格意义上讲，除 fly 这个行为外，在 Plane 和 Bird 之间很难找到其他共同特征。

抽象类是模板式设计，而接口是契约式设计。抽象类包含一组相对具体的特征，性格偏内向，比如某品牌特定型号的汽车，底盘架构、控制电路、刹车系统等是抽象出来的共同特征，但根据动感型、舒适型、豪华型的区分，内饰、车头灯、显示屏等可以存在不同版本的实现。接口是开放的，性格偏外向，它就像一份合同，定义了方法名、参数、返回值，甚至抛出异常的类型。谁都可以来实现它，但如果想实现它的类就必须遵守这份接口约定合同，比如，任何类型的车辆都必须实现如下接口：

```java
public interface VehicleSafe {
    /**
     * @param initSpeed 刹车时的初始速度
     * @param brakeTime 从 initSpeed 开始刹车到停止行驶的时间，单位是毫秒
     * @return 从 initSpeed 开始刹车到停止行驶的距离
     */
    double brake(int initSpeed, int brakeTime);
}
```

刹车是一个开放式的强制行为规范，任何车辆都必须具有刹车的能力，要明确在特定初速度的情况下，刹车时间多久，刹车距离多长。此规范对任何车辆都是强约束的，这就是契约。

接口是顶级的"类"，虽然关键字是 interface，但是编译之后的字节码扩展名还是 .class。抽象类是二当家，接口位于顶层，而抽象类对各个接口进行了组合，然后实现部分接口行为，其中 AbstractCollection 是最典型的抽象类：

```java
public abstract class AbstractCollection<E> implements Collection<E> {
    // Collection 定义的抽象方法，但本类没有实现
    // Collection 接口定义的方法，size() 这个方法对于链表和顺序表有不同的实现方式
    public abstract int size();

    // 实现 Collection 接口的各个方法，因为对 AbstractCollection 的子类
```

```java
// 它们判空的方式是一致的，这就是模板式设计，对于所有它的子类，实现共同的方法体，
// 通过多态调用到子类的具体 size() 实现
public boolean isEmpty() {
    // 实现 Collection 的方法
    return size() == 0;
}

// 其他属性和部分方法实现……
}
```

Java 语言中类的继承采用单继承形式，避免继承泛滥、菱形继承、循环继承，甚至"四不像"实现类的出现。在 JVM 中，一个类如果有多个直接父类，那么方法的绑定机制会变得非常复杂。接口继承接口，关键字是 extends，而不是 implements，允许多重继承，是因为接口有契约式的行为约定，没有任何具体实现和属性，某个实体类在实现多重继承后的接口时，只是说明 "can do many things"。当纠结定义接口还是抽象类时，优先推荐定义为接口，遵循接口隔离原则，按某个维度划分成多个接口，然后再用抽象类去 implements 某些接口，这样做可方便后续的扩展和重构。

2.3.3 内部类

在一个 .java 源文件中，只能定义一个类名与文件名完全一致的公开类，使用 public class 关键字来修饰。但在面向对象语言中，任何一个类都可以在内部定义另外一个类，前者为外部类，后者为内部类。内部类本身就是类的一个属性，与其他属性定义方式一致。比如，属性字段 private static String str，由访问控制符、是否静态、类型、变量名组成，而内部类 private static class Inner{}，也是按这样的顺序来定义的，类型可以为 class、enum，甚至是 interface，当然在内部类中定义接口是不推荐的。内部类可以是静态和非静态的，它可以出现在属性定义、方法体和表达式中，甚至可以匿名出现，具体分为如下四种。

- 静态内部类，如：static class StaticInnerClass{};
- 成员内部类，如：private class InstanceInnerClass{};
- 局部内部类，定义在方法或者表达式内部；
- 匿名内部类，如：(new Thread(){}).start()。

如下是最精简的 4 种内部类定义方式：

```java
public class OuterClass {

    // 成员内部类
    private class InstanceInnerClass {}

    // 静态内部类
    static class StaticInnerClass {}

    public static void main(String[] args) {
        // 两个匿名内部类，分别对应图 2-1 所示的 OuterClass$1 和 OuterClass$2
        (new Thread() {}).start();
        (new Thread() {}).start();
        // 两个方法内部类，分别对应图 2-1 所示的 OuterClass$1MethodClass1 和
        // OuterClass$1MethodClass2
        class MethodClass1 {}
        class MethodClass2 {}
    }
}
```

无论是什么类型的内部类，都会编译成一个独立的 .class 文件，如图 2-1 所示。

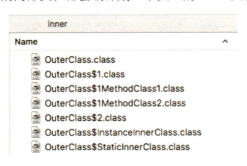

图 2-1　外部类和内部类 .class 文件

外部类与内部类之间使用 $ 符号分隔，其中匿名内部类使用数字进行编号，而方法内部类，使用编号加方法名称来标识是哪个方法。匿名内部类和静态内部类是比较常用的方式。在本书的示例代码中经常使用匿名类来启动线程，节约了若干行代码。而静态内部类是最常用的内部表现形式，外部可以使用 OuterClass.StaticInnerClass 直接访问，内部类加载与外部类通常不在同一个阶段进行，在 JDK 源码中，定义包内可见静态内部类的方式很常见，这样做的好处是：

（1）作用域不会扩散到包外。

（2）可以通过"外部类.内部类"的方式直接访问。

（3）内部类可以访问外部类中的所有静态属性和方法。

```
static class Node<K,V> implements Map.Entry<K,V> {
    final int hash;
    final K key;
    volatile V val;
    volatile Node<K,V> next;
}
```

如上所示的源码是在 ConcurrentHashMap 中定义的 Node 静态内部类，用于表示一个节点数据，属于包内可见，包内其他集合要用到这个 Node 时，直接使用 ConcurrentHashMap.Node。仅包内可见，可以阻止外部程序随意使用此类来生成对象，Node 的父类 Entry 是 Map 的静态内部类，之所以可以被 Node 成功继承，是因为两个外部类同属一个包。在 JDK 源码中，使用内部类封装某种属性和操作的方式比较常见，比如应用类加载器 Launcher 的 AppClassLoader，ReentrantLock 中继承自 AbstractQueuedSynchronizer 的内部类 Sync，ArrayList 中的私有静态内部类 SubList。内部类中还可以定义内部类，形成多层嵌套，如在 ThreadLocal 静态内部类 ThreadLocalMap 中还定义一个内部类 Entry，如图 2-2 所示。

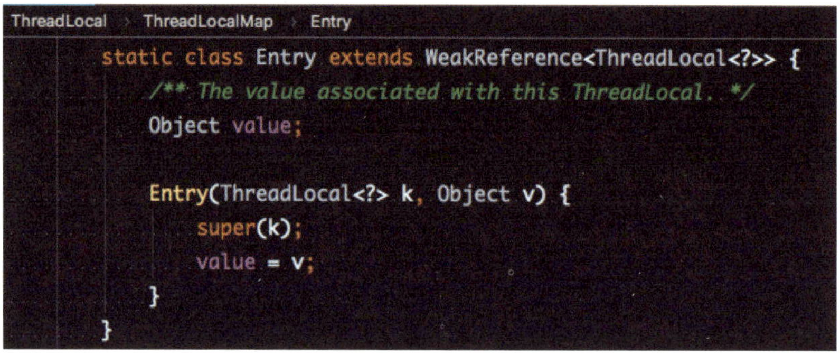
ThreadLocal › ThreadLocalMap › Entry
static class Entry extends WeakReference<ThreadLocal<?>> {
/** The value associated with this ThreadLocal. */
Object value;
Entry(ThreadLocal<?> k, Object v) {
super(k);
value = v;
}
}

图 2-2　ThreadLocalMap 的内部类 Entry

因为访问权限可见，所以在同一包内的 Thread 可以直接使用如下方式声明自己的属性：

```
ThreadLocal.ThreadLocalMap threadLocals = null;
ThreadLocal.ThreadLocalMap inheritableThreadLocals = null;
```

2.3.4　访问权限控制

面向对象的核心思想之一就是封装，只把有限的方法和成员公开给别人，这也是迪米特法则的内在要求，使外部调用方对方法体内的实现细节知道得尽可能少。如何实现封装呢？需要使用某些关键字来限制类外部对类内属性和方法的随意访问，这些关键字就是访问权限控制符。在详细介绍访问权限之前，我们明确一个概念——是否可见，如下示例代码：

```
package a;
public class VisibleScope {
    public void publicMethod(){}
    protected void protectedMethod(){}
    void noneMethod(){}
    private void privateMethod(){}
}
```

在 package b 中，图 2-3 左侧对 VisibleScope 类进行实例化，通过引用变量，仅能看到 publicMethod() 方法，我们称为 publicMethod() 方法是当前可见的；使用同一个类，图 2-3 右侧对 VisibleScope 子类 VisibleScopeInvoke 进行实例化，通过引用变量，可以看到两个方法，新增了红色框内的 protectedMethod() 方法，那么这两个方法是当前可见的；如果这个类也在 package a 中，那么 noneMethod 是可见的；在任何情况下，类外部实例化出来的对象均无法调用私有方法，比如本示例中的 privateMethod 方法。

图 2-3 方法可见范围示例代码

Java 中的访问权限包括四个等级，权限控制严格程度由低到高，如表 2-2 所示。

表 2-2 访问权限控制及可见范围

访问权限控制符	任何地方	包外子类	包　内	类　内
public	OK	OK	OK	OK
protected	NO	OK	OK	OK
无	NO	NO	OK	OK
private	NO	NO	NO	OK

- **public**：可以修饰外部类、属性、方法，表示公开的、无限制的，是访问限制最松的一级，被其修饰的类、属性和方法不仅可以被包内访问，还可以跨类、跨包访问，甚至允许跨工程访问。

- **protected**：只能修饰属性和方法，表示受保护的、有限制的，被其修饰的属性和方法能被包内及包外子类访问，但不能被子类对象直接访问。注意，即使并非继承关系，protected 属性和方法在同一包内也是可见的。

- **无**：即无任何访问权限控制符，如示例中的 noneMethod 方法，没有任何修饰符。千万不要说成 default，它并非访问权限控制符的关键字，另外，在 JDK8 接口中引入 default 默认方法实现，更加容易混淆两者释义。无访问权限控制符仅对包内可见。虽然无访问权限控制符还可以修饰外部类，但是定义外部类极少使用无控制符的方式，要么定义为内部类，功能内聚；要么定义公开类，即 public class，包外也可以实例化。

- **private**：只能修饰属性、方法、内部类。表示"私有的"，是访问限制最严格的一级，被其修饰的属性或方法只能在该类内部访问，子类、包内均不能访问，更不允许跨包访问。

由此可见，不同的访问权限控制符对应的可见范围不同。在定义类时，要慎重思考该方法、属性、内部类的访问权限，提倡严控访问范围。过于宽泛的访问范围不利于模块间解耦及未来的代码维护。试想，在进行代码重构时，private 方法过旧，我们可以直接删除，且无后顾之忧。可是如果想删除一个 public 的方法，是不是要谨慎又谨慎地检查是否被调用。变量就像自己的小孩，要尽量控制在自己的视线范围内，如果作用域太大，无限制地到处乱跑，就会担心其安危。因此，在定义类时，推荐访问控制级别从严处理：

（1）如果不允许外部直接通过 new 创建对象，构造方法必须是 private。

（2）工具类不允许有 public 或 default 构造方法。

（3）类非 static 成员变量并且与子类共享，必须是 protected。

（4）类非 static 成员变量并且仅在本类使用，必须是 private。

（5）类 static 成员变量如果仅在本类使用，必须是 private。

（6）若是 static 成员变量，必须考虑是否为 final。

（7）类成员方法只供类内部调用，必须是 private。

（8）类成员方法只对继承类公开，那么限制为 protected。

2.3.5 this 与 super

对象实例化时，至少有一条从本类出发抵达 Object 的通路，而打通这条路的两个主要工兵就是 this 和 super，逢山开路，遇水搭桥。但是 this 和 super 往往是默默无闻的，在很多情况下可以省略，比如：

- 本类方法调用本类属性。
- 本类方法调用另一个本类方法。
- 子类构造方法隐含调用 super()。

任何类在创建之初，都有一个默认的空构造方法，它是 super() 的一条默认通路。构造方法的参数列表决定了调用通路的选择；如果子类指定调用父类的某个构造方法，super 就会不断往上溯源；如果没有指定，则默认调用 super()。如果父类没有提供默认的构造方法，子类在继承时就会编译错误，如图 2-4 所示。

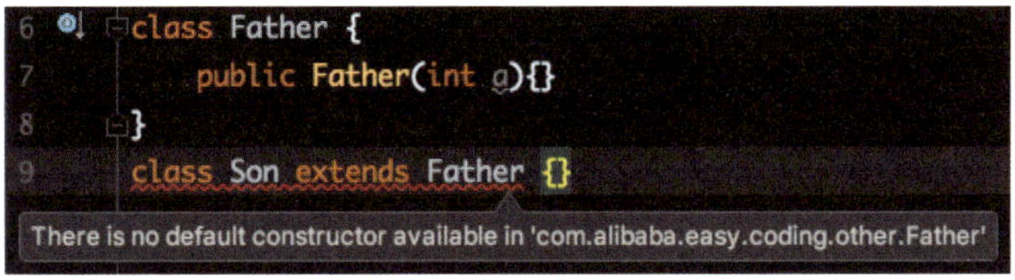

图 2-4　父类默认构造方法缺失

如果父类坚持不提供默认的无参构造方法，必须在本类的无参构造方法中使用 super 方式调用父类的有参构造方法，如 public Son(){ super(123); }。

一个实例变量可以通过 this. 赋值另一个实例变量；一个实例方法可以通过 this. 调用另一个实例方法；甚至一个构造方法都可以通过 this. 调用另一个构造方法。如果 this 和 super 指代构造方法，则必须位于方法体的第一行。换句话说，在一个构造方法中，this 和 super 只能出现一个，且只能出现一次，否则在实例化对象时，会因子类调用到多个父类构造方法而造成混乱。

由于 this 和 super 都在实例化阶段调用，所以不能在静态方法和静态代码块中使用 this 和 super 关键字。this 还可以指代当前对象，比如在同步代码块 synchronized(this){...} 中，super 并不具备此能力。但 super 也有自己的特异功能，在子类覆写父类方法时，可以使用 super 调用父类同名的实例方法。最后总结一下 this 和 super 的异同点，如图 2-5 所示。

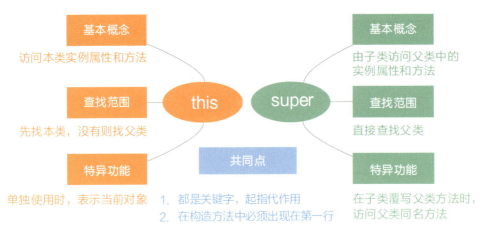

图 2-5　this 和 super 的异同点

2.3.6 类关系

关系是指事物之间存在单向或相互的作用力或者影响力的状态。类与类之间的关系可分成两种：有关系与没关系，这似乎是一句非常正确的废话，难点在于确定类与类之间是否存在相互作用。证明类之间没关系是一个涉及业务、架构、模块边界的问题，往往由于业务模型的抽象角度不同而不同，是一件非常棘手的事情。如果找到了没有关系的点，就可以如庖丁解牛一样，进行架构隔离、模块解耦等工作。有关系的情况下，包括如下 6 种类型：

- 【继承】extends (is-a)。
- 【实现】implements (can-do)。
- 【组合】类是成员变量 (contains-a)。
- 【聚合】类是成员变量 (has-a)。
- 【依赖】是除组合与聚合外的单向弱关系。比如使用另一个类的属性、方法，或以其作为方法的参数输入，或以其作为方法的返回值输出 (depends-a)。
- 【关联】是互相平等的依赖关系 (links-a)。

继承和实现是比较容易理解的两种类关系。在架构设计中，要注意组合、聚合、依赖和关联这四者的区别。

组合在汉语中的含义是把若干个独立部分组成整体，各个部分都有其独立的使用价值和生命周期。而类关系中的组合是一种完全绑定的关系，所有成员共同完成一件使命，它们的生命周期是一样的，极度容易混淆。组合体现的是非常强的整体与部分的关系，同生共死，部分不能在整体之间共享。

聚合是一种可以拆分的整体与部分的关系，是非常松散的暂时组合，部分可以被拆出来给另一个整体。比如，汽车与轮子之间的关系就是聚合关系，轮子模块包括钢圈、轮胎、气嘴。轮子拆卸下来用到另一个汽车上是完全没有问题的。

依赖是除组合和聚合外的类与类之间的单向弱关系，就是一个类 A 用到类 B，那么就说 A 依赖 B，这种关系是偶然的、松散的、临时的。依赖使用另一个类的属性、方法，或以其作为方法的参数输入，或以其作为方法的返回值输出。本书认为，广义上的有向关联也等同于依赖。依赖往往是模块解耦的最佳点。

关联即是互相平等的依赖关系，可以在关联点上进行解耦，但是解耦难度略大于依赖关系。

在类图中，用空心的三角形表示继承，用实心的菱形表示组合，用空心的菱形表示聚合，用一条直线表示关联，这四者都是用实线连接的。用三角形来表示实现，用一个箭头表示依赖，与前面的区别是这两者都是用虚线连接的。在画类图时，菱形、箭头、三角形放在哪一侧呢？在很多类图中，这个处理是非常随意的。如果方向画反了，那么类结构的认知也就反了。有一个规律，有形状的图形符号一律放在权力强的这一侧，如表 2-3 所示。

随着业务和架构的发展，类与类的关系是会发生变化的，必须用发展的眼光看待类图。比如表 2-3 中的 Body 和 Head，如果有一天，动物的脑袋可以随意地移植，那么就从组合关系变成聚合关系了。狗与狗绳之间的约束，虽然很弱，但是如果防疫局在狗绳上标记疫苗记录，那么它们之间的关系就会变强，就变成组合关系了。在业务重构过程中，往往会把原来强组合的关系拆开来，供其他模块调用，这就是类图的一种演变。

表 2-3 类关系示例图

类关系	英文名	描　述	权力强侧	类图示例	示例说明
继承	Generalization	父类与子类之间的关系：is-a	父类方		小狗继承于动物，完全符合里氏代换
实现	Realization	接口与实现类之间的关系：can-do	接口方	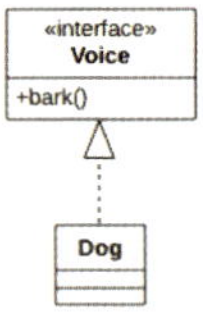	小狗实现了狗叫的接口行为
组合	Composition	比聚合更强的关系：contains-a	整体方		头只能是身体强组合的一部分，两者完全不可分，具有相同的生命周期
聚合	Aggregation	暂时组装的关系：has-a	组装方	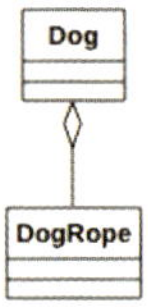	小狗和狗绳之间是暂时聚合关系，狗绳完全可以复用在另一条小狗上
依赖	Dependency	一个类用到另一个类：depends-a	被依赖方	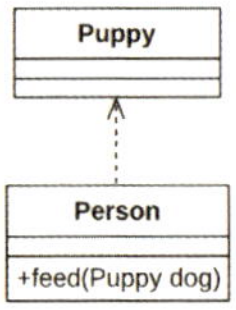	人喂养小狗，小狗作为参数传入，是一种依赖关系
关联	Association	类与类之间存在互相平等的使用关系：links-a	平等	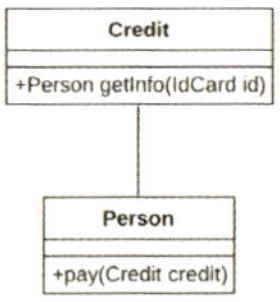	人可以用信用卡消费，信用卡可以提取到人的信息

2.3.7　序列化

内存中的数据对象只有转换为二进制流才可以进行数据持久化和网络传输。将数据对象转换为二进制流的过程称为对象的序列化（Serialization）。反之，将二进制流恢复为数据对象的过程称为反序列化（Deserialization）。序列化需要保留充分的信息以恢复数据对象，但是为了节约存储空间和网络带宽，序列化后的二进制流又要尽可能小。序列化常见的使用场景是 RPC 框架的数据传输。常见的序列化方式有三种：

（1）Java 原生序列化。Java 类通过实现 Serializable 接口来实现该类对象的序列化，这个接口非常特殊，没有任何方法，只起标识作用。Java 序列化保留了对象类的元数据（如类、成员变量、继承类信息等），以及对象数据等，兼容性最好，但不支持跨语言，而且性能一般。

实现 Serializable 接口的类建议设置 serialVersionUID 字段值，如果不设置，那么每次运行时，编译器会根据类的内部实现，包括类名、接口名、方法和属性等来自动生成 serialVersionUID。如果类的源代码有修改，那么重新编译后 serialVersionUID 的取值可能会发生变化。因此实现 Serializable 接口的类一定要显式地定义 serialVersionUID 属性值。修改类时需要根据兼容性决定是否修改 serialVersionUID 值：

- 如果是兼容升级，请不要修改 serialVersionUID 字段，避免反序列化失败。
- 如果是不兼容升级，需要修改 serialVersionUID 值，避免反序列化混乱。

使用 Java 原生序列化需注意，Java 反序列化时不会调用类的无参构造方法，而是调用 native 方法将成员变量赋值为对应类型的初始值。基于性能及兼容性考虑，不推荐使用 Java 原生序列化。

（2）Hessian 序列化。Hessian 序列化是一种支持动态类型、跨语言、基于对象传输的网络协议。Java 对象序列化的二进制流可以被其他语言（如 C++、Python）反序列化。Hessian 协议具有如下特性：

- 自描述序列化类型。不依赖外部描述文件或接口定义，用一个字节表示常用基础类型，极大缩短二进制流。
- 语言无关，支持脚本语言。
- 协议简单，比 Java 原生序列化高效。

相比 Hessian 1.0，Hessian 2.0 中增加了压缩编码，其序列化二进制流大小是 Java 序列化的 50%，序列化耗时是 Java 序列化的 30%，反序列化耗时是 Java 反序列化的 20%。

Hessian 会把复杂对象所有属性存储在一个 Map 中进行序列化。所以在父类、子类存在同名成员变量的情况下，Hessian 序列化时，先序列化子类，然后序列化父类，因此反序列化结果会导致子类同名成员变量被父类的值覆盖。

（3）JSON 序列化。JSON（JavaScript Object Notation）是一种轻量级的数据交换格式。JSON 序列化就是将数据对象转换为 JSON 字符串。在序列化过程中抛弃了类型信息，所以反序列化时只有提供类型信息才能准确地反序列化。相比前两种方式，JSON 可读性比较好，方便调试。

序列化通常会通过网络传输对象，而对象中往往有敏感数据，所以序列化常常成为黑客的攻击点，攻击者巧妙地利用反序列化过程构造恶意代码，使得程序在反序列化的过程中执行任意代码。Java 工程中广泛使用的 Apache Commons Collections、Jackson、fastjson 等都出现过反序列化漏洞。如何防范这种黑客攻击呢？有些对象的敏感属性不需要进行序列化传输，可以加 transient 关键字，避免把此属性信息转化为序列化的二进制流。如果一定要传递对象的敏感属性，可以使用对称与非对称加密方式独立传输，再使用某个方法把属性还原到对象中。应用开发者对序列化要有一定的安全防范意识，对传入数据的内容进行校验或权限控制，及时更新安全漏洞，避免受到攻击。

2.4 方法

2.4.1 方法签名

方法签名包括方法名称和参数列表，是 JVM 标识方法的唯一索引，不包括返回值，更加不包括访问权限控制符、异常类型等。假如返回值可以是方法签名的一部分，仅从代码可读性角度来考虑，如下示例：

```
long f() {
    return 1L;
}

double f() {
    return 1.0d;
}

var a = f();
```

那么类型推断的 var 到底是接收 1.0d 还是 1L？从静态阅读的角度，根本无从知道它调用的是哪个方法。

2.4.2 参数

在高中数学中计算函数 $f(x,y)=x^2+2y-3$，将 $x=3$，$y=7$ 代入公式得到 $3^2+2×7-3=20$，这里 $f(x,y)$ 的 x 与 y 就是形式参数，简称形参；而 3 与 7 是实际参数，简称实参。参数是自变量，而 $f(x,y)$ 函数，即代码中的方法是因变量，是一个逻辑执行的结果。参数又叫 parameter，在代码注释中用 @param 表示参数类型。参数在方法中，属于方法签名的一部分，包括参数类型和参数个数，多个参数用逗号相隔，在代码风格中，约定每个逗号后必须要有一个空格，不管是形参，还是实参。形参是在方法定义阶段，而实参是在方法调用阶段，先来看看实参传递给形参的过程：

```java
public class ParamPassing {
    private static int intStatic = 222;
    private static String stringStatic = "old string";
    private static StringBuilder stringBuilderStatic
        = new StringBuilder("old stringBuilder");

    public static void main(String[] args) {
        // 实参调用
        method(intStatic);
        method(stringStatic);
        method(stringBuilderStatic, stringBuilderStatic);

        // 输出依然是 222（第 1 处）
        System.out.println(intStatic);
        method();
        // 无参方法调用之后，反而修改为 888（第 2 处）
        System.out.println(intStatic);
        // 输出依然是：old string
        System.out.println(stringStatic);
        // 输出结果参考下方分析
        System.out.println(stringBuilderStatic);
    }

    // A方法
    public static void method(int intStatic) {
        intStatic = 777;
    }

    // B方法
    public static void method() {
        intStatic = 888;
    }
```

```java
// C 方法
public static void method(String stringStatic) {
    // String 是 immutable 对象，String 没有提供任何方法用于修改对象
    stringStatic = "new string";
}

// D 方法
public static void method(StringBuilder stringBuilderStatic1,
    StringBuilder stringBuilderStatic2) {
    // 直接使用参数引用修改对象     （第 3 处）
    stringBuilderStatic1.append(".method.first-");
    stringBuilderStatic2.append("method.second-");

    // 引用重新赋值
    stringBuilderStatic1 = new StringBuilder("new stringBuilder");
    stringBuilderStatic1.append("new method's append");
}
}
```

如果不了解形参与实参的传递方式，对于第 1 处和第 2 处是存在疑问的。第 1 处，通过有参方法执行 intStatic=777，居然没有修改成功，而使用无参的 method 方法却成功地把静态变量 intStatic 的值修改为 888。字节码实现如图 2-6 所示。

```
1.  SIPUSH 777                    1.  SIPUSH 888
2.  ISTORE 0                      2.  PUTSTATIC ParamPassing.intStatic :
3.  RETURN                        3.  RETURN
```

　　　　（a）　　　　　　　　　　　　　（b）

图 2-6　字节码示意图

有参的 A 方法字节码如图 2-6（a）所示，参数是局部变量，拷贝静态变量的 777，并存入虚拟机栈中的局部变量表的第一个小格子内。虽然在方法内部的 intStatic 与静态变量同名，但是因为作用域就近原则，它是局部变量的参数，所有的操作与静态变量是无关的。而无参的 B 方法字节码如图 2-6（b）所示，先把本地赋值的 888 压入虚拟机栈中的操作栈，然后给静态变量 intStatic 赋值。有两个参数的 D 方法中，我们再分析第 3 处 StringBuilder 的疑问：

```
public static method(Ljava/lang/StringBuilder;Ljava/lang/StringBuilder;)V
  L0
   ALOAD 0
   LDC ".method.first"
```

```
  INVOKEVIRTUAL java/lang/StringBuilder.append (Ljava/lang/String;)
Ljava/lang/StringBuilder;
  POP
L1
  ALOAD 1
  LDC "method.second"
  INVOKEVIRTUAL java/lang/StringBuilder.append (Ljava/lang/String;)
Ljava/lang/StringBuilder;
  POP
L2
  NEW java/lang/StringBuilder
  DUP
  LDC "new stringBuilder"
  INVOKESPECIAL java/lang/StringBuilder.<init> (Ljava/lang/String;)V
  ASTORE 0
L3
  ALOAD 0
  LDC "new method's append"
  INVOKEVIRTUAL java/lang/StringBuilder.append (Ljava/lang/String;)
Ljava/lang/StringBuilder;
  POP
  RETURN
```

注意上述字节码中的两个 ALOAD 0，是把静态变量的引用赋值给虚拟机栈的栈帧中的局部变量表，然后 ALOAD 操作是把两个对象引用变量压入操作栈的栈顶。注意，这两个引用都指向了静态引用变量指向的 new StringBuilder("old stringBuilder") 对象在 method(stringBuilderStatic, stringBuilderStatic) 的执行结果后的值，其中红绿字符串分别是两次 append 的结果：

old stringBuilder.method.first-method.second-

在 D 方法中，new 出来一个新的 StringBuilder 对象，赋值给 stringBuilderStatic1。注意，这是一个新的局部引用变量，使用 ASTORE 命令对局部变量表的第一个位置的引用变量值进行了覆盖，然后再重新进行 ALOAD 到操作栈顶，所以后续对于 stringBuilderStatic1 的 append 操作，与类的静态引用变量 stringBuilderStatic 没有任何关系。

综上所述，无论是对于基本数据类型，还是引用变量，Java 中的参数传递都是值复制的传递过程。对于引用变量，复制指向对象的首地址，双方都可以通过自己的引用变量修改指向对象的相关属性。

再来介绍一种特殊的参数——可变参数。它是在 JDK5 版本中引入的，主要为了解决当时的反射机制和 printf 方法问题，适用于不确定参数个数的场景。可变参数通过 "参数类型..." 的方式定义，如 PrintStream 类中 printf 方法使用了可变参数：

```java
public PrintStream printf(String format, Object... args) {
    return format(format, args);
}
// 调用 printf 方法示例
System.out.printf("%d", n);                        （第1处）
System.out.printf("%d %s", n, "something");        （第2处）
```

如上示例代码，虽然第 1 处调用传入了两个参数，第 2 处调用传入了三个参数，但它们调用的都是 printf(String format, Object ... args) 方法。看上去可变参数使方法调用更简单，省去了手工创建数组的麻烦。有人说可变参数是语法糖，个人觉得是恶魔果实。如果在实际开发过程中使用不当，会严重影响代码的可读性和可维护性。因此，使用时要谨慎小心，尽量不要使用可变参数编程。如果一定要使用，则只有相同参数类型、相同业务含义的参数才可以，并且一个方法中只能有一个可变参数，且这个可变参数必须是该方法的最后一个参数。此外，建议不要使用 Object 作为可变参数，如下警示代码：

```java
public static void listUsers(Object... args) {
    System.out.println(args.length);
}
public static void main(String[] args) {
    // 以下代码输出结果为：3
    listUsers(1, 2, 3);
    // 以下代码输出结果为：1
    listUsers(new int[] {1, 2, 3});
    // 以下代码输出结果为：2 （第1处）
    listUsers(3, new String[] {"1", "2"});
    // 以下代码输出结果为：3 （第2处）
    listUsers(new Integer[] {1, 2, 3});
    // 以下代码输出结果为：2 （第3处）
    listUsers(3, new Integer[] {1, 2, 3});
}
```

通过上面的例子可以看到，使用 Object 作为可变参数时过于灵活，类型转换场景不好预判，比如第 2 处和第 3 处中 Integer[] 可以转型为 Object[]，也可以作为一个 Object 对象，所以导致第 2 处输出结果为 3，第 3 处输出结果为 2。而 int[] 只能被当作一个单纯的 Object 对象。同时 Object 又很容易破坏"可变参数具备相同类型，相同业务含义"这个大前提,如上例中第 1 处的整型和字符串数组类型混用,因此要避免使用 Object 作为可变参数。

以上是参数定义的相关内容,那么如何正确地使用参数呢?方法定义方并不能保证调用方会按照预期传入参数,因此在方法体中应该对传入的参数保持理性的不信任。方法的第一步骤并不是功能实现,而应该是参数预处理。参数预处理包括两种:

(1)入参保护。虽然"入参保护"被提及的频率和认知度远低于参数校验,但是其重要性却不能被忽略。入参保护实质上是对服务提供方的保护,常见于批量接口。批量接口是指能同时处理一批数据,但其处理能力并不是无限的,因此需要对入参的数据量进行判断和控制,如果超出处理能力,可以直接返回错误给客户端。某业务曾发生过一个严重故障,就是由一个用户批量查询的接口导致的。虽然在 API 文档中约定了每次最多支持查询的用户 ID 个数,但在接口实现中没有做任何入参保护,导致当调用方传入万级的用户 ID 集合查询信息时,服务器内存被塞满,进程假死,再无任何处理能力。

(2)参数校验。参数作为方法间交互和传递信息的媒介,其重要性不言而喻。基于防御式编程理念,在方法内,对方法调用方传入的参数理性上保持不信任,所以对参数有效值的检测都是非常有必要的。由于方法间交互是非常频繁的,如果所有方法都进行参数校验,就会导致重复代码及不必要的检查影响代码性能。综合两个方面考虑,汇总需要进行参数校验和无须校验的场景。

需要进行参数校验的场景:

- 调用频度低的方法。
- 执行时间开销很大的方法。此情形中,参数校验时间几乎可以忽略不计,但如果因为参数错误导致中间执行回退或者错误,则得不偿失。
- 需要极高稳定性和可用性的方法。
- 对外提供的开放接口。
- 敏感权限入口。

不需要进行参数校验的场景:

- 极有可能被循环调用的方法。但在方法说明里必须注明外部参数检查。
- 底层调用频度较高的方法。参数错误不太可能到底层才会暴露问题。一般 DAO 层与 Service 层都在同一个应用中,部署在同一台服务器中,所以可以省略 DAO 的参数校验。
- 声明成 private 只会被自己代码调用的方法。如果能够确定调用方法的代码传入参数已经做过检查或者肯定不会有问题，此时可以不校验参数。

2.4.3 构造方法

构造方法（Constructor）是方法名与类名相同的特殊方法，在新建对象时调用，可以通过不同的构造方法实现不同方式的对象初始化，它有如下特征：

（1）构造方法名称必须与类名相同。

（2）构造方法是没有返回类型的，即使是 void 也不能有。它返回对象的地址，并赋值给引用变量。

（3）构造方法不能被继承，不能被覆写，不能被直接调用。调用途径有三种：一是通过 new 关键字，二是在子类的构造方法中通过 super 调用父类的构造方法，三是通过反射方式获取并使用。

（4）类定义时提供了默认的无参构造方法。但是如果显式定义了有参构造方法，则此无参构造方法就会被覆盖；如果依然想拥有，就需要进行显式定义。

（5）构造方法可以私有。外部无法使用私有构造方法创建对象。

在接口中不能定义构造方法，在抽象类中可以定义。在枚举类中，构造方法是特殊的存在，它可以定义，但不能加 public 修饰，因为它默认是 private 的，是绝对的单例，不允许外部以创建对象的方式生成枚举对象。

一个类可以有多个参数不同的构造方法，称为构造方法的重载。为了方便阅读，当一个类有多个构造方法时，这些方法应该被放置在一起。同理，类中的其他同名方法也应该遵循这个规则。

单一职责，对于构造方法同样适用，构造方法的使命就是在构造对象时进行传参操作，所以不应该在构造方法中引入业务逻辑。如果在一个对象生产中，需要完成初始化上下游对象、分配内存、执行静态方法、赋值句柄等繁重的工作，其中某个步骤出错，导致没有完成对象初始化，再将希望寄托于业务逻辑部分来处理异常就是一件不受控制的事情了。故推荐将初始化业务逻辑放在某个方法中，比如 init()，当对象确认完成所有初始化工作之后，再显式调用。

类中的 static {...} 代码被称为类的静态代码块，在类初始化时执行，优先级很高。下面看一下父子类静态代码块和构造方法的执行顺序：

```
class Son extends Parent {
    static { System.out.println("Son 静态代码块"); }
    Son() { System.out.println("Son 构造方法"); }

    public static void main(String[] args) {
        new Son();
        new Son();
    }
}

class Parent {
    static { System.out.println("Parent 静态代码块"); }
    public Parent() { System.out.println("Parent 构造方法"); }
}
```

执行结果如下：

```
Parent 静态代码块
Son 静态代码块
Parent 构造方法
Son 构造方法
Parent 构造方法
Son 构造方法
```

从以上示例可看出，在创建类对象时，会先执行父类和子类的静态代码块，然后再执行父类和子类的构造方法。并不是执行完父类的静态代码块和构造方法后，再去执行子类。静态代码块只运行一次，在第二次对象实例化时，不会运行。

2.4.4 类内方法

在面向过程的语言中，几乎所有的方法都是全局静态方法，在引入面向对象理念之后，某些方法才归属于具体对象，即类内方法。构造方法无论是有形、无形、私有、公有，在一个类中是必然存在的。除构造方法外，类中还可以有三类方法：实例方法、静态方法、静态代码块。

1. 实例方法

又称为非静态方法。实例方法比较简单，它必须依附于某个实际对象，并可以通过引用变量调用其方法。类内部各个实例方法之间可以相互调用，也可以直接读写类内变量，但是不包含 this。当 .class 字节码文件加载之后，实例方法并不会被分配方法入口地址，只有在对象创建之后才会被分配。实例方法可以调用静态变量和静态方法，当从外部创建对象后，应尽量使用"类名.静态方法"来调用，而不是对象名，一来为编译器减负，二来提升代码可读性。

2. 静态方法

又称为类方法。当类加载后，即分配了相应的内存空间，由于生命周期的限制，使用静态方法需要注意两点：

（1）静态方法中不能使用实例成员变量和实例方法。

（2）静态方法不能使用 super 和 this 关键字，这两个关键字指代的都是需要被创建出来的对象。

通常静态方法用于定义工具类的方法等，静态方法如果使用了可修改的对象，那么在并发时会存在线程安全问题。所以，工具类的静态方法与单例通常是相伴而生的。

3. 静态代码块

在代码的执行方法体中，非静态代码块和静态代码块比较特殊。非静态代码块又称为局部代码块，是极不推荐的处理方式，本节不再展开。而静态代码块在类加载的时候就被调用，并且只执行一次。静态代码块是先于构造方法执行的特殊代码块。静态代码块不能存在于任何方法体内，包括类静态方法和属性变量。观察如下示例代码：

```java
public class StaticCode {
    // prior 必须定义在 last 前边，否则编译出错：illegal forward reference
    static String prior = "done";
    // 依次调用 f() 的结果，三目运算符为 true，执行 g()，最后赋值成功
    static String last = f() ? g() : prior;

    public static boolean f() {
        return true;
    }

    public static String g() {
        return "hello world";
    }

    static {
        // 静态代码块可以访问静态变量和静态方法
        System.out.println(last);
        g();
    }
}
```

在上述代码中，由于 last 依赖了变量 prior，所以两者之间存在先后关系，而静态方法与静态变量之间没有先后关系。在实际应用中例如容器初始化时，可以使用静态代码块实现类加载判断、属性初始化、环境配置等。很多容器框架会在单例对象初始化成功后调用默认 init() 方法，完成例如 RPC 注册中心服务器判断、应用通用底层数据初始化等工作。某框架的初始化代码如下所示：

```java
public class RpcProviderBean {
    public void init() throws RpcRuntimeException {
        this.initRegister();
        this.publish();
        // 其他逻辑
    }

    public void initRegister() {
        if (this.inited.compareAndSet(false, true)) {
            this.checkConfig();
            this.metadata.init();
        }
    }

    public void publish() {
        // 将本地服务信息发送到注册中心
    }
}
```

2.4.5　getter 与 setter

在实例方法中有一类特殊的方法，即 getter 与 setter 方法，它们一般不包含任何业务逻辑，仅仅是为类成员属性提供读取和修改的方法，这样设计有两点好处：

（1）满足面向对象语言封装的特性。尽可能将类中的属性定义为 private，针对属性值的访问与修改需要使用相应的 getter 与 setter 方法，而不是直接对 public 的属性进行读取和修改。

（2）有利于统一控制。虽然直接对属性进行读取、修改的方式和使用相应的 getter 与 setter 方法在效果上是一样的，但是前者难以应对业务的变化。例如，业务要求对某个属性值的修改要增加统一的权限控制，如果有 setter 作为统一的属性修改方法则更容易实现，这种情况在一些使用反射的框架中作用尤其明显。

因此，在类成员属性需要被外部访问的类中，getter 与 setter 方法是必备的。除特殊情况需要增加业务逻辑外，它们仅仅是对成员属性的访问和修改操作，其承载的信息价值比较低，所以，建议在类定义中，类内方法定义顺序依次是：公有方法或保护方法 > 私有方法 > getter/setter 方法。

最典型的 getter 与 setter 方法使用是在 POJO（Plain Ordinary Java Object，简单的 Java 对象）类中。在本书中，POJO 专指只包含 getter、setter、toString 方法的简单类，常见的 POJO 类包括 DO（Dada Object）、BO（Business Object）、DTO（Data Transfer Object）、VO（View Object）、AO（Application Object）。POJO 作为数据载体，通常用于数据传输，不应该包含任何业务逻辑。因此，在 POJO 类中，getter 与 setter 不但是重要的组成部分，更是与外界进行信息交换的桥梁。getter 与 setter 方法定义参考示例如下：

```java
public class TicketDO {
    private Long id;
    // 目的地
    private String destination;

    // getter方法，要求：直接返回相应属性值，不增加业务逻辑
    public Long getId() {
        return id;
    }
    public String getDestination() {
        return destination;
    }

    // 参数名称与类成员变量名称一致，定义中this.成员名=参数名，尽量不增加业务逻辑
    public void setId(Long id) {
        this.id = id;
    }
    public void setDestination(String destination) {
        this.destination = destination;
    }
}
```

getter 与 setter 方法的定义非常简单，正因如此，工程师们会放松对它们的警惕，导致在实际应用中因为不当操作出现问题。下面来罗列那些易出错的 getter 与 setter 方法定义方式：

（1）**getter/setter 中添加业务逻辑**。问题出现时，程序员的惯性思维会忽略 getter/setter 方法的嫌疑，这会增加排查问题的难度。如下示例代码，在 getData() 中增加了逻辑判断，修改了原属性值，如出现属性值不一致的情况，这里可能会是程序

员最后被排查到的地方。

```java
public Integer getData() {
    if (condition) {
        return this.data + 100;
    } else {
        return this.data - 100;
    }
}
```

（2）同时定义 isXxx() 和 getXxx()。在类定义中，两者同时存在会在 iBATIS、JSON 序列化等场景下引起冲突。比如，iBATIS 通过反射机制解析加载属性的 getter 方法时，首先会获取对象所有的方法，然后筛选出以 get 和 is 开头的方法，并存储到类型为 HashMap 的 getMethods 变量中。其中 key 为属性名称，value 为 getter 方法。因此 isXxx() 和 getXxx() 方法只能保留一个，哪个方法被后存储到 getMethods 变量中，就会保留哪个方法，具有一定的随机性。所以当两者定义不同时，会导致误用，进而产生问题。

与此相关的某个故障中，负责故障回顾的同事在内网发了一篇贴子，标题为"珍爱生命，远离有毒 getter"，即在某个 POJO 类中，Boolean 属性既有 getXxx()，又有 isXxx()。isXxx() 的逻辑存在错误，在修复故障时，想当然地在 getXxx() 方法中进行修正，但无法修复故障，因为事实上调用的是 isXxx()。排查了完整的调用链路，问题才回到 POJO 类本身上。这个过程花费了大量的排查精力和故障处理的宝贵时间。

（3）相同的属性名容易带来歧义。在编程过程中，应该尽量避免在子父类的成员变量之间、不同代码块的局部变量之间采用完全相同的命名。虽然这样定义是合法的，但是要避免。这样使用非常容易引起混淆，在使用参数时，难以明确属性的作用域，最终难以分清到底是父类的属性还是子类的属性。扩展开来，对于非 setter/getter 的参数名称也要避免与成员变量名称相同。

```java
public class ConfusingName {
    public int alibaba;
    // 反例：非 setter/getter 方法的参数名称，不允许与本类成员变量同名
    public void get(String alibaba) {
        if(true) {
            final int taobao = 15;
            ...
        }
        
        for (int i = 0; i < 10; i++) {
```

```java
            // 在同一方法体中，不允许与其他代码块中的 taobao 命名相同
            final int taobao = 15;
            ...
        }
    }
}

class Son extends ConfusingName {
    // 反例：不允许与父类的成员变量名称相同
    public int alibaba;
}
```

2.4.6 同步与异步

同步调用是刚性调用，是阻塞式操作，必须等待调用方法体执行结束。而异步调用是柔性调用，是非阻塞式操作，在执行过程中，如调用其他方法，自己可以继续执行而不被阻塞等待方法调用完毕。异步调用通常用在某些耗时长的操作上，这个耗时方法的返回结果，可以使用某种机制反向通知，或者再启动一个线程轮询。反向通知方式需要异步系统和各个调用它的系统进行耦合；而轮询对于没有执行完的任务会不断地请求，从而加大执行机器的压力。

异步处理的任务是非时间敏感的。比如，在连接池中，异步任务会定期回收空闲线程。举个现实中的例子，在代码管理平台中，提交代码的操作是同步调用，需要实时返回给用户结果。但是当前库的代码相关活动记录不是时间敏感的，在提交代码时，发送一个消息到后台的缓存队列中，后台服务器定时消费这些消息即可。

某些框架提供了丰富的异步处理方式,或者是把同步任务拆解成多个异步任务等。

2.4.7 覆写

多态中的 override，本书翻译成覆写。如果翻译成重写，那么与重构意思过于接近；如果翻译成覆盖，那么少了"写"这个核心动词。如果父类定义的方法达不到子类的期望，那么子类可以重新实现方法覆盖父类的实现。因为有些子类是延迟加载的，甚至是网络加载的，所以最终的实现需要在运行期判断，这就是所谓的动态绑定。动态绑定是多态性得以实现的重要因素，元空间有一个方法表保存着每个可以实例化类的方法信息，JVM 可以通过方法表快速地激活实例方法。如果某个类覆写了父类的某个方法，则方法表中的方法指向引用会指向子类的实现处。代码通常是用这样的方式来调用子类的方法，通常这也被称作向上转型：

```
Father father = new Son();
// Son 覆写了此方法
father.doSomething();
```

向上转型时，通过父类引用执行子类方法时需要注意以下两点：

（1）无法调用到子类中存在而父类本身不存在的方法。

（2）可以调用到子类中覆写了父类的方法，这是一种多态实现。

想成功地覆写父类方法，需要满足以下 4 个条件：

（1）**访问权限不能变小**。访问控制权限变小意味着在调用时父类的可见方法无法被子类多态执行，比如父类中方法是用 public 修饰的，子类覆写时变成 private。设想如果编译器为多态开了后门，让在父类定义中可见的方法随着父类调用链路下来，执行了子类更小权限的方法，则破坏了封装。如下代码所示，在实际编码中不允许将方法访问权限缩小：

```
class Father {
    public void method() {
        System.out.println("Father's method");
    }
}

class Son extends Father {
    // 编译报错，不允许修改为访问权限更严格的修饰符
    @override
    private void method() {
        System.out.println("Son's method");
    }
}
```

（2）**返回类型能够向上转型成为父类的返回类型**。虽然方法返回值不是方法签名的一部分，但是在覆写时，父类的方法表指向了子类实现方法，编译器会检查返回值是否向上兼容。注意，这里的向上转型必须是严格的继承关系，数据类型基本不存在通过继承向上转型的问题。比如 int 与 Integer 是非兼容返回类型，不会自动装箱。再比如，如果子类方法返回 int，而父类方法返回 long，虽然数据表示范围更大，但是它们之间没有继承关系。返回类型是 Object 的方法，能够兼容任何对象，包括 class、enum、interface 等类型。

（3）**异常也要能向上转型成为父类的异常**。异常分为 checked 和 unchecked 两种类型。如果父类抛出一个 checked 异常，则子类只能抛出此异常或此异常的子类。而

unchecked 异常不用显式地向上抛出，所以没有任何兼容问题。

（4）**方法名、参数类型及个数必须严格一致**。为了使编译器准确地判断是否是覆写行为，所有的覆写方法必须加 @Override 注解。此时编译器会自动检查覆写方法签名是否一致，避免了覆写时因写错方法名或方法参数而导致覆写失败。例如，AbstractCollection 的 clear 方法，当覆写此方法时，写成 c1ear，注意是数字的 1，这会导致定义了两个不同的方法。此外，@Override 注解还可以避免因权限控制可见范围导致的覆写失败。如图 2-7 所示，Father 和 Son 属于不同的包，它们的 method() 方法无权限控制符修饰，是默认仅包内可见的。Father 的 method 的方法在 Son 中是不可见的。所以，Son 中定义的 method 方法是一个"新方法"，如果加上 @Override，则会提示：Method does not override method from its superclass。

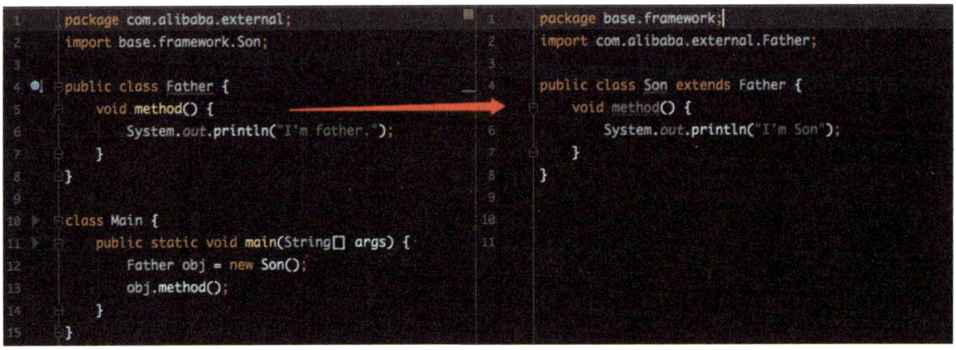

图 2-7　Father 和 Son 的覆写关系

综上所述，方法的覆写可以总结成容易记忆的口诀："一大两小两同"。

- 一大：子类的方法访问权限控制符只能相同或变大。
- 两小：抛出异常和返回值只能变小，能够转型成父类对象。子类的返回值、抛出异常类型必须与父类的返回值、抛出异常类型存在继承关系。
- 两同：方法名和参数必须完全相同。

根据这个原则，再看一个编译和运行都正确的覆写示例代码：

```java
class Father {
    protected Number doSomething(int a, Integer b, Object c) throws
        SQLException {
        System.out.println("Father's doSomething");
        return new Integer(7);
    }
```

```
}

class Son extends Father {
    /**
     * 1. 权限扩大，由 protected 到 public（一大）
     * 2. 返回值是父类的 Number 的子类 （两小）
     * 3. 抛出异常是 SQLException 的子类
     * 4. 方法名必须严格一致 （两同）
     * 5. 参数类型与个数必须严格一致
     * 6. 必须加 @Override
     */
    @Override
    public Integer doSomething(int a, Integer b, Object c) throws
        SQLClientInfoException {
        if(a == 0) {
            throw new SQLClientInfoException();
        }
        return new Integer(17);
    }
}
```

覆写只能针对非静态、非 final、非构造方法。由于静态方法属于类，如果父类和子类存在同名静态方法，那么两者都可以被正常调用。如果方法有 final 修饰，则表示此方法不可被覆写。

如果想在子类覆写的方法中调用父类方法，则可以使用 super 关键字。在上述示例代码中，在 Son 的 doSomething 方法体里可以使用 super.doSomething(a,b,c) 调用父类方法。如果与此同时在父类方法的代码中写一句 this.doSomething()，会得出什么样的运行结果呢？

```
public class Father {
    protected void doSomething() {
        System.out.println("Father's doSomething");
        this.doSomething();
    }
    public static void main(String[] args) {
        Father father = new Son();
        father.doSomething();
    }
}

class Son extends Father {
    @Override
```

```java
public void doSomething() {
    System.out.println("Son's doSomething");
    super.doSomething();
}
}
```

在经过了一系列的父子方法循环调用后，JVM崩溃了，发生了StackOverflowError，如图2-8所示。

```
Father's doSomething
Son's doSomething
Father's doSomething
Son's doSomething
Father's doSomething
*** java.lang.instrument ASSERTION FAILED ***: "!errorOutstanding" with message transform method call failed at JPLISAgent.c line: 844
Exception in thread "main" java.lang.StackOverflowError
```

图 2-8　覆写产生的StackOverflowError

2.5　重载

在同一个类中，如果多个方法有相同的方法名称、不同的参数类型、参数个数、参数顺序，即称为重载，比如一个类中有多个构造方法。String 类中的 valueOf 是比较著名的重载案例，它有 9 个方法，可以将输入的基本数据类型、数组、Object 等转化成为字符串。在编译器的眼里，方法名称 + 参数列表，组成一个唯一键，称为方法签名，JVM 通过这个唯一键决定调用哪种重载的方法。注意，方法返回值并非是这个组合体中的一员，所以在使用重载机制时，不能有两个方法名称完全相同，参数类型和个数也相同，但是返回类型不同的方法。如下示例代码：

```java
public class SameMethodSignature {
    public void methodForOverload() {}

    // 编译出错。返回值并不是方法签名的一部分
    public int methodForOverload() {
        return 7;
    }

    // 编译出错。访问控制符也不是方法签名的一部分
    private void methodForOverload() {}

    // 编译出错。静态标识符也不是方法签名的一部分
    public static void methodForOverload() {}

    // 编译出错。final 标识符也不是方法签名的一部分
```

```java
    private final void methodForOverload() {}
}
```

重载似乎是比较容易理解和掌握的编程技能，有时仅凭肉眼判断就能知道应调用哪种重载方法，特别是如下代码所示的第一种方法和第二种方法。前者是无参的，后者参数是 int param，但是后边的三种方法，只是参数类型不同罢了。这时，如果调用 methodForOverload(7)，猜猜，到底调用的是谁呢（JDK11 环境）？

```java
public class OverloadMethods {
    // 第一种方法：无参
    public void overloadMethod() {
        System.out.println(" 无参方法 ");
    }

    // 第二种方法：基本数据类型
    public void methodForOverload(int param) {
        System.out.println(" 参数为基本类型 int 的方法 ");
    }

    // 第三种方法：包装数据类型
    public void methodForOverload(Integer param) {
        System.out.println(" 参数为包装类型 Integer 的方法 ");
    }

    // 第四种方法：可变参数，可以接受 0 ~ n 个 Integer 对象
    public void methodForOverload(Integer... param) {
        System.out.println(" 可变参数方法 ");
    }

    // 第五种方法：Object 对象
    public void methodForOverload(Object param) {
        System.out.println(" 参数为 Object 的方法 ");
    }
}
```

先看这五种方法对应的字节签名有何异同点。

```java
// V 表示 Void 返回值
public overloadMethod()V

// I 就是代表 int 基本数据类型，而非 Integer
public methodForOverload(I)V

// L 表示输入参数是对象，然后跟着 package+ 类名        （第 1 处）
```

```
public methodForOverload(Ljava/lang/Integer;)V

// varargs 表示可变参数        (第2处)
public varargs methodForOverload([Ljava/lang/Integer;]V

// L同样表示对象参数
public methodForOverload(Ljava/lang/Object;)V
```

第 1 处与第 2 处的区别是后者加了 varargs 标识，即可变参数，参数个数可以是 0 或多个，也就是说，它和第 1、2、3 个方法都是有可能争抢地盘的。首先，如果调用 methodForOverload()，假如在无参方法缺席的情况下，也会调用到可变参数方法。但是如果无参方法在场，就不需要可变参数方法了。现在对这个类来说，methodForOverload(7) 到底花落谁家？ JVM 在重载方法中，选择合适的目标方法的顺序如下：

（1）精确匹配。

（2）如果是基本数据类型，自动转换成更大表示范围的基本类型。

（3）通过自动拆箱与装箱。

（4）通过子类向上转型继承路线依次匹配。

（5）通过可变参数匹配。

精确匹配优先，这是毫无疑问的。int 在和 Integer 的较量中胜出，因为不需要自动装箱，所以 7 会调用 int 参数的方法。如果是 new Integer(7) 的话，Integer 参数的方法胜出。

如果本方法只有 methodForOverload(long)，则可以接收 methodForOverload(3) 的实参调用；反之，如果只有 methodForOverload(int)，而传入 long 值，则会编译出错。基本数据类型转化为表示范围更大的基本数据类型优先于自动装箱，即 int 转为 long，优先于装箱为 Integer。

注意，null 可以匹配任何类对象，在查找目标方法时，是从最底层子类依次向上查找的。在本例中，如果 methodForOverload(null)，则会调用参数为 Integer 的方法。第一，因为 Integer 是一个类；第二，它是 Object 的子类。在示例代码中，如果还有单个 String 类型参数的方法，则会编译出错，因为 null 不知道该选择 Integer，还是 String。

根据上述匹配顺序，可变参数在竞争中明显处于弱势地位。如果调用

methodForOverload(13,14)，此时有两个参数，虽然有自动装箱的开销，但可变参数仍会执行这种方法请求。

最后，有些程序员好奇心特别强，刚才不是说 7 是匹配基本数据类型优先，而 new Integer(7) 是匹配包装类优先的，那如果这样定义：

```
public void methodForOverload(int param1, Integer param2) {}
public void methodForOverload(Integer param3, int param4) {}
```

这种定义方式就是在考验编译器的忍耐底线，虽然编译器的内心是崩溃的，但是这样定义是可以编译通过的，这也是一种重载方式。但此时调用 methodForOverload(13,14) 会彻底让编译器失控，如图 2-9 所示。

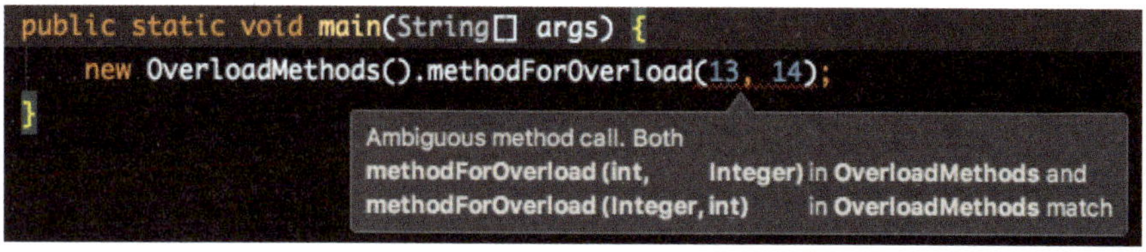

图 2-9　相似重载方法调用出错

我们设想一下假如输入参数为 7，一个类中只有 methodForOverload(Object param) 和 methodForOverload(Integer... param) 两种方法，根据目标方法匹配顺序，methodForOverload(7) 先自动装箱，然后向上转型，遇到 Object。这个规则优先于调用可变参数的重载方法。

父类的公有实例方法与子类的公有实例方法可以存在重载关系。不管继承关系如何复杂，重载在编译时可以根据规则知道调用哪种目标方法。所以，重载又称为静态绑定。

2.6　泛型

泛型的本质是类型参数化，解决不确定具体对象类型的问题。在面向对象编程语言中，允许程序员在强类型校验下定义某些可变部分，以达到代码复用的目的。泛型（generic）、天才（genius）、基因（gene）三个英文单词的词根都是 gen，最神奇的是，它们无论是拼写还是发音都十分相像，在沟通中往往比较含糊。可以这样理解，泛型就是这些拥有天才基因的大师们发明的。

Java 在引入泛型前，表示可变类型，往往存在类型安全的风险。举一个生活中的例子，微波炉最主要的功能是加热食物，即加热肉、加热汤都有可能。在没有泛型的场景中，往往会写出：

```java
class Stove {
    public static Object heat(Object food) {
        System.out.println(food + "is done");
        return food;
    }
    public static void main(String[] args) {
        Meat meat = new Meat();
        meat = (Meat)Stove.heat(meat);
        Soup soup = new Soup();
        soup = (Soup)Stove.heat(soup);
    }
}
```

为了避免给每种食材定义一个加热方法，如 heatMeat()、heatSoup() 等，将 heat() 的参数和返回值定义为 Object，用"向上转型"的方式，让其具备可以加热任意类型对象的能力。这种方式增强了类的灵活性，但却会让客户端产生困惑，因为客户端对加热的内容一无所知，在取出来时进行强制转换就会存在类型转换风险。泛型则可以完美地解决这个问题。

泛型可以定义在类、接口、方法中，编译器通过识别尖括号和尖括号内的字母来解析泛型。在泛型定义时，约定俗成的符号包括：E 代表 Element，用于集合中的元素；T 代表 the Type of object，表示某个类；K 代表 Key、V 代表 Value，用于键值对元素。我们用一个示例彻底地记住泛型定义的概念，对泛型不再有恐惧心理。如果下面代码编译出错，请指出编译出错的位置在哪里：

```java
public class GenericDefinitionDemo<T> {
    static <String, T, Alibaba> String get(String string, Alibaba alibaba) {
        return string;
    }

    public static void main(String[] args) {
        Integer first = 222;
        Long second = 333L;
        // 调用上方定义的 get 方法
        Integer result = get(first, second);
    }
}
```

事实上，以上代码编译正确且能够正常运行，get() 是一个泛型方法，first 并非是 java.lang.String 类型，而是泛型标识 <String>，second 指代 Alibaba。get() 中其他没有被用到的泛型符号并不会导致编译出错，类名后的 T 与尖括号内的 T 相同也是合法的。当然在实际应用时，并不会存在这样的定义方式，这里只是期望能够对以下几点加深理解：

（1）尖括号里的每个元素都指代一种未知类型。String 出现在尖括号里，它就不是 java.lang.String，而仅仅是一个代号。类名后方定义的泛型 <T> 和 get() 前方定义的 <T> 是两个指代，可以完全不同，互不影响。

（2）尖括号的位置非常讲究，必须在类名之后或方法返回值之前。

（3）泛型在定义处只具备执行 Object 方法的能力。因此想在 get() 内部执行 string.longValue() + alibaba.intValue() 是做不到的，此时泛型只能调用 Object 类中的方法，如 toString()。

（4）对于编译之后的字节码指令，其实没有这些花头花脑的方法签名，充分说明了泛型只是一种编写代码时的语法检查。在使用泛型元素时，会执行强制类型转换：

```
INVOKESTATIC com/alibaba/easy/coding/generic/GenericDefinitionDemo.get
        (Ljava/lang/Object;Ljava/lang/Object;)Ljava/lang/Object;
CHECKCAST java/lang/Integer
```

这就是坊间盛传的类型擦除。CHECKCAST 指令在运行时会检查对象实例的类型是否匹配，如果不匹配，则抛出运行时异常 ClassCastException。与 C++ 根据模板类生成不同的类的方式不同，Java 使用的是类型擦除的方式。编译后，get() 的参数是两个 Object，返回值也是 Object，尖括号里很多内容消失了，参数中也没有 String 和 Alibaba 两个类型。数据返回给 Integer result 时，进行了类型强制转化。因此，泛型就是在编译期增加了一道检查而已，目的是促使程序员在使用泛型时安全放置和使用数据。使用泛型的好处包括：

- 类型安全。放置的是什么，取出来的自然是什么，不用担心会抛出 ClassCastException 异常。
- 提升可读性。从编码阶段就显式地知道泛型集合、泛型方法等处理的对象类型是什么。
- 代码重用。泛型合并了同类型的处理代码，使代码重用度变高。

回到本节开头微波炉加热食材的例子，使用泛型可以很好地实现，示例代码如下：

```java
public class Stove {
    public static <T> T heat(T food) {
        System.out.println(food + "is done");
        return food;
```

```java
    }
    public static void main(String[] args) {
        Meat meat = new Meat();
        meat = Stove.heat(meat);

        Soup soup = new Soup();
        soup = Stove.heat(soup);
    }
}
```

通过使用泛型，既可以避免对加热肉和加热汤定义两种不同的方法，也可以避免使用 Object 作为输入和输出，带来强制转换的风险。只要这种强制转换的风险存在，依据墨菲定律，就一定会发生 ClassCastException 异常。特别是在复杂的代码逻辑中，会形成网状的调用关系，如果任意使用强制转换，无论可读性还是安全性都存在问题。

最后，泛型与集合的联合使用，可以把泛型的功能发挥到极致，很多程序员不清楚 List、List<Object>、List<?> 三者的区别，更加不能区分 <? extends T> 与 <? super T> 的使用场景。具体请参考第 6.5 节。

2.7 数据类型

2.7.1 基本数据类型

虽然 Java 是面向对象编程语言，一切皆是对象，但是为了兼容人类根深蒂固的数据处理习惯，加快常规数据的处理速度，提供了 9 种基本数据类型，它们都不具备对象的特性，没有属性和行为。基本数据类型是指不可再分的原子数据类型，内存中直接存储此类型的值，通过内存地址即可直接访问到数据，并且此内存区域只能存放这种类型的值。Java 的 9 种基本数据类型包括 boolean、byte、char、short、int、long、float、double 和 refVar。前 8 种数据类型表示生活中的真假、字符、整数和小数，最后一种 refVar 是面向对象世界中的引用变量，也叫引用句柄。本书认为它也是一种基本数据类型。前 8 种都有相应的包装数据类型，除 char 的对应包装类名为 Character，int 为 Integer 外，其他所有对应的包装类名就是把首字母大写即可。这 8 种基本数据类型的默认值、空间占用大小、表示范围及对应的包装类等信息如表 2-4 所示。

默认值虽然都与 0 有关，但是它们之间是存在区别的。比如，boolean 的默认值以 0 表示的 false，JVM 并没有针对 boolean 数据类型进行赋值的专用字节码指令，boolean flag = false 就是用 ICONST_0，即常数 0 来进行赋值；byte 的默认值以一个字节的 0 表示，在默认值的表示上使用了强制类型转化；float 的默认值以单精度浮点数 0.0f 表示，浮点数的 0.0 使用后缀 f 和 d 区别标识；char 的默认值只能是单引号的 '\u0000' 表示 NUL，注意不是 null，它就是一个空的不可见字符，在码表中是第一个，其码值为 0，与 '\n' 换行之类的不可见控制符的理解角度是一样的。注意，不可以用双引号方式对 char 进行赋值，那是字符串的表示方式。在代码中直接出现的没有任何上下文的 0 和 0.0 分别默认为 int 和 double 类型，可以使用 JDK10 的类型推断证明：var a=0; Long b=a; 代码编译出错，因为在自动装箱时，0 默认是 int 类型，自动装箱为 Integer，无法转化为 Long 类型。

表 2-4　基本数据类型

序号	类型名称	默认值	大小	最小值	最大值	包装类	缓存区间
1	boolean	false	1 B	0(false)	1(true)	Boolean	无
2	byte	(byte)0	1 B	-128	127	Byte	$-128 \sim 127$
3	char	'\u0000'	2 B	'\u0000'	'\uFFFF'	Character	(char)0 $\sim$ (char)127
4	short	(short)0	2 B	-2^{15}	$2^{15}-1(32767)$	Short	$-128 \sim 127$
5	int	0	4 B	-2^{31}	$2^{31}-1$	Integer	$-128 \sim 127$
6	long	0L	8 B	-2^{63}	$2^{63}-1$	Long	$-128 \sim 127$
7	float	0.0f	4 B	1.4e$-$45	3.4e+38	Float	无
8	double	0.0d	8 B	4.9e$-$324	1.798e+308	Double	无

所有数值类型都是有符号的，最大值与最小值如表 2-4 所示。因为浮点数无法表示零值，所以表示范围分为两个区间：正数区间和负数区间。表 2-4 中的 float 和 double 的最小值与最大值均指正数区间，它们对应的包装类并没有缓存任何数值。

引用分成两种数据类型：引用变量本身和引用指向的对象。为了强化这两个概念的区分，本书把引用变量（Reference Variable）称为 refVar，而把引用指向的实际对象（Referred Object）简称为 refObject。

refVar 是基本的数据类型，它的默认值是 null，存储 refObject 的首地址，可以直接使用双等号 == 进行等值判断。而平时使用 refVar.hashCode() 返回的值，只是对象的某种哈希计算，可能与地址有关，与 refVar 本身存储的内存单元地址是两回事。作为一个引用变量，不管它是指向包装类、集合类、字符串类还是自定义类，refVar 均占用 4B 空间。注意它与真正对象 refObject 之间的区别。无论 refObject 是多么小的对象，最小占用的存储空间是 12B（用于存储基本信息，称为对象头），但由于存储空间分配必须是 8B 的倍数，所以初始分配的空间至少是 16B。

一个 refVar 至多存储一个 refObject 的首地址，一个 refObject 可以被多个 refVar 存储下它的首地址，即一个堆内对象可以被多个 refVar 引用指向。如果 refObject 没有被任何 refVar 指向，那么它迟早会被垃圾回收。而 refVar 的内存释放，与其他基本数据类型类似。

基本数据类型 int 占用 4 个字节，而对应的包装类 Integer 实例对象占用 16 个字节。这里可能会有人问：Integer 里边的代码就只占用 16B？这是因为字段属性除成员属性 int value 外，其他的如 MAX_VALUE、MIN_VALUE 等都是静态成员变量，在类加载时就分配了内存，与实例对象容量无关。此外，类定义中的方法代码不占用实例对象的任何空间。IntegerCache 是 Integer 的静态内部类，容量占用也与实例对象无关。由于 refObject 对象的基础大小是 12B，再加上 int 是 4B，所以 Integer 实例对象占用 16B，按此推算 Double 对象占用的存储容量是 24B，示例代码如下：

```java
class RefObjDemo {
    // 对象头最小占用空间 12 个字节（第 1 处）

    // 下方 4 个 byte 类型分配后，对象占用大小是 16 个字节
    byte b1;
    byte b2;
    byte b3;
    byte b4;

    // 下方每个引用变量占用是 4 个字节，共 20 个字节
    Object obj1;
    Object obj2;
    Object obj3;
    Object obj4;
    Object obj5;

    // RefObjOther 实例占用空间并不计算在本对象内，依然只计算引用变量大小 4 个字节
    RefObjOther o1 = new RefObjOther();
```

```
    RefObjOther o2 = new RefObjOther();

    // 综上，RefObjDemo 对象占用：12B + (1B×4) + (4B×5) + (4B×2) = 44 个字节
    // 取 8 的倍数为 48 个字节
}

class RefObjOther {
    // double 类型占用 8 个字节，但此处是数组引用变量
    // 所以对象头 12B + 4B = 16B，并非是 8012 个字节
    // 这个数组引用的是 double[] 类型，指向实际分配的数组空间首地址
    // 在 new 对象时，已经实际分配空间
    double[] d = new double[1000];
}
```

在上述示例代码中，第 1 处提到的对象头最小占用空间为 12 个字节，其内部存储的是什么信息呢？下面来分析其内部结构，如图 2-10 所示，对象分为三块存储区域。

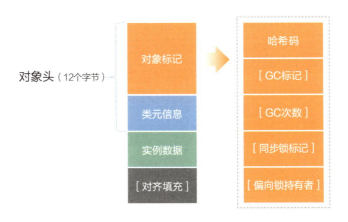

图 2-10 对象头的内部结构

（1）对象头（Object Header）

对象头占用 12 个字节，存储内容包括对象标记（markOop）和类元信息（klassOop）。对象标记存储对象本身运行时的数据，如哈希码、GC 标记、锁信息、线程关联信息等，这部分数据在 64 位 JVM 上占用 8 个字节，称为"Mark Word"。为了存储更多的状态信息，对象标记的存储格式是非固定的（具体与 JVM 的实现有关）。类元信息存储的是对象指向它的类元数据（即 Klass）的首地址，占用 4 个字节，与 refVar 开销一致。

（2）实例数据（Instance Data）

存储本类对象的实例成员变量和所有可见的父类成员变量。如 Integer 的实例

成员只有一个 private int value，占用 4 个字节，所以加上对象头为 16 个字节；再如，上述示例代码的 RefObjDemo 对象大小为 48 个字节，一个子类 RefObjSon 继承 RefObjDemo，即使子类内部是空的，new RefObjSon 的对象也是占用 48 个字节。

（3）对齐填充（Padding）

对象的存储空间分配单位是 8 个字节，如果一个占用大小为 16 个字节的对象，增加一个成员变量 byte 类型，此时需要占用 17 个字节，但是也会分配 24 个字节进行对齐填充操作。

2.7.2 包装类型

前 8 种基本数据类型都有相应的包装类，因为 Java 的设计理念是一切皆是对象，在很多情况下，需要以对象的形式操作，比如 hashCode() 获取哈希值，或者 getClass() 获取类等。包装类的存在解决了基本数据类型无法做到的事情：泛型类型参数、序列化、类型转换、高频区间数据缓存。尤其是最后一项，我们都知道 Integer 会缓存 -128~127 之间的值，对于 Integer var=? 在 -128~127 之间的赋值，Integer 对象由 IntegerCache.cache 产生，会复用已有对象，这个区间内的 Integer 值可以直接使用 == 进行判断，但是这个区间之外的所有数据都会在堆上产生，并不会复用已有对象，这是一个大问题。因此，推荐所有包装类对象之间值的比较，全部使用 equals() 方法。

事实上，除 Float 和 Double 外，其他包装数据类型都会缓存，6 个包装类直接赋值时，就是调用对应包装类的静态工厂方法 valueOf()，以 Integer 为例，源码如下：

```
@HotSpotIntrinsicCandidate
public static Integer valueOf(int i) {
    if (i >= IntegerCache.low && i <= IntegerCache.high)
        return IntegerCache.cache[i + (-IntegerCache.low)];
    return new Integer(i);
}
```

如上源代码，赋值数据 i 在缓存区间内直接返回缓存中的 Integer 对象，否则就会 new 一个对象。在 JDK9 直接把 new 的构造方法过时，推荐使用 valueOf()，合理利用缓存，提升程序性能。各个包装类的缓存区间如下：

- Boolean：使用静态 final 变量定义，valueOf() 就是返回这两个静态值。
- Byte：表示范围是 -128~127，全部缓存。
- Short：表示范围是 -32768~32767，缓存范围是 -128~127。

- Character:表示范围是 0~65535,缓存范围是 0~127。
- Long:表示范围是 $[-2^{63}, 2^{63}-1]$,缓存范围是 −128~127。
- Integer:表示范围是 $[-2^{31}, 2^{31}-1]$。最后详细介绍 Integer,因为它是 Java 数据世界里应用最广的数据类型,缓存范围是 −128~127。但它是唯一可以修改缓存范围的包装类,在 VM options 加入参数 -XX:AutoBoxCacheMax=7777,即可设置最大缓存值为 7777,示例代码如下:

```java
public class LongIntegerCacheTest {
    public static void main(String[] args) {
        Long a = 127L;
        Long b = 127L;
        System.out.println("Long max cached value is 127, "
            + "and the result is:" + (a == b));

        Long a1 = 128L;
        Long b1 = 128L;
        System.out.println("Long=128 cache is " + (a1 == b1));

        Long c = -128L;
        Long d = -128L;
        System.out.println("Long min cached value is -128, "
            + "and the result is:" + (c == d));

        Long c1 = -129L;
        Long d1 = -129L;
        System.out.println("Long=-129 cache is " + (c1 == d1));

        // Long 类型只缓存 -128 ~ 127 之间的数值
        Long e = 1000L;
        Long f = 1000L;
        System.out.println("Long=1000 is " + (e == f));

        // JVM AutoBoxCacheMax 只对 Integer 对象有效
        Integer x = 1001;
        Integer y = 1001;
        System.out.println("Integer=1001 is " + (x == y));
    }
}
```

执行结果如下:

```
Long max cached value is 127, and the result is:true
```

```
Long=128 cache is false
Long min cached value is -128, and the result is:true
Long=-129 cache is false
Long=1000 is false
Integer=1001 is true
```

该例很好地说明了 Long 只是缓存了 −128~127 之间的值，而 1000L 没有被缓存；在将 Integer 最大缓存值改为 7777 后，1001 被成功缓存。合理掌握包装类的缓存策略，防止遇到问题是一个方面，使自己的程序性能最大化，更是程序员的情怀所在。在选择使用包装类还是基本数据类型时，推荐使用如下方式：

（1）所有的 POJO 类属性必须使用包装数据类型。

（2）RPC 方法的返回值和参数必须使用包装数据类型。

（3）所有的局部变量推荐使用基本数据类型。

与包装类型的相关故障并不鲜见，在淘宝某个团队，曾经出现某些客户的产品页无法打开，存在账号问题。通过预发 debug，发现这些正常的账号在执行下面一段逻辑的时候，代码执行结果不符合预期。

```java
public static MemberStatus getStatusFromSuspend(Integer suspend) {
    if(suspend == Integer.valueOf(1) || suspend == Integer.valueOf(2)) {
        return ENABLED;
    }
    ...
}
```

suspend 是通过 RPC 框架接口调用返回的，而反序列化是 new 一个对象的，同一个值在 == 判断时，一边是 new 出来的新对象，另一边是缓存中已有对象，两者并不相等，导致故障。

2.7.3　字符串

字符串类型是常用的数据类型，它在 JVM 中的地位并不比基本数据类型低，JVM 对字符串也做了特殊处理。String 就像是流落到基本数据类型部落的一个副首领，虽然很神气，但是终归难以得到族人对它的认同，毕竟它是堆上分配来的。

字符串相关类型主要有三种：String、StringBuilder、StringBuffer。String 是只读字符串，典型的 immutable 对象，对它的任何改动，其实都是创建一个新对象，再把引用指向该对象。String 对象赋值操作后，会在常量池中进行缓存，如果下次申请创建对象时，缓存中已经存在，则直接返回相应引用给创建者。而 StringBuffer 则可以在原对象上进行修改，是线程安全的。JDK5 引入的 StringBuilder 与 StringBuffer 均继承自 AbstractStringBuilder，两个子类的很多方法都是通过"super. 方法 ()"的方式调用抽象父类中的方法，此抽象类在内部与 String 一样，也是以字符数组的形式存储字符串的。StringBuilder 是非线程安全的，把是否需要进行多线程加锁交给工程师决定，操作效率比 StringBuffer 高。线程安全的对象先产生是因为计算机的发展总是从单线程到多线程，从单机到分布式。

String t1 = new String("abc") 与 String t2 = "abc"，用 == 判断是否相同呢，答案是不同的。如果调用 t1.intern() 方法，则是相同的。

在非基本数据类型的对象中，String 是仅支持直接相加操作的对象。这样操作比较方便，但在循环体内，字符串的连接方式应该使用 StringBuilder 的 append 方法进行扩展。如下的方式是不推荐的：

```
String str = "start";
for (int i = 0; i < 100; i++) {
    str = str + "hello";
}
```

此段代码的内部实现逻辑是每次循环都会 new 一个 StringBuilder 对象，然后进行 append 操作，最后通过 toString 方法返回 String 对象，不但造成了内存资源浪费，而且性能更差。

第 3 章 代码风格

流水淡，碧天长，鸿雁成行。编码风格，简捷清爽，反引无限风光。

在美剧《硅谷》中有这样一个经典镜头，主人公 Richard 与同为开发工程师的女友闹分手，理由是两人对缩进方式有着截然不同的编程习惯，互相鄙视对方的代码风格。Richard 认为"one tab saves four spaces"，缩进使用 Tab 键操作更快，更节省存储空间；而女友坚持使用空格缩进，连续四次敲击空格的声音，把 Richard 折磨到几近崩溃，认为这是一种精神折磨。Richard 觉得难以相处，吵完架下楼梯时，不小心摔倒了，还淡定地说，"I just tried to go down the stairs four steps at a time"（这只是表达我的立场而已）。Tab 键和空格键的争议在现实编程中确实存在。除此之外，在其他代码风格上，也存在不同的处理方式，往往是谁也说服不了谁，都站在自身"完全正确"的立场上，试图说服对方。这在团队开发效率上，往往是一个巨大的内耗，无休止的争论与最后的收益是成反比的。所以，我们认为一致性很重要，就像交通规则一样，我国规定靠右行驶，有些国家则规定靠左行驶，并没有绝对的优劣之分，但是在同一个国家或地区内必须要有统一的标准。代码风格也是如此，无论选择哪一种处理方式，都需要部分人牺牲小我，成就大我，切实提升团队的研发效能。

代码风格并不影响程序运行，没有潜在的故障风险，通常与数据结构、逻辑表达无关，是指不可见字符的展示方式、代码元素的命名方式和代码注释风格等。比如，大括号是否换行、缩进方式、常量与变量的命名方式、注释是否统一放置在代码上方等。代码风格的主要诉求是清爽统一、便于阅读和维护。统一的代码风格可以让开发工程师们没有严重的代码心理壁垒，每个人都可以轻松地阅读并快速理解代码逻辑，便于高效协作，逐步形成团队的代码好"味道"。

3.1 命名规约

代码元素包括类、方法、参数、常量、变量等程序中的各种要素。合适的命名，可以体现出元素的特征、职责，以及元素之间的差异性和协同性。为了统一代码风格，元素的命名要遵守以下约定。

1. 命名符合本语言特性

当前主流的编程语言有 50 种左右，分为两大阵营——面向对象与面向过程，但是按变量定义和赋值的要求，分为强类型语言和弱类型语言。每种语言都有自己的独特命名风格，有些语言在定义时提倡以前缀来区分局部变量、全局变量、控件类型。比如 li_count 表示 local int 局部整型变量，dw_report 表示 data window 用于展示报表数据的控件。有些语言规定以下画线为前缀来进行命名。这些语言的命名风格，自成一派，也无可厚非，但是在同一种语言中，如果使用多种语言的命名风格，就会引起其他开发工程师的反感。比如，在 Java 中，所有代码元素的命名均不能以下画线或美元符号开始或结束。

2. 命名体现代码元素特征

命名上可体现出代码元素的特征，仅从名字上即可知道代码元素的属性是什么，有利于快速厘清代码脉络。面向对象代码元素的命名形式分为两大类，即首字母大写的 UpperCamelCase 和首字母小写的 lowerCamelCase，前者俗称大驼峰，后者俗称小驼峰。类名采用大驼峰形式，一般为名词，例如 Object、StringBuffer、FileInputStream 等。方法名采用小驼峰形式，一般为动词，与参数组成动宾结构，例如 Object 的 wait()、StringBuffer 的 append(String)、FileInputStream 的 read() 等。变量包括参数、成员变量、局部变量等，也采用小驼峰形式。常量的命名方式比较特殊，字母全部大写，单词之间用下画线连接。常量和变量是最基本的代码元素，就像血液中的红细胞一样无处不在。合理的命名，有利于保障代码机体的清爽、健康。

在命名时若能体现出元素的特征，则有助于快速识别命名对象的作用，有助于快速理解程序逻辑。我们推荐在 Java 命名时，以下列方式体现元素特征：

- 包名统一使用小写，点分隔符之间有且仅有一个自然语义的英语单词。包名统一使用单数形式，但是类名如果有复数含义，则可以使用复数形式。
- 抽象类命名使用 Abstract 或 Base 开头；异常类命名使用 Exception 结尾；测试类命名以它要测试的类名开始，以 Test 结尾。
- 类型与中括号紧挨相连来定义数组。
- 枚举类名带上 Enum 后缀，枚举成员名称需要全大写，单词间用下画线隔开。

3. 命名最好望文知义

望文知义是在不需要额外解释的情况下，仅从名称上就能够理解某个词句的确切含义。在代码元素命名时做到望文知义，从而减少注释内容，达到自解释的目的。在实践中，望文知义的难度是最大的，就好像给孩子起名一样需要反复斟酌。文不对题的命名方式，肯定会加大理解成本，更大的罪过是把程序员引导到一个错误的理解方向上。某些不规范的缩写会导致理解成本增加，比如 condition 缩写成 condi，类似随意的缩写会严重降低代码的可理解性。再比如，以单个字母命名的变量，在上下文理解时，会带来很大的困扰。本书中的所有示例代码都比较精简，没有具体业务含义，重点在于阐述示例背后的编程思维，所以采用单字母的简洁命名方式，在实际业务代码中请勿模仿。

主流的编程语言基本上以英语为基础，此处望文知义的"文"指的是英文。随着开源社区的发展与繁荣，各国程序员踊跃参与开源项目的共建，国际交流与合作越来越频繁，英语能力已经成为程序员必备的基础技能之一。虽然有人认为命名方式应该符合本国语言习惯，拼音这种命名方式，应该是被允许的，但是在国际化项目或开源项目中，对于非汉语国家的开发工程师而言，拼音这种命名方式的可读性几乎为零。即使在汉语系国家或地区，拼音也存在差异。中英文混合的方式，更不应该出现，比如在某业务代码中，曾经出现过 DaZePromotion，猜了很久才被命名者告知是打折促销的类。最让人无法容忍的是拼音"首字母"简写的命名方式，即使发挥极致的想象力，也很难猜出具体的含义，比如 PfmxBuilder，名称意思居然是评分模型的创建工厂类！这些命名方式，极大增加了程序的理解成本。所以，正确的英文拼写和语法可以让阅读者易于理解，避免歧义。alibaba、taobao、hangzhou 等国际通用的名称，可视同英文。某些复合语义的情况下，尽量使用完整的单词组合来达到望文知义的目的，比如 KeyboardShortcutsHandler、AtomicReferenceFieldUpdater。

命名要符合语言特性、体现元素特征。命名做到望文知义、自解释是每个开发工程师的基本素质之一。我们在思量更好的代码元素命名的同时，也要敢于修改已有的不合理的命名方式。

在所有代码元素中，常量和变量最为常见，优雅地定义与使用好它们，是开发工程师的基本功之一。

3.1.1 常量

什么是常量？常量是在作用域内保持不变的值，一般用 final 关键字进行修饰，根据作用域区分，分为全局常量、类内常量、局部常量。全局常量是指类的公开静态属性，使用 public static final 修饰；类内常量是私有静态属性，使用 private static final 修饰；局部常量分为方法常量和参数常量，前者是在方法或代码块内定义的常量，后者是在定义形式参数时，增加 final 标识，表示此参数值不能被修改。全局常量和类内常量是最主要的常量表现形式，它们的命名方式比较特殊，采用字母全部大写、单词之间加下画线的方式。而局部常量采用小驼峰形式即可。示例代码如下：

```java
public class Constant {
    public static final String GLOBAL_CONSTANT = "shared in global";
    private static final String CLASS_CONSTANT = "shared in class";
```

```
public void f(String a) {
    final String methodConstant = "shared in method";
}

public void g(final int b) {
    // 编译出错，不允许对常量参数进行重新赋值
    b = 3;
}
```

常量在代码中具有穿透性，使用甚广。如果没有一个恰当的命名，就会给代码阅读带来沉重的负担，甚至影响对主干逻辑的理解。首当其冲的问题就是到处使用魔法值。魔法值即"共识层面"上的常量，直接以具体的数值或者字符出现在代码中。这些不知所云的魔法值极大地影响了代码的可读性和可维护性。下面先来看一段实际业务代码：

```
public void getOnlinePackageCourse(Long packageId, Long userId) {
    if (packageId == 3) {
        logger.error("线下课程，无法在线观看");
        return;
    }
    // 其他逻辑处理
    PackageCourse online = packageService.getByTeacherId(userId);
    if (online.getPackageId() == 2) {
        logger.error("未审核课程");
        return;
    }
    // 其他逻辑处理
}
```

以上示例代码中，信手拈来的 2 和 3 分别表示未审核课程和线下课程，仅仅是两个数字，似乎很容易记忆。但事实上除 2 和 3 两种状态外，还有 1、4、5 分别代表新建、审核未通过、审核通过。在团队规模较小时，口口相传，倒也勉强能够记住这五个数字的含义，早期还有零星的注释，驾轻就熟的情况下，连注释也省了。现实是残酷的，团队迅速扩大后，课程状态个数也在逐步增加，新来的开发工程师在上线新功能模块时，把"审核通过"和"未审核课程"对应的数字搞反了，使得课程展示错误，导致用户大量投诉。随着应用变得越来越复杂，这些魔法值几乎成了整个后台服务代码中的梦魇。团队架构师终于下定决心进行系统重构，把这些魔法值以合适的命名方式定义成全局常量。使用 Enum 枚举类来定义课程类型，示例代码如下：

```java
public enum CourseTypeEnum {
    /**
     * 允许官方和讲师创建和运营
     */
    VIDEO_COURSE(1, "录播课程"),

    /**
     * 只允许官方创建和运营。初始化必须设置合理的报名人数上限
     */
    LIVE_COURSE(2, "直播课程"),

    /**
     * 只允许官方创建和运营
     */
    OFFLINE_COURSE(3, "线下课程");

    private int seq;
    private String desc;
    CourseTypeEnum(int seq, String desc) {
        this.seq = seq;
        this.desc = desc;
    }

    public int getSeq() {
        return seq;
    }

    public String getDesc() {
        return desc;
    }
}
```

上述示例代码把课程类型分成三种：录播课程、直播课程、线下课程。枚举类型几乎是固定不变的全局常量，使用频率高、范围广，所以枚举常量都需要添加清晰的注释，比如业务相关信息或注意事项等。再把课程状态分为新课程、未审核课程、审核通过、审核未通过、已删除五种状态。考虑到后续课程状态还会再追加，并且状态没有扩展信息，所以用不能实例化的抽象类的全局常量来表示课程状态，示例代码如下：

```java
public abstract class BaseCourseState {
    public static final int NEW_COURSE = 1;
    public static final int UNAUTHED_COURSE = 2;
```

```
    public static final int PASSED_COURSE = 3;
    public static final int NOT_PASSED_COURSE = 4;
    public static final int DELETED_COURSE = 5;
}
```

使用重构后的常量修改原有的魔法值，对比一下代码的可读性：

```
public void getPackageCourse(Long packageId, Long userId) {
    if (packageId == CourseTypeEnum.OFFLINE_COURSE.getSeq()) {
        logger.error("线下课程，无法在线观看");
        return;
    }

    VideoCourse course = packageService.getByTeacherId(userId);
    if (course.getState() == BaseCourseState.UNAUTHED_COURSE) {
        logger.error("未审核课程");
        return;
    }
}
```

我们认为，系统成长到某个阶段后，重构是一种必然选择。优秀的架构设计不是去阻止未来一切重构的可能性，毕竟技术栈、业务方向和规模都在不断变化，而是尽可能让重构来得晚一些，重构幅度小一些。

即使类内常量和局部常量当前只使用一次，也需要赋予一个有意义的名称，目的有两个：第一、望文知义，方便理解；第二、后期多次使用时能够保证值出同源。因此，无论如何都不允许任何魔法值直接出现在代码中，避免魔法值随意使用导致取值不一致，特别是对于字符串常量来说，应避免没有预先定义，就直接使用魔法值。所谓常在河边走，哪有不湿鞋，在反复的复制与粘贴后，难免会出现问题，警示代码如下：

```
String key = "Id#taobao_"+ tradeId;
cache.put(key, value);
```

上述代码是保存信息到缓存中的方法，即使用魔法值组装 Key。这就导致各个调用方到处复制和粘贴字符串 Id#taobao_，这样似乎很合理。但某一天，某个粗心的程序员把 Id#taobao_ 复制成为 Id#taobao，少了下画线。这个错误在测试过程中，并不容易被发现，因为没有命中缓存，会自动访问数据库。但在大促时，数据库压力急剧上升，进而发现缓存全部失效，导致连接占满，查询变慢。"小洞不补，大洞吃苦"，再次说明魔法值害人害己。

某些公认的字面常量是不需要预先定义的，如 for(int i=0; ...) 这里的 0 是可以直接使用的。true 和 false 也可以直接使用，但是如果具备了特殊的含义，就必须定义出有意义的常量名称，比如在 TreeMap 源码中，表示红黑树节点颜色的 true 和 false 就被定义成为类内常量，以方便理解：

```
private static final boolean RED = false;
private static final boolean BLACK = true;
```

常量命名应该全部大写，单词间用下画线隔开，力求语义表达完整清楚，不要嫌名字长，比如，把最大库存数量命名为 MAX_STOCK_COUNT，把缓存失效时间命名为 CACHE_EXPIRED_TIME。

3.1.2 变量

什么是变量？从广义来说，在程序中变量是一切通过分配内存并赋值的量，分为不可变量（常量）和可变变量。从狭义来说，变量仅指在程序运行过程中可以改变其值的量，包括成员变量和局部可变变量等。

一般情况下，变量的命名需要满足小驼峰格式，命名体现业务含义即可。存在一种特殊情况，在定义类成员变量时，特别是在 POJO 类中，针对布尔类型的变量，命名不要加 is 前缀，否则部分框架解析会引起序列化错误。例如，定义标识是否删除的成员变量为 Boolean isDeleted，它的 getter 方法也是 isDeleted()，框架在反向解析的时候，"误以为"对应的属性名称是 deleted，导致获取不到属性，进而抛出异常。但是在数据库建表中，推荐表达是与否的值采用 is_xxx 的命名方式，针对此种情况，需要在 <resultMap> 中设置，将数据表中的 is_xxx 字段映射到 POJO 类中的属性 Xxx。

3.2 代码展示风格

3.2.1 缩进、空格与空行

缩进、空格与空行造就了代码的层次性和规律性，有助于直观、快速、准确地理解业务逻辑。没有缩进、空格和空行的代码可读性极差。如下反例所示：

```
table=newTab;
if(oldTab!=null){
for(int j=0;j<oldCap;++j){if((e=oldTab[j])!=null){
oldTab[j]=null;
if(e.next==null)
newTab[e.hash&(newCap-1)]=e;else if(e instanceof TreeNode)
```

```
if(loTail==null)loHead=e;else oTail.next=e;
modCount++;
if((tab=table)!=null&&size>=0){
for(int i=0;i<tab.length;++i)tab[i]=null;
// 其他代码 ...
}
```

1. 缩进

缩进表示层次对应关系。使用 Tab 键缩进还是空格缩进长期以来备受争议，形成两大阵营。每当在分享会现场调研缩进方式选择的时候，参与度几乎都是 100%，通常支持空格的人数多于支持 Tab 键的人数。这时候 Tab 键方一般都会提出："空格不是有 2、4、8 个之分吗？不如让空格方继续投票一下，我们 Tab 键方还是非常团结一致的"。某报告对 40 万个开源代码库进行了调研，发现近 75% 的代码文件使用了空格进行缩进。对于团队协作来说，一致性风格很重要。我们推荐采用 4 个空格缩进，禁止使用 Tab 键。

由于不同编辑器对 Tab 的解析不一致，因此视觉体验会有差异，而空格在编辑器之间是兼容的。2 个空格缩进的层次区分度不明显，超过 4 个空格的缩进方式又留白过多，且大多数 IDE 默认为 4 个空格缩进，所以我们采用 4 个空格的缩进方式。对习惯用 Tab 键的工程师来说，唯一的福音是很多 IDE 工具提供了 Tab 键与空格之间的快速转换设置。IDEA 设置 Tab 键为 4 个空格时，请勿勾选 Use tab character；而在 Eclipse 中，必须勾选 Insert spaces for tabs。

2. 空格

空格用于分隔不同的编程元素。空格可以让运算符、数值、注释、参数等各种编程元素之间错落有致，方便快速定位。空格的使用有如下约定：

（1）任何二目、三目运算符的左右两边都必须加一个空格。

（2）注释的双斜线与注释内容之间有且仅有一个空格。

（3）方法参数在定义和传入时，多个参数逗号后边必须加空格。

（4）没有必要增加若干空格使变量的赋值等号与上一行对应位置的等号对齐。

（5）如果是大括号内为空，则简洁地写成 {} 即可，大括号中间无须换行和空格。

（6）左右小括号与括号内部的相邻字符之间不要出现空格。

（7）左大括号前需要加空格。

例如，有些工程师习惯在多行赋值语句中对齐等号，如果增加了一条较长的赋值语句，工程师需要更新之前所有的语句对齐格式，这种做法无疑提高了开发成本。此外，虽然不推荐空大括号的代码出现，但可能会存在于某些测试代码或者流程语句中，我们推荐空大括号中间无须换行和空格。详细的示例代码如下，重点看注释内容：

```java
public class SpaceCodeStyle {
    // 没有必要增加若干空格使变量的赋值等号与上一行对应位置的等号对齐
    private static Integer one = 1;
    private static Long two = 2L;
    private static Float three = 3F;
    private static StringBuilder sb = new StringBuilder("code style:");

    // 缩进 4 个空格（注意：本代码中的任何注释在双斜线与注释内容之间有且仅有一个空格）
    public static void main(String[] args) {
        // 继续缩进 4 个空格
        try {
            // 任何二目运算符的左右必须有一个空格
            int count = 0;
            // 三目运算符的左右两边都必须有一个空格
            boolean condition = (args == null) ? true : false;

            // 关键词 if 与左侧小括号之间必须有一个空格
            // 左括号内的字母 c 与左括号、字母 n 与右括号都不需要空格
            // 右括号与左大括号之间加空格且不换行，左大括号后必须换行
            if (condition) {
                System.out.println("world");
            // else 的前后都必须加空格
            // 右大括号前换行，右大括号后有 else 时，不用换行
            } else {
                System.out.println("ok");
            // 在右大括号后直接结束，则必须换行
            }
        // 如果是大括号内为空，则简洁地写成 {} 即可，大括号中间无须换行和空格
        } catch (Exception e) {}

        // 在每个实参逗号之后必须有一个空格
        String result = getString(one, two, three, sb);
        System.out.println(result);
    }

    // 方法之间，通过空行进行隔断。在方法定义中，每个形参之后必须有一空格
    private static String getString(Integer one, Long two, Float three,
        StringBuilder sb) {
```

```
    // 任何二目运算符的左右必须有一个空格，包括赋值运算符，加号运算符等
    Float temp = one + two + three;
    sb.append(temp);
    return sb.toString();
  }
}
```

3. 空行

空行用来分隔功能相似、逻辑内聚、意思相近的代码片段，使得程序布局更加清晰。在浏览代码时，空行可以起到自然停顿的作用，提升阅读代码的体验。哪些地方需要空行呢？在方法定义之后、属性定义与方法之间、不同逻辑、不同语义、不同业务的代码之间都需要通过空行来分隔。

3.2.2 换行与高度

1. 换行

代码中需要限定每行的字符个数，以便适配显示器的宽度，以及方便CodeReview时进行diff比对。对于无节制的行数字符，需要不断地拉取左右滚动条或者键盘移动光标，那是多么差的体验。因此，约定单行字符数不超过120个，超出则需要换行，换行时遵循如下原则：

（1）第二行相对第一行缩进4个空格，从第三行开始，不再继续缩进，参考示例。

（2）运算符与下文一起换行。

（3）方法调用的点符号与下文一起换行。

（4）方法调用中的多个参数需要换行时，在逗号后换行。

（5）在括号前不要换行。

```
StringBuffer sb = new StringBuffer();
// 超过120个字符的情况下，换行缩进4个空格，并且方法前的点号一起换行
sb.append("ma").append("chu")...
    .append("gao")...
    .append("xiao")...
    .append("yeah");
```

2. 方法行数限制

水平方向上对字符数有限制，那么垂直方向上呢？对于类的长度，只要类功能内聚，不做强制要求。但方法是执行单位，也是阅读代码逻辑的最高粒度模块。庞大的

方法容易引起阅读疲劳，让人抓不住重点。代码逻辑要分主次、个性和共性。不要把不同层次的逻辑写在一个大方法体里，应该将次要逻辑抽取为独立方法，将共性逻辑抽取成为共性方法（比如参数校验、权限判断等），便于复用和维护，使主干代码逻辑更加清晰。

高内聚、低耦合是程序员最熟悉的口号。如何内聚和解耦，其实方法的行数限制就引发了这些维度的思考。把相关的功能强内聚，把弱相关的功能拆解开来，重新抽象、重新封装。在拆分方法的过程中，通常会纠结对参数的处理，因为拆分的各个方法之间需要通过参数才能传递数据。有这种纠结的前提是方法需要传入大量的参数，事实上这是另外一个话题。限制参数列表过长的方式有很多，比如包装成类、隐式传递或放在集合中等。

综上所述，约定单个方法的总行数不超过 80 行。详细的判定标准如下，除注释之外，方法签名、左右大括号、方法内代码、空行、回车及任何不可见字符的总行数不超过 80 行。为什么是 80 行？心理学认为人对事物的印象通常不能超过 3 这个魔法数，三屏是人类短期记忆的极限，而 80 行在一般显示器上是两屏半的代码量。另外，通过对阿里代码抽样调查显示，只有不到 5% 的方法才会超过 80 行，而这些方法通常都有明显的优化空间。

最后有人说，80 行的硬性要求会让程序员在写代码时刻意将多个变量定义在一行，或者 if 后不写大括号，或者 catch 代码后使用空语句 {} 结束。每个公司都有一些强制的代码风格，肯定有些是大家的代码素养决定的，少数人偏偏冒天下之大不韪，被这个群体淘汰也是迟早的事情。

3.2.3　控制语句

控制语句是底层机器码跳转指令的实现。方法内部的跳转控制主要由条件判断语句和循环语句实现。跳转能力使程序能够处理复杂逻辑，具备像人一样的判断能力和记忆回溯能力。条件判断主要由 if、switch、三目运算符组成。循环严格意义上也是一种跳转，主要由 for、while、do-while 组成。

控制语句是最容易出现 Bug 的地方，所以特别需要代码风格的约束，而不是天马行空地乱跳。控制语句必须遵循如下约定：

（1）在 if、else、for、while、do-while 等语句中必须使用大括号。即使只有一行代码，也需要加上大括号。

（2）**在条件表达式中不允许有赋值操作，也不允许在判断表达式中出现复杂的逻辑组合**。有些控制语句的表达式逻辑相当复杂，与、或、取反混合运算甚至穿插了赋值操作，理解成本非常高，甚至会产生误解。要解决这个问题，有一个非常简单的办法：将复杂的逻辑运算赋值给一个具有业务含义的布尔变量。例如：

```java
// 逻辑判断中使用复杂的逻辑判断，不易于理解
if ((file.open(fileName, "w") != null) && (...) || !(...)) {
    ...
}

// 将复杂的逻辑运算赋值给一个易于理解的布尔变量，方便阅读代码
final boolean existed = (file.open(fileName, "w") != null)
    && (...) || !(...);

if (existed) {
    ...
}
```

（3）**多层嵌套不能超过3层**。多层嵌套在哪里都不受欢迎，是因为条件判断和分支逻辑数量呈指数关系。如果非得使用多层嵌套，请使用状态设计模式。对于超过3层的 if-else 的逻辑判断代码，可以使用卫语句、策略模式、状态模式等来实现，其中卫语句示例如下：

```java
public void today() {
    if (isBusy()) {
        System.out.println("change time.");
        return;
    }

    if (isFree()) {
        System.out.println("go to travel.");
        return;
    }

    System.out.println("stay at home to learn Easy Coding.");
    return;
}
```

（4）**避免采用取反逻辑运算符**。取反逻辑不利于快速理解，并且取反逻辑写法必然存在对应的正向逻辑写法。比如使用 if (x < 628) 表达 x 小于 628，而不是使用 if (!(x >= 628))。

3.3 代码注释

3.3.1 注释三要素

注释是一个看起来简单，容易被忽视，但是作用又不容小觑的话题。好的注释能起到指路明灯、拨云见日、警示等作用，具体包括：能够准确反映设计思想和代码逻辑；能够描述业务含义，使其他工程师能迅速了解背景知识。与代码不同，注释没有语法的编译限制，完全取决于程序员的编程意识和即兴发挥，但这并不意味着注释可以天马行空。书写注释要满足优雅注释三要素。

1. Nothing is strange

完全没有注释的大段代码对于阅读者来说形同天书。注释一方面是给自己看的，即使离写完代码很长时间，也能清晰地理解当时的思路；注释另一方面也是给维护者看的，使其能够快速理解代码逻辑。

相信大多数人阅读 JDK 源码时都十分吃力，比如并发控制、集合算法等，这些天才级的代码基本上没有任何注释。JDK 源码优势在于稳定、高效，不会朝编夕改。但是业务代码需要被不断地维护更新，没有注释的代码给人一种陌生感，增加代码阅读和理解成本。世界上最遥远的距离是，我和要修改的代码间缺少一段注释。因此，我们提倡要写注释，然后才是把注释写得精简。

2. Less is more

从代码可读性及维护成本方面来讲，代码中的注释一定是精华中的精华。

首先，真正好的代码是自解释的，准确的变量命名加上合理的代码逻辑，无须过多的文字说明就足以让其他工程师理解代码的功能。如果代码需要大量的注释来说明解释，那么工程师应该思考是否可以优化代码表现力。

其次，泛滥的注释不但不能帮助工程师理解代码，而且会影响代码的可读性，甚至会增加程序的维护成本。如下示例代码是滥用注释的样例，方法名 put，加上两个有意义的变量名 elephant 和 fridge，已经明确表达了代码功能，完全不需要额外的注释。在遇到修改代码逻辑时，注释泛滥会带来灾难性的负担。

```
// put elephant into fridge
put(elephant, fridge);
```

3. Advance with the times

代码注释与时俱进的重要性对于开发工程师来说是不言而喻的。就像道路状况与导航软件一样，如果导航软件严重滞后，就失去了导航的意义。同样，针对一段有注释的代码，如果程序员修改了代码逻辑，但是没有修改注释，就会导致注释无法跟随代码前进的脚步，误导后续开发者。因此，任何对代码的修改，都应该同时修改注释。

3.3.2 注释格式

注释格式主要分为两种：一种是 Javadoc 规范，另一种是简单注释。

1. Javadoc 规范

类、类属性和类方法的注释必须遵循 Javadoc 规范，使用文档注释(/** */)的格式。按 Javadoc 规范编写的注释，可以生成规范的 JavaAPI 文档，为外部用户提供非常有效的文档支持。而且在使用 IDE 工具编码时，IDE 会自动提示所用到的类、方法等注释，提高了编码的效率。

这里要特别强调对枚举的注释是必需的。有人觉得枚举通常带了 String name 属性，已经简要地说明了这个枚举属性值的意思，此时注释是多余的。其实不然，因为：

（1）枚举实在太特殊了，它的代码极为稳定。如果它的定义和使用出现错误，通常影响较大。

（2）注释的内容不仅限于解释属性值的含义，还可以包括注意事项、业务逻辑。如果在原有枚举类上新增或修改一个属性值，还需要加上创建和修改时间，让使用者零成本地知道这个枚举类的所有意图。

（3）枚举类的删除或者修改都存在很大的风险。不可直接删除过时属性，需要标注为过时，同时注释说明过时的逻辑考虑和业务背景。

2. 简单注释

包括单行注释和多行注释。特别强调此类注释不允许写在代码后方，必须写在代码上方，这是为了避免注释的参差不齐，导致代码版式混乱。双画线注释往往使用在方法内部，此时的注释是提供给程序开发者、维护者和关注方法细节的调用者查看的。因此，注释的作用更应该是画龙点睛的，通常添加在非常必要的地方，例如复杂算法或需要警示的特殊业务场景等。

第 4 章　走进 JVM

云开方见日，潮尽炉峰出。揭开 JVM 的神秘面纱，探寻底层的实现原理。

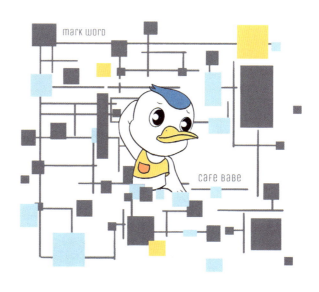

Java 源代码是怎么被机器识别并执行的呢？答案是 Java 虚拟机，即 Java Virtual Machine，简称 JVM。JVM 提供商包括 Sun、BEA、IBM 等。1999 年，Sun 公司发布了由 C/C++ 实现的 HotSpot Java 虚拟机。2006 年，在 JavaOne 大会上开源了其相关核心技术，启动 OpenJDK 项目，逐步形成了活跃的 OpenJDK 社区。2010 年，Sun 公司被 Oracle 公司收购。Oracle 的 HotSpot JVM 实现，是目前 OpenJDK 使用的主流 JVM，它采用解释与编译混合执行的模式，其 JIT 技术采用分层编译，极大地提升了 Java 的执行速度；BEA 的 JRockit 在 2008 年被并入 HotSpot；IBM 的 J9 也在 2017 年开源，形成了现在的 OpenJ9 社区。

　　随着互联网的蓬勃发展及 AI 时代的到来，Java 在这些计算领域占据着越来越重要的地位。目前越来越多的高科技公司，比如阿里、谷歌、亚马逊等，都有独立的 JVM 团队基于 OpenJDK 开发自己的定制版本。阿里拥有丰富的 Java 应用场景，覆盖云计算、金融、物流、电商等众多领域，需要解决高并发、高可用、分布式的复合问题。AlibabaJDK，简称 AJDK，作为阿里 Java 体系的基石，支撑了阿里经济体内所有的 Java 业务。AJDK 力求在复杂的技术环境下，满足阿里经济体快速发展的业务需求，并历经了多次双十一的考验。AJDK 突破了多个技术难点，比如多租户 JVM、Wisp 协程技术、大数据场景的 ZenGC 等。

　　本章从字节码说起，分析类加载的过程，并结合内存布局，讲解对象创建与垃圾回收等各个知识点。

4.1　字节码

　　第 1 章已介绍 0 与 1 是计算机仅能识别的信号，经过 0 与 1 的不同组合产生了数字之上的操作。另外，通过不同的组合亦产生了各种字符。同样，可以通过不同的组合产生不同的机器指令。在不同的时代，不同的厂商，机器指令组成的集合是不同的。但毕竟 CPU 是底层基础硬件，指令集通常以扩展兼容的方式向前不断演进。而机器码是离 CPU 指令集最近的编码，是 CPU 可以直接解读的指令，因此机器码肯定是与底层硬件系统耦合的。

　　如果某个程序因为不同的硬件平台需要编写多套代码，这是十分令人崩溃的。Java 的使命就是一次编写、到处执行。在不同操作系统、不同硬件平台上，均可以不用修改代码即可顺畅地执行，如何实现跨平台？有一个声音在天空中回响：计算机工程领域的任何问题都可以通过增加一个中间层来解决。因此，中间码应运而生，即"字节码"（Bytecode）。Java 所有的指令有 200 个左右，一个字节（8 位）可以存储 256 种不同的指令信息，一个这样的字节称为字节码（Bytecode）。在代码的执行过程中，JVM 将字节码解释执行，屏蔽对底层操作系统的依赖；JVM 也可以将字节码编译执行，如果是热点代码，会通过 JIT 动态地编译为机器码，提高执行效率。如图 4-1 所示，十六进制表示的二进制流通常是一个操作指令。起始的 4 个字节非常特殊，即绿色框的 cafe babe（十六进制）是 Gosling 定义的一个魔法数，意思是 Coffee Baby，其十进制值为 3405691582。它的作用是：标志该文件是一个 Java 类文件，如果没有识别到该标志，说明该文件不是 Java 类文件或者文件已受损，无法进行加载。而红色框代表当前版本号，0x37 的十进制为 55，是 JDK11 的内部版本号。

图 4-1 类的二进制字节码

纯数字的字节码阅读起来像天书一样难，当初汇编语言为了改进机器语言，使用助记符来替代对应的数字指令。JVM 在字节码上也设计了一套操作码助记符，使用特殊单词来标记这些数字。如 ICONST_0 代表 00000011，即十六进制数为 0x03；ALOAD_0 代表 00101010，即 0x2a；POP 代表 01010111，即 0x57。ICONST 和 ALOAD 的首字母表示具体的数据类型，如 A 代表引用类型变量，I 代表 int 类型相关操作，其他类型均是其类型的首字母，例如 FLOAD_0、LLOAD_0、FCONST_0 等。字节码主要指令如下。

1. 加载或存储指令

在某个栈帧中，通过指令操作数据在虚拟机栈的局部变量表与操作栈之间来回传输，常见指令如下：

（1）将局部变量加载到操作栈中。如 ILOAD（将 int 类型的局部变量压入栈）和 ALOAD（将对象引用的局部变量压入栈）等。

（2）从操作栈项存储到局部变量表。如 ISTORE、ASTORE 等。

（3）将常量加载到操作栈顶，这是极为高频使用的指令。如 ICONST、BIPUSH、SIPUSH、LDC 等。

- ICONST 加载的是 -1 ~ 5 的数（ICONST 与 BIPUSH 的加载界限）。
- BIPUSH，即 Byte Immediate PUSH，加载 -128 ~ 127 之间的数。
- SIPUSH，即 Short Immediate PUSH，加载 -32768 ~ 32767 之间的数。
- LDC，即 Load Constant，在 -2147483648 ~ 2147483647 或者是字符串时，JVM 采用 LDC 指令压入栈中。

```
int a = -2;              15
int b = -1;                   BIPUSH -2      // 在-1 至 5 之外的数字使用 BIPUSH 指令加载
                         16
int c = 0;                    ICONST_M1      // -1，直接使用 ICONST 加载的最小值
int e = 20000;           17
int f = 40000;                ICONST_0
                         18
                              SIPUSH 20000
                         19
                              LDC 40000
```

2. 运算指令

对两个操作栈帧上的值进行运算，并把结果写入操作栈顶，如 IADD、IMUL 等。

3. 类型转换指令

显式转换两种不同的数值类型。如 I2L、D2F 等。

4. 对象创建与访问指令

根据类进行对象的创建、初始化、方法调用相关指令，常见指令如下：

（1）创建对象指令。如 NEW、NEWARRAY 等。

（2）访问属性指令。如 GETFIELD、PUTFIELD、GETSTATIC 等。

（3）检查实例类型指令。如 INSTANCEOF、CHECKCAST 等。

5. 操作栈管理指令

JVM 提供了直接控制操作栈的指令，常见指令如下：

（1）出栈操作。如 POP 即一个元素，POP2 即两个元素。

（2）复制栈顶元素并压入栈。如 DUP。

6. 方法调用与返回指令

常见指令如下：

（1）INVOKEVIRTUAL 指令：调用对象的实例方法。

（2）INVOKESPECIAL 指令：调用实例初始化方法、私有方法、父类方法等。

（3）INVOKESTATIC 指令：调用类静态方法。

（4）RETURN 指令：返回 VOID 类型。

7. 同步指令

JVM 使用方法结构中的 ACC_SYNCHRONIZED 标志同步方法，指令集中有 MONITORENTER 和 MONITOREXIT 支持 synchronized 语义。

除字节码指令外，还包含一些额外信息。例如，LINENUMBER 存储了字节码与源码行号的对应关系，方便调试的时候正确地定位到代码的所在行；LOCALVARIABLE 存储当前方法中使用到的局部变量表。

我们编写好的 .java 文件是源代码文件，并不能交给机器直接执行，需要将其编译成为字节码甚至是机器码文件。那么静态编译器如何把源码转化成字节码呢？如图 4-2 所示。

图 4-2　源码转化成字节码的过程

词法解析是通过空格分隔出单词、操作符、控制符等信息，将其形成 token 信息流，传递给语法解析器；在语法解析时，把词法解析得到的 token 信息流按照 Java 语法规则组装成一棵语法树，如图 4-2 虚线框所示；在语义分析阶段，需要检查关键字的使用是否合理、类型是否匹配、作用域是否正确等；当语义分析完成之后，即可生成字节码。

字节码必须通过类加载过程加载到 JVM 环境后，才可以执行。执行有三种模式：第一，解释执行；第二，JIT 编译执行；第三，JIT 编译与解释混合执行（主流 JVM 默认执行模式）。混合执行模式的优势在于解释器在启动时先解释执行，省去编译时间。随着时间推进，JVM 通过热点代码统计分析，识别高频的方法调用、循环体、公共模块等，基于强大的 JIT 动态编译技术，将热点代码转换成机器码，直接交给 CPU 执行。JIT 的作用是将 Java 字节码动态地编译成可以直接发送给处理器指令执行的机器码。简要流程如图 4-3 所示。

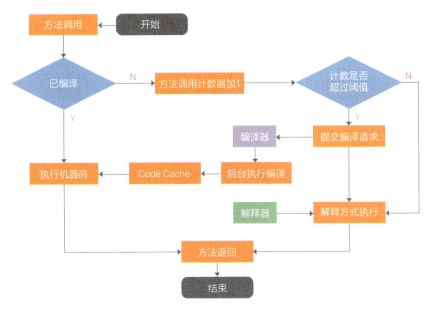

图 4-3　即时编译流程

注意解释执行与编译执行在线上环境微妙的辩证关系。机器在热机状态可以承受的负载要大于冷机状态（刚启动时），如果以热机状态时的流量进行切流，可能使处于冷机状态的服务器因无法承载流量而假死。在生产环境发布过程中，以分批的方式进行发布，根据机器数量划分成多个批次，建议每个批次的机器数至多占到整个集群的 1/8。曾经有这样的故障案例：某程序员在发布平台进行分批发布，在输入发布总批数时，误填写成分为两批发布。如果是热机状态，在正常情况下一半的机器可以勉强承载流量，但由于刚启动的 JVM 均是解释执行，还没有进行热点代码统计和 JIT 动态编译，导致机器启动之后，当前 1/2 发布成功的服务器马上全部宕机，此故障说明了 JIT 的存在。

4.2 类加载过程

在冯·诺依曼定义的计算机模型中，任何程序都需要加载到内存才能与 CPU 进行交流。字节码 .class 文件同样需要加载到内存中，才可以实例化类。"兵马未动，粮草先行。" ClassLoader 正是准备粮草的先行军，它的使命就是提前加载 .class 类文件到内存中。在加载类时，使用的是 Parents Delegation Model，译为双亲委派模型，这个译名有些不妥。如果意译的话，则译作"溯源委派加载模型"更加贴切。

Java 的类加载器是一个运行时核心基础设施模块，如图 4-4 所示，主要是在启动之初进行类的 Load、Link 和 Init，即加载、链接、初始化。

第一步，Load 阶段读取类文件产生二进制流，并转化为特定的数据结构，初步校验 cafe babe 魔法数、常量池、文件长度、是否有父类等，然后创建对应类的 java.lang.Class 实例。

第二步，Link 阶段包括验证、准备、解析三个步骤。验证是更详细的校验，比如 final 是否合规、类型是否正确、静态变量是否合理等；准备阶段是为静态变量分配内存，并设定默认值，解析类和方法确保类与类之间的相互引用正确性，完成内存结构布局。

第三步，Init 阶段执行类构造器 <clinit> 方法，如果赋值运算是通过其他类的静态方法来完成的，那么会马上解析另外一个类，在虚拟机栈中执行完毕后通过返回值进行赋值。

图 4-4　Java 类加载过程

类加载是一个将 .class 字节码文件实例化成 Class 对象并进行相关初始化的过程。在这个过程中，JVM 会初始化继承树上还没有被初始化过的所有父类，并且会执行这个链路上所有未执行过的静态代码块、静态变量赋值语句等。某些类在使用时，也可以按需由类加载器进行加载。

全小写的 class 是关键字，用来定义类，而首字母大写的 Class，它是所有 class 的类。这句话理解起来有难度，是因为类已经是现实世界中某种事物的抽象，为什么这个抽象还是另外一个类 Class 的对象？示例代码如下：

```java
public class ClassTest {
    // 数组类型有一个魔法属性：length 来获取数组长度
    private static int[] array = new int[3];
    private static int length = array.length;

    // 任何小写 class 定义的类，也有一个魔法属性：class，来获取此类的大写 Class 类对象
    private static Class<One> one = One.class;
    private static Class<Another> another = Another.class;

    public static void main(String[] args) throws Exception {
        // 通过 newInstance 方法创建 One 和 Another 的类对象 （第 1 处）
        One oneObject = one.newInstance();
        oneObject.call();

        Another anotherObject = another.newInstance();
        anotherObject.speak();

        // 通过 one 这个大写的 Class 对象，获取私有成员属性对象 Field （第 2 处）
        Field privateFieldInOne = one.getDeclaredField("inner");

        // 设置私有对象可以访问和修改 （第 3 处）
        privateFieldInOne.setAccessible(true);

        privateFieldInOne.set(oneObject, "world changed.");
        // 成功修改类的私有属性 inner 变量值为 world changed.
        System.out.println(oneObject.getInner());
    }
}

class One {
    private String inner = "time flies.";

    public void call() {
        System.out.println("hello world.");
```

```java
    }

    public String getInner() {
        return inner;
    }
}

class Another {
    public void speak() {
        System.out.println("easy coding.");
    }
}
```

执行结果如下：

```
hello world.
easy coding.
world changed.
```

- 第 1 处说明：Class 类下的 newInstance() 在 JDK9 中已经置为过时，使用 getDeclaredConstructor().newInstance() 的方式。这里着重说明一下 new 与 newInstance() 的区别。new 是强类型校验，可以调用任何构造方法，在使用 new 操作的时候，这个类可以没有被加载过。而 Class 类下的 newInstance() 是弱类型，只能调用无参数构造方法，如果没有默认构造方法，就抛出 InstantiationException 异常；如果此构造方法没有权限访问，则抛出 IllegalAccessException 异常。Java 通过类加载器把类的实现与类的定义进行解耦，所以是实现面向接口编程、依赖倒置的必然选择。
- 第 2 处说明：可以使用类似的方式获取其他声明，如注解、方法等，如图 4-5 所示。

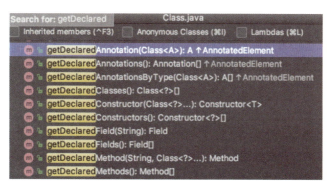

图 4-5 类的反射信息

- 第 3 处说明：private 成员在类外是否可以修改？通过 setAccessible(true) 操作，即可使用大写 Class 类的 set 方法修改其值。如果没有这一步，则抛出如下异常：

Exception in thread "main" IllegalAccessException: class ClassTest cannot access a member of class com.alibaba.easy.coding.classloader.One with modifiers "private" at base/jdk.internal.reflect.Reflection.newIllegalAccessException(Reflection.java:352)

通过以上示例，对于 Class 这个"类中之王"，不会有恐惧心理了吧？那么回到类加载中，类加载器是如何定位到具体的类文件并读取的呢？

类加载器类似于原始部落结构，存在权力等级制度。最高的一层是家族中威望最高的 Bootstrap，它是在 JVM 启动时创建的，通常由与操作系统相关的本地代码实现，是最根基的类加载器，负责装载最核心的 Java 类，比如 Object、System、String 等；第二层是在 JDK9 版本中，称为 Platform ClassLoader，即平台类加载器，用以加载一些扩展的系统类，比如 XML、加密、压缩相关的功能类等，JDK9 之前的加载器是 Extension ClassLoader；第三层是 Application ClassLoader 的应用类加载器，主要是加载用户定义的 CLASSPATH 路径下的类。第二、三层类加载器为 Java 语言实现，用户也可以自定义类加载器。查看本地类加载器的方式如下：

```
// 正在使用的类加载器: jdk.internal.loader.ClassLoaders$AppClassLoader@69d0a
ClassLoader c  = TestWhoLoad.class.getClassLoader();
// AppClassLoader 的父加载器是 PlatformClassLoader
ClassLoader c1 = c.getParent();
// PlatformClassLoader 的父加载器是 Bootstrap。它是使用 C++ 来实现的，返回 null
ClassLoader c2 = c1.getParent();
```

代码上方的注释内容为 JDK11 的执行结果。在 JDK8 环境中，执行结果如下：

sun.misc.Launcher$AppClassLoader@14dad5dc

sun.misc.Launcher$ExtClassLoader@6e0be858

null

最高一层的类加载器 Bootstrap 是通过 C/C++ 实现的，并不存在于 JVM 体系内，所以输出为 null。类加载器具有等级制度，但是并非继承关系，以组合的方式来复用父加载器的功能，这也符合组合优先原则，详细的双亲委派模型如图 4-6 所示。

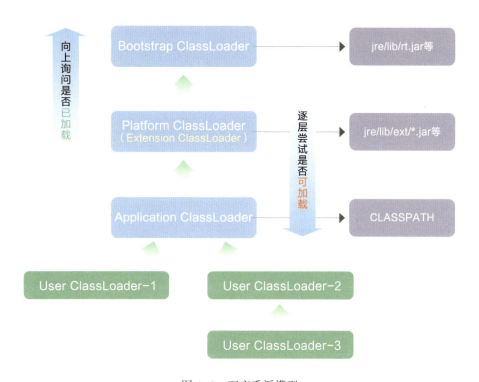

图 4-6　双亲委派模型

低层次的当前类加载器，不能覆盖更高层次类加载器已经加载的类。如果低层次的类加载器想加载一个未知类，要非常礼貌地向上逐级询问："请问，这个类已经加载了吗？"被询问的高层次类加载器会自问两个问题：第一，我是否已加载过此类？第二，如果没有，是否可以加载此类？只有当所有高层次类加载器在两个问题上的答案均为"否"时，才可以让当前类加载器加载这个未知类。如图 4-6 所示，左侧绿色箭头向上逐级询问是否已加载此类，直至 Bootstrap ClassLoader，然后向下逐级尝试是否能够加载此类，如果都加载不了，则通知发起加载请求的当前类加载器，准予加载。在右侧的三个小标签里，列举了此层类加载器主要加载的代表性类库，事实上不止于此。通过如下代码可以查看 Bootstrap 所有已经加载的类库：

```
URL[] urLs = sun.misc.Launcher.getBootstrapClassPath().getURLs();
for (java.net.URL url : urLs) {
    System.out.println(url.toExternalForm());
}
```

执行结果如下：

file:/Library/Java/JavaVirtualMachines/jdk11/Contents/Home/jre/lib/rt.jar
file:/Library/Java/JavaVirtualMachines/jdk11/Contents/Home/jre/lib/resources.jar
file:/Library/Java/JavaVirtualMachines/jdk11/Contents/Home/jre/lib/sunrsasign.jar
file:/Library/Java/JavaVirtualMachines/jdk11/Contents/Home/jre/lib/jsse.jar
file:/Library/Java/JavaVirtualMachines/jdk11/Contents/Home/jre/lib/jce.jar
file:/Library/Java/JavaVirtualMachines/jdk11/Contents/Home/jre/lib/charsets.jar
file:/Library/Java/JavaVirtualMachines/jdk11/Contents/Home/jre/lib/jfr.jar
file:/Library/Java/JavaVirtualMachines/jdk11/Contents/Home/jre/classes

Bootstrap 加载的路径可以追加，不建议修改或删除原有加载路径。在 JVM 中增加如下启动参数，则能通过 Class.forName 正常读取到指定类，说明此参数可以增加 Bootstrap 的类加载路径：

```
-Xbootclasspath/a:/Users/yangguanbao/book/easyCoding/byJdk11/src
```

如果想在启动时观察加载了哪个 jar 包中的哪个类，可以增加 -XX:+TraceClassLoading 参数，此参数在解决类冲突时非常实用，毕竟不同的 JVM 环境对于加载类的顺序并非是一致的。有时想观察特定类的加载上下文，由于加载的类数量众多，调试时很难捕捉到指定类的加载过程，这时可以使用条件断点功能。比如，想查看 HashMap 的加载过程，在 loadClass 处打个断点，并且在 condition 框内输入如图 4-7 所示条件。

图 4-7　条件断点的设置

在学习了类加载器的实现机制后，知道双亲委派模型并非强制模型，用户可以自定义类加载器，在什么情况下需要自定义类加载器呢？

（1）隔离加载类。在某些框架内进行中间件与应用的模块隔离，把类加载到不同的环境。比如，阿里内某容器框架通过自定义类加载器确保应用中依赖的 jar 包不会影响到中间件运行时使用的 jar 包。

（2）修改类加载方式。类的加载模型并非强制，除 Bootstrap 外，其他的加载并非一定要引入，或者根据实际情况在某个时间点进行按需进行动态加载。

（3）**扩展加载源**。比如从数据库、网络，甚至是电视机机顶盒进行加载。

（4）**防止源码泄露**。Java 代码容易被编译和篡改，可以进行编译加密。那么类加载器也需要自定义，还原加密的字节码。

实现自定义类加载器的步骤：继承 ClassLoader，重写 findClass() 方法，调用 defineClass() 方法。一个简单的类加载器实现的示例代码如下：

```java
public class CustomClassLoader extends ClassLoader {
    @Override
    protected Class<?> findClass(String name) throws
        ClassNotFoundException {
        try {
            byte[] result = getClassFromCustomPath(name);
            if (result == null) {
                throw new FileNotFoundException();
            } else {
                return defineClass(name, result, 0, result.length);
            }
        } catch (Exception e) {
            e.printStackTrace();
        }
        throw new ClassNotFoundException(name);
    }

    private byte[] getClassFromCustomPath(String name) {
        // 从自定义路径中加载指定类
    }
}

public static void main(String[] args) {
    CustomClassLoader customClassLoader = new CustomClassLoader();
    try {
        Class<?> clazz = Class.forName("One", true, customClassLoader);
        Object obj = clazz.newInstance();
        System.out.println(obj.getClass().getClassLoader());
    } catch (Exception e) {
        e.printStackTrace();
    }
}
```

执行结果如下：

```
classloader.CustomClassLoader@5e481248
```

由于中间件一般都有自己的依赖 jar 包，在同一个工程内引用多个框架时，往往被迫进行类的仲裁。按某种规则 jar 包的版本被统一指定，导致某些类存在包路径、类名相同的情况，就会引起类冲突，导致应用程序出现异常。主流的容器类框架都会自定义类加载器，实现不同中间件之间的类隔离，有效避免了类冲突。

4.3 内存布局

内存是非常重要的系统资源，是硬盘和 CPU 的中间仓库及桥梁，承载着操作系统和应用程序的实时运行。JVM 内存布局规定了 Java 在运行过程中内存申请、分配、管理的策略，保证了 JVM 的高效稳定运行。不同的 JVM 对于内存的划分方式和管理机制存在着部分差异。结合 JVM 虚拟机规范，来探讨一下经典的 JVM 内存布局，如图 4-8 所示。

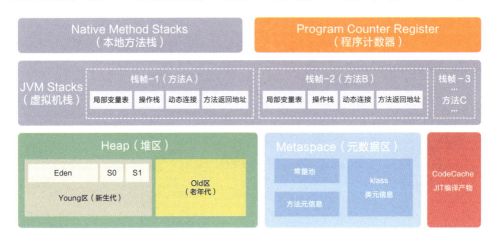

图 4-8　经典的 JVM 内存布局

1. Heap（堆区）

Heap 是 OOM 故障最主要的发源地，它存储着几乎所有的实例对象，堆由垃圾收集器自动回收，堆区由各子线程共享使用。通常情况下，它占用的空间是所有内存区域中最大的，但如果无节制地创建大量对象，也容易消耗完所有的空间。堆的内存空间既可以固定大小，也可以在运行时动态地调整，通过如下参数设定初始值和最大值，比如 -Xms256M –Xmx1024M，其中 -X 表示它是 JVM 运行参数，ms 是 memory start 的简称，mx 是 memory max 的简称，分别代表最小堆容量和最大堆容量。但是在通常情况下，服务器在运行过程中，堆空间不断地扩容与回缩，势必形成不必要的系统压力，所以在线上生产环境中，JVM 的 Xms 和 Xmx 设置成一样大小，避免在 GC 后调整堆大小时带来的额外压力。

堆分成两大块：新生代和老年代。对象产生之初在新生代，步入暮年时进入老年代，但是老年代也接纳在新生代无法容纳的超大对象。新生代 = 1 个 Eden 区 + 2 个 Survivor 区。绝大部分对象在 Eden 区生成，当 Eden 区装填满的时候，会触发 Young Garbage Collection，即 YGC。垃圾回收的时候，在 Eden 区实现清除策略，没有被引用的对象则直接回收。依然存活的对象会被移送到 Survivor 区，这个区真是名副其实的存在。Survivor 区分为 S0 和 S1 两块内存空间，送到哪块空间呢？每次 YGC 的时候，它们将存活的对象复制到未使用的那块空间，然后将当前正在使用的空间完全清除，交换两块空间的使用状态。如果 YGC 要移送的对象大于 Survivor 区容量的上限，则直接移交给老年代。假如一些没有进取心的对象以为可以一直在新生代的 Survivor 区交换来交换去，那就错了。每个对象都有一个计数器，每次 YGC 都会加 1。-XX:MaxTenuringThreshold 参数能配置计数器的值到达某个阈值的时候，对象从新生代晋升至老年代。如果该参数配置为 1，那么从新生代的 Eden 区直接移至老年代。默认值是 15，可以在 Survivor 区交换 14 次之后，晋升至老年代。与图 4-8 匹配的对象晋升流程图如图 4-9 所示。

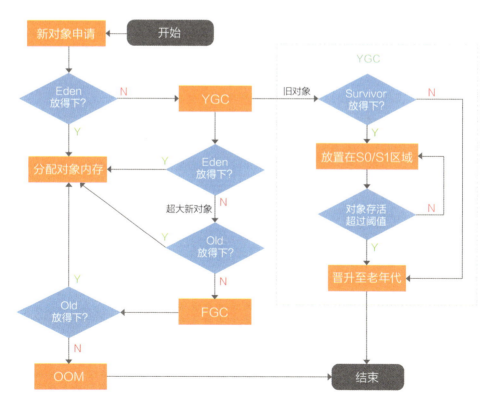

图 4-9 对象分配与简要 GC 流程图

图 4-9 中，如果 Survivor 区无法放下，或者超大对象的阈值超过上限，则尝试在老年代中进行分配；如果老年代也无法放下，则会触发 Full Garbage Collection，即 FGC。如果依然无法放下，则抛出 OOM。堆内存出现 OOM 的概率是所有内存耗尽异常中最高的。出错时的堆内信息对解决问题非常有帮助，所以给 JVM 设置运行参数 -XX:+HeapDumpOnOutOfMemoryError，让 JVM 遇到 OOM 异常时能输出堆内信息，特别是对相隔数月才出现的 OOM 异常尤为重要。

在不同的 JVM 实现及不同的回收机制中，堆内存的划分方式是不一样的。

2. Metaspace（元空间）

本书源码解析和示例代码基本采用 JDK11 版本，JVM 则为 Hotspot。早在 JDK8 版本中，元空间的前身 Perm 区已经被淘汰。在 JDK7 及之前的版本中，只有 Hotspot 才有 Perm 区，译为永久代，它在启动时固定大小，很难进行调优，并且 FGC 时会移动类元信息。在某些场景下，如果动态加载类过多，容易产生 Perm 区的 OOM。比如某个实际 Web 工程中，因为功能点比较多，在运行过程中，要不断动态加载很多的类，经常出现致命错误：

"Exception in thread 'dubbo client x.x connector' java.lang.OutOfMemoryError: PermGen space"

为了解决该问题，需要设定运行参数 -XX:MaxPermSize=1280m，如果部署到新机器上，往往会因为 JVM 参数没有修改导致故障再现。不熟悉此应用的人排查问题时往往苦不堪言，除此之外，永久代在垃圾回收过程中还存在诸多问题。所以，JDK8 使用元空间替换永久代。在 JDK8 及以上版本中，设定 MaxPermSize 参数，JVM 在启动时并不会报错，但是会提示：Java HotSpot 64Bit Server VM warning: ignoring option MaxPermSize=2560m; support was removed in 8.0。

区别于永久代，元空间在本地内存中分配。在 JDK8 里，Perm 区中的所有内容中字符串常量移至堆内存，其他内容包括类元信息、字段、静态属性、方法、常量等都移动至元空间内，比如图 4-10 中的 Object 类元信息、静态属性 System.out、整型常量 10000000 等。图 4-10 中显示在常量池中的 String，其实际对象是被保存在堆内存中的。

```
Constant pool:
  #1 = Methodref       #6.#28       // java/lang/Object."<init>":()V
  #2 = Fieldref        #29.#30      // java/lang/System.out:Ljava/io/PrintStream;
  #3 = String          #31          // hello Jdk11...
  #4 = Methodref       #32.#33      // java/io/PrintStream.println:(Ljava/lang/String;)V
  #5 = Integer         10000000
  #6 = Class           #34          // java/lang/Object
```

图 4-10 常量池

3. JVM Stack（虚拟机栈）

栈（Stack）是一个先进后出的数据结构，就像子弹的弹夹，最后压入的子弹先发射，压在底部的子弹最后发射，撞针只能访问位于顶部的那一颗子弹。

相对于基于寄存器的运行环境来说，JVM 是基于栈结构的运行环境。栈结构移植性更好，可控性更强。JVM 中的虚拟机栈是描述 Java 方法执行的内存区域，它是线程私有的。栈中的元素用于支持虚拟机进行方法调用，每个方法从开始调用到执行完成的过程，就是栈帧从入栈到出栈的过程。在活动线程中，只有位于栈顶的帧才是有效的，称为当前栈帧。正在执行的方法称为当前方法，栈帧是方法运行的基本结构。在执行引擎运行时，所有指令都只能针对当前栈帧进行操作。而 StackOverflowError 表示请求的栈溢出，导致内存耗尽，通常出现在递归方法中。JVM 能够横扫千军，虚拟机栈就是它的心腹大将，当前方法的栈帧，都是正在战斗的战场，其中的操作栈是参与战斗的士兵。操作栈的压栈与出栈如图 4-11 所示。

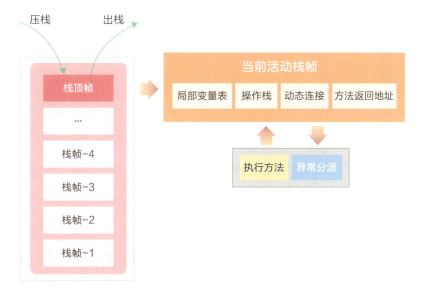

图 4-11 操作栈的压栈与出栈

虚拟机栈通过压栈和出栈的方式，对每个方法对应的活动栈帧进行运算处理，方法正常执行结束，肯定会跳转到另一个栈帧上。在执行的过程中，如果出现异常，会进行异常回溯，返回地址通过异常处理表确定。栈帧在整个 JVM 体系中的地位颇高，包括局部变量表、操作栈、动态连接、方法返回地址等。

（1）局部变量表

局部变量表是存放方法参数和局部变量的区域。相对于类属性变量的准备阶段和初始化阶段来说，局部变量没有准备阶段，必须显式初始化。如果是非静态方法，则在 index[0] 位置上存储的是方法所属对象的实例引用，随后存储的是参数和局部变量。字节码指令中的 STORE 指令就是将操作栈中计算完成的局部变量写回局部变量表的存储空间内。

（2）操作栈

操作栈是一个初始状态为空的桶式结构栈。在方法执行过程中，会有各种指令往栈中写入和提取信息。JVM 的执行引擎是基于栈的执行引擎，其中的栈指的就是操作栈。字节码指令集的定义都是基于栈类型的，栈的深度在方法元信息的 stack 属性中，下面用一段简单的代码说明操作栈与局部变量表的交互：

```java
public int simpleMethod() {
    int x = 13;
    int y = 14;
    int z = x + y;

    return z;
}
```

详细的字节码操作顺序如下：

```
public simpleMethod();
descriptor: ()I
flags: ACC_PUBLIC
Code:
 stack=2, locals=4, args_Size=1    // 最大栈深度为2，局部变量个数为4
   BIPUSH 13        // 常量13压入操作栈
   ISTORE_1         // 并保存到局部变量表的 slot_1 中    （第1处）

   BIPUSH 14        // 常量14压入操作栈，注意是 BIPUSH
   ISTORE_2         // 并保存到局部变量表的 slot_2 中

   ILOAD_1          // 把局部变量表的 slot_1 元素（int x）压入操作栈
```

```
ILOAD_2            // 把局部变量表的 slot_2 元素（int y）压入操作栈
IADD               // 把上方的两个数都取出来，在 CPU 里加一下，并压回操作栈的栈顶
ISTORE_3           // 把栈顶的结果存储到局部变量表的 slot_3 中

ILOAD_3
IRETURN            // 返回栈顶元素值
```

第 1 处说明：局部变量表就像一个中药柜，里面有很多抽屉，依次编号为 0，1，2，3，…，n，字节码指令 ISTORE_1 就是打开 1 号抽屉，把栈顶中的数 13 存进去。栈是一个很深的竖桶，任何时候只能对桶口元素进行操作，所以数据只能在栈顶进行存取。某些指令可以直接在抽屉里进行，比如 iinc 指令，直接对抽屉里的数值进行 +1 操作。程序员面试过程中，常见的 i++ 和 ++i 的区别，可以从字节码上对比出来，如表 4-1 所示。

表 4-1　i++ 和 ++i 的区别

a=i++	a=++i
0: iload_1 1: iinc 1, 1 4: istore_2	0: iinc 1, 1 3: iload_1 4: istore_2

在表 4-1 左列中，iload_1 从局部变量表的第 1 号抽屉里取出一个数，压入栈顶，下一步直接在抽屉里实现 +1 的操作，而这个操作对栈顶元素的值没有影响。所以 istore_2 只是把栈顶元素赋值给 a；表格右列，先在第 1 号抽屉里执行 +1 操作，然后通过 iload_1 把第 1 号抽屉里的数压入栈顶，所以 istore_2 存入的是 +1 之后的值。

这里延伸一个信息，i++ 并非原子操作。即使通过 volatile 关键字进行修饰，多个线程同时写的话，也会产生数据互相覆盖的问题。

（3）动态连接

每个栈帧中包含一个在常量池中对当前方法的引用，目的是支持方法调用过程的动态连接。

（4）方法返回地址

方法执行时有两种退出情况：第一，正常退出，即正常执行到任何方法的返回字节码指令，如 RETURN、IRETURN、ARETURN 等；第二，异常退出。无论何种退出情况，都将返回至方法当前被调用的位置。方法退出的过程相当于弹出当前栈帧，

退出可能有三种方式：

- 返回值压入上层调用栈帧。
- 异常信息抛给能够处理的栈帧。
- PC 计数器指向方法调用后的下一条指令。

4. Native Method Stacks（本地方法栈）

本地方法栈（Native Method Stack）在 JVM 内存布局中，也是线程对象私有的，但是虚拟机栈"主内"，而本地方法栈"主外"。这个"内外"是针对 JVM 来说的，本地方法栈为 Native 方法服务。线程开始调用本地方法时，会进入一个不再受 JVM 约束的世界。本地方法可以通过 JNI（Java Native Interface）来访问虚拟机运行时的数据区，甚至可以调用寄存器，具有和 JVM 相同的能力和权限。当大量本地方法出现时，势必会削弱 JVM 对系统的控制力，因为它的出错信息都比较黑盒。对于内存不足的情况，本地方法栈还是会抛出 native heap OutOfMemory。

重点说一下 JNI 类本地方法，最著名的本地方法应该是 System.currentTimeMillis()，JNI 使 Java 深度使用操作系统的特性功能，复用非 Java 代码。但是在项目过程中，如果大量使用其他语言来实现 JNI，就会丧失跨平台特性，威胁到程序运行的稳定性。假如需要与本地代码交互，就可以用中间标准框架进行解耦，这样即使本地方法崩溃也不至于影响到 JVM 的稳定。当然，如果要求极高的执行效率、偏底层的跨进程操作等，可以考虑设计为 JNI 调用方式。

5. Program Counter Register（程序计数寄存器）

在程序计数寄存器（Program Counter Register，PC）中，Register 的命名源于 CPU 的寄存器，CPU 只有把数据装载到寄存器才能够运行。寄存器存储指令相关的现场信息，由于 CPU 时间片轮限制，众多线程在并发执行过程中，任何一个确定的时刻，一个处理器或者多核处理器中的一个内核，只会执行某个线程中的一条指令。这样必然导致经常中断或恢复，如何保证分毫无差呢？每个线程在创建后，都会产生自己的程序计数器和栈帧，程序计数器用来存放执行指令的偏移量和行号指示器等，线程执行或恢复都要依赖程序计数器。程序计数器在各个线程之间互不影响，此区域也不会发生内存溢出异常。

最后，从线程共享的角度来看，堆和元空间是所有线程共享的，而虚拟机栈、本地方法栈、程序计数器是线程内部私有的，从这个角度看一下 Java 内存结构，如图 4-12 所示。

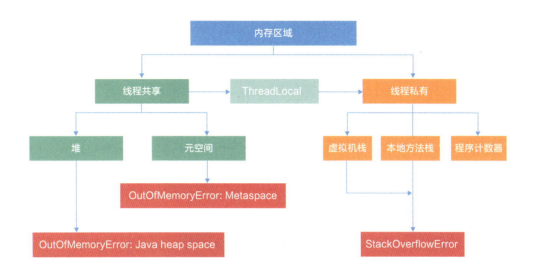

图 4-12 Java 的线程与内存

4.4 对象实例化

Java 是面向对象的静态强类型语言，声明并创建对象的代码很常见，根据某个类声明一个引用变量指向被创建的对象，并使用此引用变量操作该对象。在实例化对象的过程中，JVM 中发生了什么化学反应呢？

（1）下面从最简单的 Object ref = new Object(); 代码进行分析，利用 javap -verbose –p 命令查看对象创建的字节码如下：

```
stack=2, locals=1, args_size=0
     NEW java/lang/Object
     DUP
     INVOKESPECIAL java/lang/Object.<init> ()V
     ASTORE_1
     LocalVariableTable:
         Start  Length  Slot  Name  Signature
            8      1      0   ref   Ljava/lang/Object;
```

- **NEW**：如果找不到 Class 对象，则进行类加载。加载成功后，则在堆中分配内存，从 Object 开始到本类路径上的所有属性值都要分配内存。分配完毕之后，进行零值初始化。在分配过程中，注意引用是占据存储空间的，它是一个变量，占用 4 个字节。这个指令完毕后，将指向实例对象的引用变量压入虚拟机栈顶。

133

- DUP：在栈顶复制该引用变量，这时的栈顶有两个指向堆内实例对象的引用变量。如果 <init> 方法有参数，还需要把参数压入操作栈中。两个引用变量的目的不同，其中压至底下的引用用于赋值，或者保存到局部变量表，另一个栈顶的引用变量作为句柄调用相关方法。
- INVOKESPECIAL：调用对象实例方法，通过栈顶的引用变量调用 <init> 方法。<clinit> 是类初始化时执行的方法，而 <init> 是对象初始化时执行的方法。

（2）前面所述是从字节码的角度看待对象的创建过程，现在从执行步骤的角度来分析：

- 确认类元信息是否存在。当 JVM 接收到 new 指令时，首先在 metaspace 内检查需要创建的类元信息是否存在。若不存在，那么在双亲委派模式下，使用当前类加载器以 ClassLoader+ 包名 + 类名为 Key 进行查找对应的 .class 文件。如果没有找到文件，则抛出 ClassNotFoundException 异常；如果找到，则进行类加载，并生成对应的 Class 类对象。
- 分配对象内存。首先计算对象占用空间大小，如果实例成员变量是引用变量，仅分配引用变量空间即可，即 4 个字节大小，接着在堆中划分一块内存给新对象。在分配内存空间时，需要进行同步操作，比如采用 CAS（Compare And Swap）失败重试、区域加锁等方式保证分配操作的原子性。
- 设定默认值。成员变量值都需要设定为默认值，即各种不同形式的零值。
- 设置对象头。设置新对象的哈希码、GC 信息、锁信息、对象所属的类元信息等。这个过程的具体设置方式取决于 JVM 实现。
- 执行 init 方法。初始化成员变量，执行实例化代码块，调用类的构造方法，并把堆内对象的首地址赋值给引用变量。

4.5 垃圾回收

Java 会对内存进行自动分配与回收管理，使上层业务更加安全，方便地使用内存实现程序逻辑。在不同的 JVM 实现及不同的回收机制中，堆内存的划分方式是不一样的。这里简要介绍垃圾回收（Garbage Collection，GC）。垃圾回收的主要目的是清除不再使用的对象，自动释放内存。

GC 是如何判断对象是否可以被回收的呢？为了判断对象是否存活，JVM 引入了

GC Roots。如果一个对象与 GC Roots 之间没有直接或间接的引用关系，比如某个失去任何引用的对象，或者两个互相环岛状循环引用的对象等，判决这些对象"死缓"，是可以被回收的。什么对象可以作为 GC Roots 呢？比如：类静态属性中引用的对象、常量引用的对象、虚拟机栈中引用的对象、本地方法栈中引用的对象等。

有了判断对象是否存活的标准后，再了解一下垃圾回收的相关算法。最基础的为"标记-清除算法"，该算法会从每个 GC Roots 出发，依次标记有引用关系的对象，最后将没有被标记的对象清除。但是这种算法会带来大量的空间碎片，导致需要分配一个较大连续空间时容易触发 FGC。为了解决这个问题，又提出了"标记-整理算法"，该算法类似计算机的磁盘整理，首先会从 GC Roots 出发标记存活的对象，然后将存活对象整理到内存空间的一端，形成连续的已使用空间，最后把已使用空间之外的部分全部清理掉，这样就不会产生空间碎片的问题。"Mark-Copy"算法，为了能够并行地标记和整理将空间分为两块，每次只激活其中一块，垃圾回收时只需把存活的对象复制到另一块未激活空间上，将未激活空间标记为已激活，将已激活空间标记为未激活，然后清除原空间中的原对象。堆内存空间分为较大的 Eden 和两块较小的 Survivor，每次只使用 Eden 和 Survivor 区的一块。这种情形下的"Mark-Copy"减少了内存空间的浪费。"Mark-Copy"现作为主流的 YGC 算法进行新生代的垃圾回收。

垃圾回收器（Garbage Collector）是实现垃圾回收算法并应用在 JVM 环境中的内存管理模块。当前实现的垃圾回收器有数十种，本节只介绍 Serial、CMS、G1 三种。

Serial 回收器是一个主要应用于 YGC 的垃圾回收器，采用串行单线程的方式完成 GC 任务，其中"Stop The World"简称 STW，即垃圾回收的某个阶段会暂停整个应用程序的执行。FGC 的时间相对较长，频繁 FGC 会严重影响应用程序的性能。主要流程如图 4-13 所示。

图 4-13 Servial 回收流程

CMS 回收器（Concurrent Mark Sweep Collector）是回收停顿时间比较短、目前比较常用的垃圾回收器。它通过初始标记（Initial Mark）、并发标记（Concurrent

Mark)、重新标记（Remark）、并发清除（Concurrent Sweep）四个步骤完成垃圾回收工作。第1、3步的初始标记和重新标记阶段依然会引发STW，而第2、4步的并发标记和并发清除两个阶段可以和应用程序并发执行，也是比较耗时的操作，但并不影响应用程序的正常执行。由于CMS采用的是"标记－清除算法"，因此产生大量的空间碎片。CMS可以通过配置 -XX:+UseCMSCompactAtFullCollection 参数来解决这个问题，强制JVM在FGC完成后对老年代进行压缩，执行一次空间碎片整理，但是空间碎片整理阶段也会引发STW。为了减少STW次数，CMS还可以通过配置 -XX:+CMSFullGCsBeforeCompaction=n 参数，在执行了 n 次FGC后，JVM再在老年代执行空间碎片整理。

Hotspot在JDK7中推出了新一代G1（Garbage-First Garbage Collector）垃圾回收，通过 -XX:+UseG1GC 参数启用。和CMS相比，G1具备压缩功能，能避免碎片问题，G1的暂停时间更加可控。性能总体还是非常不错的，简要结构如图4-14所示。

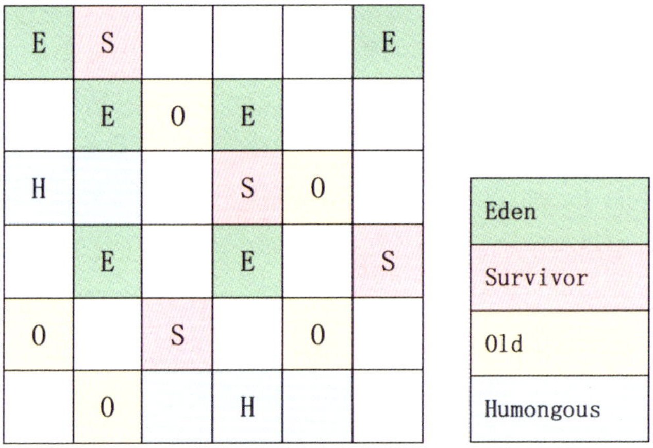

图 4-14 G1 回收模型内存布局

G1将Java堆空间分割成了若干相同大小的区域，即region，包括Eden、Survivor、Old、Humongous四种类型。其中，Humongous是特殊的Old类型，专门放置大型对象。这样的划分方式意味着不需要一个连续的内存空间管理对象。G1将空间分为多个区域，优先回收垃圾最多的区域。G1采用的是"Mark-Copy"，有非常好的空间整合能力，不会产生大量的空间碎片。G1的一大优势在于可预测的停顿时间，能够尽可能快地在指定时间内完成垃圾回收任务。在JDK11中，已经将G1设为默认垃圾回收器，通过jstat命令可以查看垃圾回收情况，如图4-15所示，在YGC时S0/S1并不会交换。

```
yangguanbao@yangguanbaodeMacBook-Pro ~  jstat -gcutil 66263 300
S0     S1      E     O      M      CCS    YGC   YGCT    FGC   FGCT    CGC   CGCT    GCT
0.00   100.00  0.40  99.61  93.79  94.43  84    0.163   0     0.000   168   0.188   0.352
0.00   100.00  0.36  50.16  93.79  94.43  86    0.167   0     0.000   172   0.191   0.358
0.00   100.00  0.36  83.70  93.79  94.43  87    0.168   0     0.000   174   0.193   0.361
0.00   100.00  0.41  99.64  93.79  94.43  88    0.169   0     0.000   176   0.194   0.363
```

图 4-15 G1 内存回收情况

S0/S1 的功能由 G1 中的 Survivor region 来承载。通过 GC 日志可以观察到完整的垃圾回收过程如下，其中就有 Survivor regions 的区域从 0 个到 1 个。

```
[0.530s][info ][gc,start     ] GC(0) Pause Initial Mark (G1 Humongous Allocation)
[0.530s][info ][gc,task      ] GC(0) Using 4 workers of 4 for evacuation
[0.535s][info ][gc,heap      ] GC(0) Eden regions: 2->0(152)
[0.535s][info ][gc,heap      ] GC(0) Survivor regions: 0->1(2)
[0.535s][info ][gc,heap      ] GC(0) Old regions: 0->0
[0.535s][info ][gc,heap      ] GC(0) Humongous regions: 115->39
[0.535s][info ][gc,metaspace ] GC(0) Metaspace: 6001K->6001K(1056768K)
```

红色标识的为 G1 中的四种 region，都处于 Heap 中。G1 执行时使用 4 个 worker 并发执行，在初始标记时，还是会触发 STW，如第一步所示的 Pause。G1 的 Concurrent Marking 分为五个主要步骤：

第一步，Initial Mark，其实就是 YoungGC。该阶段会引起 STW，它会标记 GC Roots 直接可达的存活对象。GC 日志如下：[GC pause (G1 Evacuation Pause) (young) (initial-mark), 0.0008405 secs]。

第二步，Root Region Scan，即根区域扫描。该阶段不会引起 STW，它会并发地从上一阶段标记的存活区域中扫描被引用的老年代对象。GC 日志如下：[GC concurrent-root-region-scan-start][GC concurrent-root-region-scan-end, 0.0000050 secs]。

第三步，Concurrent Mark，即并发标记。该阶段从堆中标记存活的对象，与 CMS 类似。GC 日志如下：[GC concurrent-mark-start][GC concurrent-mark-end, 0.0169973 secs]。

第四步，Remark，即重新标记。该阶段会引起 STW，与 CMS 类似。它会完成最终的标记处理。GC 日志如下：[GC remark [Finalize Marking, 0.0001883 secs] [GC ref-proc, 0.0000471 secs] [Unloading, 0.0008435 secs], 0.0055849 secs][Times: user=0.03 sys=0.01, real=0.00 secs]。

第五步，Cleanup，主要为接下来的 Mixed GC 做准备。该阶段会统计所有堆区域中的存活对象，并将待回收区域按回收价值排序，优先回收垃圾最多的区域。GC 日志如下：[GC cleanup 2308M->2308M(3929M), 0.0030328 secs][Times: user=0.01 sys=0.00, real=0.00 secs]。

在 JDK11 版本中，引入试验性质的新 GC 算法 ZGC，它是一个可伸缩的低延迟垃圾收集器，宣称暂停时间不超过 10 毫秒。ZGC 会因为 GC Root 增大而增加暂停时间，比如很多 Thread。Thread 的堆栈很深，但是与堆大小以及 Live Data Size 无关。ZGC 处理堆范围从几百 MB 到几 TB。ZGC 的目标是吞吐量降低不超过 15%，与 G1 一样在 ZGC 中将堆内存分成大量的内存区域，即 ZPage，区别是 ZGC 中的区域大小是不相同的，有小型、中型和大型之分。在小型 page 中分配小对象，最大为 256KB；在中型 page 中分配中等大小的对象，最大为 4MB；在大型 page 中分配大于 4MB 的对象。ZGC 包括十个阶段，最主要的两个阶段是 mark 和 relocate，GC 不断从标记阶段开始循环，递归所有可达对象，标记结束时可以知道哪些对象可以被回收。ZGC 将标记结果存储在每个 page 的 live bitmap 中。在标记过程中，应用线程中的 load barrier 将暂时未标记的引用对象压入缓冲区。一旦缓冲区满，GC 线程会递归遍历此缓冲区中所有可达对象。标记结束后，ZGC 需要迁移 relocate 集合中所有的对象。relocate 集合是一组 page 集合，根据某些标准，系统决定是否需要迁移它们。ZGC 为每个 relocate 集合的页面分配了 forwarding table。它是一个哈希映射（如果对象已经被迁移），它存储一个对象被移动后的新地址。为了实现 ZGC 的目标，增加了两种方式：着色指针和读屏障。前者使用简洁的多重映射技巧可以处理更多的内存。所谓试验性质是指该策略在 JDK 11 中只会支持 Linux 系统，其他平台暂不支持，并且在生产环境中还需要考虑如下问题：第一，如何支持 class unloading，这是一个功能性缺失；第二，compressed ref 和 ZGC 是冲突的，开 ZGC，一定不能有 compressed ref；第三，解决 single generation 问题，因为应用的分配速率过高的话，GC 有可能跟不上，这可能是潜在问题。

第 5 章 异常与日志

"欲渡黄河冰塞川,将登太行雪满山。"系统运行,风云不测,睹始知终,春去秋来,一叶落而知秋至。

人类在日常活动中常常会遇到各种各样不可预料的问题，比如为了保证准时乘坐某一航班，早早赶到了机场，却因忘带身份证件而导致无法登机，或者由于突降大雨而使航班延迟起飞等都会使得我们的活动受阻。系统工程亦是如此，无论保护措施如何完善，事前预案如何周密，异常现象或多或少、或早或迟地都会发生。系统发生异常后，往往需要人工介入处理，否则将会扩大异常影响面，或者引发新的异常。在计算机世界中，在运行程序时，发生了意料之外的事件，阻止了程序的正常执行，这种情况被称为程序异常。处理程序异常，需要解决以下3个问题：

（1）哪里发生异常？

（2）谁来处理异常？

（3）如何处理异常？

这三个问题就像把大象装进冰箱的三个步骤一样，听来轻松，但实际上很难准确操控，即使是有经验的程序员，处理起来也会难以应付。下面就围绕这三个问题来探讨如何才能建立一套完善的异常处理机制。

首先，需要明确在哪里发生异常。在代码中通过 try-catch 来发现异常，但是有些程序员往往将大段代码定义在一个 try-catch 块内，这样非常不利于定位问题，是一种不负责任的做法。捕获异常时需要分清稳定代码和非稳定代码，稳定代码指的是无论如何都不会出错的代码，例如 int a = 0。异常捕获是针对非稳定代码的，捕获时要区分异常类型并做相应的处理。比如，当用户输入了错误的用户名，提示用户账号错误；正确的用户名下，错误的密码请重试；重试次数超过限制，则封锁账户等。

其次，判断谁来处理异常，在回答这个问题之前，需要明确两个关键字 throw 和 throws 的区别，如下是数据访问层生成订单 Id 的示例代码：

```java
public Long generateOrderId(Long userId) throws DAOException {
    try {
        return orderIdSequence.nextValue() * 1000 + (userId * 1000)
            + (userId / 1000) ;
    } catch (Exception e) {
        throw new DAOException("Sequence error, uerId=" + userId, e);
    }
}
```

在与数据库交互时可能会发生网络连接不通、数据库锁超时、插入数据失败等异常，向上归一化为 DAOException 异常。这里的 throw 是方法内部抛出具体异常类对象的关键字，而 throws 则用在方法 signature 上，表示方法定义者可以通过此方法声明向上抛出异常对象。

了解了 throw 和 throws 的作用后，我们再来判断当前被捕获的异常是否需要自己处理。如果异常在当前方法的处理能力范围之内且没有必要对外透出，那么就直接捕获异常并做相应处理；否则向上抛出，由上层方法或者框架来处理。

最后，无论采用哪种方式处理异常，都严禁捕获异常后什么都不做或打印一行日志了事。如果在方法内部处理异常，需要根据不同的业务场景进行定制处理，如重试、回滚等操作。如果向上抛出异常，如上例所示，需要在异常对象中添加上下文参数、局部变量、运行环境等信息，这样有利于排查问题。

5.1 异常分类

JDK 中定义了一套完整的异常机制，所有异常都是 Throwable 的子类，分为 Error（致命异常）和 Exception（非致命异常）。Error 是一种非常特殊的异常类型，它的出现标识着系统发生了不可控的错误，例如 StackOverflowError、OutOfMemoryError。针对此类错误，程序无法处理，只能人工介入。Exception 又分为 checked 异常（受检异常）和 unchecked 异常（非受检异常）。

checked 异常是需要在代码中显式处理的异常，否则会编译出错。如果能自行处理则可以在当前方法中捕获异常；如果无法处理，则继续向调用方抛出异常对象。常见的 checked 异常包括 JDK 中定义的 SQLException、ClassNotFoundException 等。checked 异常可以进一步细分为两类：

- 无能为力、引起注意型。针对此类异常，程序无法处理，如字段超长等导致的 SQLException，即使做再多的重试对解决异常也没有任何帮助，一般处理此类异常的做法是完整地保存异常现场，供开发工程师介入解决。
- 力所能及、坦然处置型。如发生未授权异常（UnAuthorizedException），程序可跳转至权限申请页面。

在 Exception 中，unchecked 异常是运行时异常，它们都继承自 RuntimeException，不需要程序进行显式的捕捉和处理，unchecked 异常可以进一步细分为 3 类：

- 可预测异常（Predicted Exception）：常见的可预测异常包括 IndexOutOfBoundsException、NullPointerException 等，基于对代码的性能和稳定性要求，此类异常不应该被产生或者抛出，而应该提前做好边界检查、空指针判断等处理。显式的声明或者捕获此类异常会对程序的可读性和运行效率产生很大影响。

- 需捕捉异常（Caution Exception），例如在使用 Dubbo 框架进行 RPC 调用时产生的远程服务超时异常 DubboTimeoutException，此类异常是客户端必须显式处理的异常，不能因服务端的异常导致客户端不可用，此时处理方案可以是重试或者降级处理等。

- 可透出异常（Ignored Exception），主要是指框架或系统产生的且会自行处理的异常，而程序无须关心。例如针对 Spring 框架中抛出的 NoSuchRequestHandlingMethodException 异常，Spring 框架会自己完成异常的处理，默认将自身抛出的异常自动映射到合适的状态码，比如启动防护机制跳转到 404 页面。

综上所述，异常分类结构如图 5-1 所示。

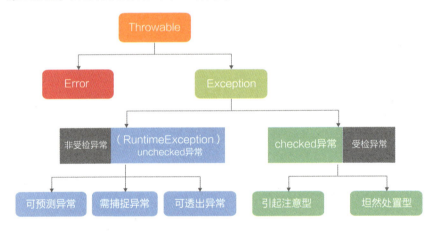

图 5-1　异常分类结构

为了加深理解，下面我们结合出国旅行的例子说明一下异常分类。

第一，机场地震，属于不可抗力，对应异常分类中的 Error。在制订出行计划时，根本不需要把这个部分的异常考虑进去。

第二，堵车属于 checked 异常，应对这种异常，我们可以提前出发，或者改签机票。而飞机延误异常，虽然也需要 check，但我们无能为力，只能持续关注航班动态。

第三，没有带护照，明显属于可提前预测的异常，只要出发前检查即可避免。去机场路上车子抛锚，这个异常是突发的，虽然难以预料，但是必须处理，属于需要捕捉的异常，可以通过更换交通工具应对。检票机器故障则属于可透出异常，交由航空公司处理，我们无须关心。

全面了解了异常分类之后，当遇到需要处理异常的场景时，要明确该异常属于哪种类型，是需要调用方关注并处理的 checked 异常，还是由更高层次框架处理的 unchecked 异常。不论是哪一类异常。如果需要向上抛出，推荐的做法是根据当前场景自定义具有业务含义的异常，为了避免异常泛滥，可以优先使用业界或者团队已定义过的异常。例如，远程服务调用中发生服务超时会抛出自定义的 DubboTimeoutException，而不是直接抛出 RuntimeException，更不是抛出 Exception 或 Throwable。

5.2　try 代码块

try-catch-finally 是处理程序异常的三部曲。当存在 try 时，可以只有 catch 代码块，也可以只有 finally 代码块，就是不能单独只有 try 这个光杆司令。下面分别说一下各个代码块的作用。

（1）try 代码块：监视代码执行过程，一旦发现异常则直接跳转至 catch，如果没有 catch，则直接跳转至 finally。

（2）catch 代码块：可选执行的代码块，如果没有任何异常发生则不会执行；如果发现异常则进行处理或向上抛出。这一切都在 catch 代码块中执行。

（3）finally 代码块：必选执行的代码块，不管是否有异常产生，即使发生 OutOfMemoryError 也会执行，通常用于处理善后清理工作。如果 finally 代码块没有执行，那么有三种可能：

- 没有进入 try 代码块。
- 进入 try 代码块，但是代码运行中出现了死循环或死锁状态。
- 进入 try 代码块，但是执行了 System.exit() 操作。

注意，finally 是在 return 表达式运行后执行的，此时将要 return 的结果已经被暂存起来，待 finally 代码块执行结束后再将之前暂存的结果返回，示例代码如下：

```java
public static int finallyNotWork() {
    int temp = 10000;
    try {
        throw new Exception();
    } catch (Exception e) {
        return ++temp;
```

```
    } finally {
        temp = 99999;
    }
}
```

此方法最终的返回值是 10001，而不是 99999，字节码忠实地给出了答案：

```
// 对变量 temp 进行 +1 操作
IINC 0 1
ILOAD 0
// return 表达式的计算结果存储在 slot_2 上
ISTORE 2
// finally 存储 99999 到 slot_0 上
LDC 99999
ISTORE 0

// 方法返回的时候，直接提取的是 slot_2 的值，即 10001
ILOAD 2
IRETURN
```

我们分析 finally 的脾气秉性，是为了避免用错，而不是深入地分析为什么 JVM 不支持这样的赋值方式。finally 代码块的职责不在于对变量进行赋值等操作，而是清理资源、释放连接、关闭管道流等操作，此时如果有异常也要做 try-catch。

相对在 finally 代码块中赋值，更加危险的做法是在 finally 块中使用 return 操作，这样的代码会使返回值变得非常不可控，警示代码如下：

```java
public class TryCatchFinally {
    static int x = 1;
    static int y = 10;
    static int z = 100;

    public static void main(String[] args) {
        int value = finallyReturn();
        System.out.println("value=" + value);

        System.out.println("x=" + x);
        System.out.println("y=" + y);
        System.out.println("z=" + z);
    }

    public static int finallyReturn() {
        try {
            // ...
```

```
            return ++x;
        } catch (Exception e) {
            return ++y;
        } finally {
            return ++z;
        }
    }
}
```

执行结果如下：

```
value=101
x=2
y=10
z=101
```

以上执行结果说明：

（1）最后 return 的动作是由 finally 代码块中的 return ++z 完成的，所以方法返回的结果是 101。

（2）语句 return ++x 中的 ++x 被成功执行，所以运行结果是 x=2。

（3）如果有异常抛出，那么运行结果将会是 y=11，而 x=1。

finally 代码块中使用 return 语句，使返回值的判断变得复杂，所以避免返回值不可控，我们不要在 finally 代码块中使用 return 语句。

最后分析 try 代码块与锁的关系，lock 方法可能会抛出 unchecked 异常，如果放在 try 代码块中，必然触发 finally 中的 unlock 方法执行。对未加锁的对象解锁会抛出 unchecked 异常，如 IllegalMonitorStateException，虽然是因为加锁失败而造成程序中断的，但是真正加锁失败的原因可能会被后者覆盖。所以在 try 代码块之前调用 lock() 方法，避免由于加锁失败导致 finally 调用 unlock() 抛出异常。警示代码中的红色代码应该移到 try 代码块的上方，如下所示。

```
Lock lock = new XxxLock();
preDo();
try {
    // 无论加锁是否成功，unlock 都会执行
    lock.lock();
    doSomething();
} finally {
    lock.unlock();
}
```

Lock、ThreadLocal、InputStream 等这些需要进行强制释放和清除的对象都得在 finally 代码块中进行显式的清理，避免产生内存泄漏，或者资源消耗。

5.3 异常的抛与接

在谍战剧里的行动信息传递中，信息的传递方与接收方是需要严格匹配的，比如窗口放置一盆花，表示有紧急异常情况，行动取消；窗帘拉开，表示情况正常，可以行动。一旦传递方信息传递错误，或者接收方理解错误，都会有严重的后果。同样，异常的抛与接，也一样需要严格的对等传递异常信息机制。我们要使捕获的异常与被抛出的异常是完全匹配的，或者捕获的异常是被抛出异常的父类。

传递异常信息的方式是通过抛出异常对象，还是把异常信息转成信号量封装在特定对象中，这需要方法提供者和方法调用者之间达成契约，只有大家都照章办事，才不会产出误解。推荐对外提供的开放接口使用错误码；公司内部跨应用远程服务调用优先考虑使用 Result 对象来封装错误码、错误描述信息；而应用内部则推荐直接抛出异常对象。

为什么在远程服务调用中推荐使用 Result 对象封装异常信息？如果使用抛异常的返回方式，一旦调用方没有捕获，就会产生运行时错误，导致程序中断。此外，如果抛出的异常中不添加栈信息，只是 new 自定义异常并加入自定义的错误信息，对于调用端解决问题的帮助不会太大。如果加了栈信息，在频繁调用出错的情况下，信息序列化和传输的性能损耗也是问题。

我们都知道空指针异常（NPE）是程序世界里最常见的异常之一，为了避免出现 NPE，应该是提供方需要明确可以返回 null 值，调用方进行非空判断，还是服务方保证返回类似于 Optional、空对象或者空集合？这个争论直到某次断网演练时才有了定论。服务 A 与服务 B 在同一机房，是超级稳定的服务依赖，服务可用率接近 100%，因为服务 B 已经明确不会返回 null，所以约定调用方 A 中不需要做空值判断。但是断网演练开始后，无法调用到服务 B，此时连空集合都无法返回，所以在演练时间内服务 A 频繁抛出 NPE。自此之后，契约式编程理念就完全处于防御式编程理念的下风，所以我们推荐方法的返回值可以为 null，不强制返回空集合或者空对象等，但是必须添加注释充分说明什么情况下会返回 null 值。防止 NPE 一定是调用方的责任，需要调用方进行事先判断。

5.4 日志

"日志"这个词最早见于航海领域，是记录航行主要情况的载体文件，内容包括操作指令、气象、潮流、航向、航速、旅客、货物等，是处理海事纠纷或者海难的原始依据之一。尔后延伸到航空领域，黑匣子就是一个重要的航空日志载体，调查空难原因时第一反应是找到黑匣子，并通过解析其中的日志信息来还原空难的事实真相。

同理，记录应用系统日志主要有三个原因：记录操作轨迹、监控系统运行状况、回溯系统故障。

记录操作行为及操作轨迹数据，可以数据化地分析用户偏好，有助于优化业务逻辑，为用户提供个性化的服务。例如，通过 access.log 记录用户的操作频度和跳转链接，有助于分析用户的后续行为。

全面有效的日志系统有助于建立完善的应用监控体系，由此工程师可以实时监控系统运行状况，及时预警，避免故障发生。监控系统运行状况，是指对服务器使用状态，如内存、CPU 等使用情况；应用运行情况，如响应时间，QPS 等交互状态；应用错误信息，如空指针、SQL 异常等的监控。例如，在 CPU 使用率大于 60%，四核服务器中 load 大于 4 时发出报警，提醒工程师及时处理，避免发生故障。

当系统发生线上问题时，完整的现场日志有助于工程师快速定位问题。例如当系统内存溢出时，如果日志系统记录了问题发生现场的堆信息，就可以通过这个日志分析是什么对象在大量产生并且没有释放内存，回溯系统故障，从而定位问题。

5.4.1 日志规范

为了统一认知，降低沟通和学习成本，应用中的扩展日志命名方式应该有统一的约定，通过命名能直观明了地表明当前日志文件是什么功能，如监控、访问日志等。推荐的日志文件命名方式为：appName_logType_logName.log。其中，logType 为日志类型，推荐分类有 stats、monitor、visit 等；logName 为日志描述。这种命名的好处是通过文件名就可以知道日志文件属于什么应用，什么类型，什么目的，也有利于归类查找。例如，mppserver 应用中单独监控时区转换异常的日志文件名定义为：mppserver_monitor_timeZoneConvert.log。

以上对日志名称进行了约定，将工程师从纷繁复杂的日志命名中解放出来，而困扰工程师的另一个问题是日志文件需要保存多久呢？由于存储空间有限，日志不可能永久地存储在磁盘中，文件的生命周期应该如何定义呢？如果日志存储周期较短，如

7天，那么针对有些具备以"周"为频次发生的异常就无法被发现；相反，若日志保存周期过长，又会对磁盘存储空间造成较大压力，产生不必要的资源消耗。因此综合两个方面考虑，代码规约推荐日志文件至少保存15天，可以根据日志文件的重要程度、文件大小及磁盘空间再自行延长保存时间。

日志是有级别的。针对不同的场景，日志被分为五种不同的级别，按照重要程度由低到高排序：

- DEBUG 级别日志记录对调试程序有帮助的信息。
- INFO 级别日志用来记录程序运行现场，虽然此处并未发生错误，但是对排查其他错误具有指导意义。
- WARN 级别日志也可以用来记录程序运行现场，但是更偏向于表明此处有出现潜在错误的可能。
- ERROR 级别日志表明当前程序运行发生了错误，需要被关注。但是当前发生的错误，没有影响系统的继续运行。
- FATAL 级别日志表明当前程序运行出现了严重的错误事件，并且将会导致应用程序中断。

可以看出，以上不同级别的日志优先级和重要性不同，因此在打印日志时针对不同的日志级别要有不同的处理方式。

1. 预先判断日志级别

对 DEBUG、INFO 级别的日志，必须使用条件输出或者使用占位符的方式打印。该约定综合考虑了程序的运行效率和日志打印需求。例如，在某个配置了打印日志级别为 WARN 的应用中，如果针对 DEBUG 级别的日志，仅仅在程序中写出 logger.debug("Processing trade with id: " + id + " and symbol: " + symbol);，那么该日志不会被打印，但是会执行字符串拼接操作；如果 symbol 是对象，还会执行 toString() 方法，白白浪费了系统资源。如下示例代码为正确的打印日志方式：

```java
// 使用条件判断形式
if (logger.isDebugEnabled()) {
    logger.debug("Processing trade with id: " + id
        + " and symbol: " + symbol);
}
// 使用占位符形式
logger.debug("Processing trade with id: {} and symbol: {}", id, symbol);
```

2. 避免无效日志打印

生产环境禁止输出 DEBUG 日志且有选择地输出 INFO 日志。

使用 INFO、WARN 级别来记录业务行为信息时，一定要控制日志输出量，以免磁盘空间不足。同时要为日志文件设置合理的生命周期，及时清理过期的日志。

避免重复打印，务必在日志配置文件中设置 additivity=false，示例如下：

```
<logger name="com.taobao.ecrm.member.config" additivity="false">
```

3. 区别对待错误日志

WARN、ERROR 都是与错误有关的日志级别，但不要一发生错误就笼统地输出 ERROR 级别日志。一些业务异常是可以通过引导重试就能恢复正常的，例如用户输入参数错误。在这种情况下，记录日志是为了在用户咨询时可以还原现场，如果输出为 ERROR 级别就表示一旦出现就需要人为介入，这显然不合理。所以，ERROR 级别只记录系统逻辑错误、异常或者违反重要的业务规则，其他错误都可以归为 WARN 级别。

4. 保证记录内容完整

日志记录的内容包括现场上下文信息与异常堆栈信息，所以打印时需要注意以下两点：

（1）记录异常时一定要输出异常堆栈，例如 logger.error("xxx"+e.getMessage(), e)。

（2）日志中如果输出对象实例，要确保实例类重写了 toString 方法，否则只会输出对象的 hashCode 值，没有实际意义。

综上所述，日志是一个系统必不可少的组成部分，但日志打印并非多多益善，过多的日志会降低系统性能，也不利于快速定位问题，所以记录日志时一定请思考三个问题：①日志是否有人看；②看到这条日志能做什么；③能不能提升问题排查效率。

5.4.2 日志框架

说到日志工具，日常工作或学习中肯定听过这些名词：log4j、logback、jdk-logging、slf4j、commons-logging 等，它们之间有什么关系，在整个日志体系中又扮演什么角色呢？日志框架分为三大部分，包括日志门面、日志适配器、日志库。利用门面设计模式，即 Facade 来进行解耦，使日志使用变得更加简单，如图 5-2 所示。

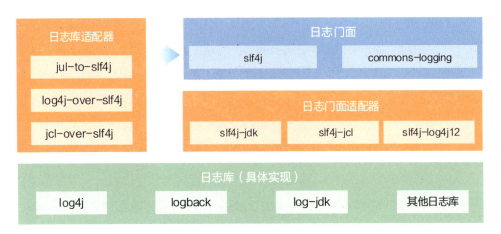

图 5-2 日志结构框架

1. 日志门面

门面设计模式是面向对象设计模式中的一种，日志框架采用的就是这种模式，类似 JDBC 的设计理念。它只提供一套接口规范，自身不负责日志功能的实现，目的是让使用者不需要关注底层具体是哪个日志库来负责日志打印及具体的使用细节等。目前用得最为广泛的日志门面有两种：slf4j 和 commons-logging。

2. 日志库

它具体实现了日志的相关功能，主流的日志库有三个，分别是 log4j、log-jdk、logback。最早 Java 要想记录日志只能通过 System.out 或 System.err 来完成，非常不方便。log4j 就是为了解决这一问题而提出的，它是最早诞生的日志库。接着 JDK 也在 1.4 版本引入了一个日志库 java.util.logging.Logger，简称 log-jdk。这样市面上就出现两种日志功能的实现，开发者在使用时需要关注所使用的日志库的具体细节。logback 是最晚出现的，它与 log4j 出自同一个作者，是 log4j 的升级版且本身就实现了 slf4j 的接口。

3. 日志适配器

日志适配器分两种场景：

（1）日志门面适配器，因为 slf4j 规范是后来提出的，在此之前的日志库是没有实现 slf4j 的接口的，例如 log4j；所以，在工程里要想使用 slf4j+log4j 的模式，就额外需要一个适配器（slf4j-log4j12）来解决接口不兼容的问题。

（2）日志库适配器，在一些老的工程里，一开始为了开发简单而直接使用了日志库 API 来完成日志打印，随着时间的推移想将原来直接调用日志库的模式改为业界标准的门面模式（例如 slf4j+logback 组合），但老工程代码里打印日志的地方太多，难以改动，所以需要一个适配器来完成从旧日志库的 API 到 slf4j 的路由，这样在不改动原有代码的情况下也能使用 slf4j 来统一管理日志，而且后续自由替换具体日志库也不成问题。

我们了解了日志家族里的成员及其作用，接下来将以 Maven 工程为例介绍如何在工程里进行日志集成。

如果是新工程，则推荐使用 slf4j+logback 模式。因为 logback 自身实现了 slf4j 的接口，无须额外引入适配器，另外 logback 是 log4j 的升级版，具备比 log4j 更多的优点，可通过如下配置进行集成：

```xml
<dependency>
    <groupid>org.slf4j</groupid>
    <artifactid>slf4j-api</artifactid>
    <version>${slf4j-api.version}</version>
</dependency>
<dependency>
    <groupid>ch.qos.logback</groupid>
    <artifactid>logback-classic</artifactid>
    <version>${logback-classic.version}</version>
</dependency>
<dependency>
    <groupid>ch.qos.logback</groupid>
    <artifactid>logback-core</artifactid>
    <version>${logback-core.version}</version>
</dependency>
```

如果是老工程，则需要根据所使用的日志库来确定门面适配器，通常情况下老工程使用的都是 log4j，因此以 log4j 日志库为例，可通过如下配置进行集成：

```xml
<dependency>
    <groupid>org.slf4j</groupid>
    <artifactid>slf4j-api</artifactid>
    <version>${slf4j-api.version}</version>
</dependency>
<dependency>
    <groupid>org.slf4j</groupid>
    <artifactid>slf4j-log4j12</artifactid>
    <version>${slf4j-log4j12.version}</version>
</dependency>
```

```xml
<dependency>
    <groupid>log4j</groupid>
    <artifactid>log4j</artifactid>
    <version>${log4j.version}</version>
</dependency>
```

如果老代码中直接使用了 log4j 日志库提供的接口来打印日志，则还需要引入日志库适配器，配置实例如下所示：

```xml
<dependency>
    <groupid>org.slf4j</groupid>
    <artifactid>log4j-over-slf4j</artifactid>
    <version>${log4j-over-slf4j.version}</version>
</dependency>
```

至此我们的工程就完成了日志框架的集成，再加上一个日志配置文件（如 logback.xml、log4j.xml 等），并在工程启动时加载，然后就可以进行日志打印了，示例代码如下：

```java
private static final Logger logger = LoggerFactory.getLogger(Abc.class);
```

注意，logger 被定义为 static 变量，是因为这个 logger 与当前类绑定，避免每次都 new 一个新对象，造成资源浪费，甚至引发 OutOfMemoryError 问题。

我们也可以使用 lombok 中的 @Slf4j 注解快速生成对应日志句柄，注入变量的默认名字就是 log，如果加此注解报错找不到变量 log，那么给 IDE 安装 lombock 插件即可。

另外，在使用 slf4j+ 日志库模式时，要防止日志库冲突，一旦发生则可能会出现日志打印功能失效的问题。例如，某个业务的网站页面出现了 500 错误，但开发工程师翻遍整个系统的日志文件都没有发现任何异常日志。线下模拟调试发现：错误发生时有异常对象抛出并被框架捕获，然后执行了日志打印的相关代码，但实际没有输出到日志文件。经开发工程师深入排查，当前工程代码中配置的日志库为 log4j，但工程依赖的一个 jar 包间接地引入了 logback 日志库，导致打印日志的 Logger 引用实际指向 ch.qos.logback.classic.Logger 对象，二者的冲突引发了日志打印失效的问题。

第 6 章 数据结构与集合

廊腰缦回，檐牙高啄。纵使相同一砖一瓦，不同雕琢设计，亦生错落有致的廊榭美景。数据结构的魅力也缘于此中道理。

在代码世界中，集合是对"Collection"一词的翻译，事实上这么翻译仍不够准确。在数学世界中，集合是指具有某种特定性质的事物汇成的集体，对应英文是 Set，它具有确定性、无序性、互异性等特点。而 Java 中的集合表达的是数据结构的载体，并未对应于数学概念上的集合，Java 中的集合元素可以是有序的，也可以是重复的，与数学中的要求不一样。本书中其他地方出现的集合概念，都指的是 Collection，用来保存各种各样的对象。我们经常说，"程序 = 数据结构 + 算法"。集合作为数据结构的载体，可对元素进行加工和输出，以一定的算法实现最基本的增删改查功能，因此集合是所有编程语言的基础。

在进入高并发编程时代后，由集合引发的相关故障占比越来越高。比如，多线程共享集合时出现的脏数据问题；某些集合在数据扩容时出现节点之间的死链问题；写多读少的场景误用某些集合导致性能下降问题等。本章将从数组讲起，引申到集合框架，再到重点集合源码分析，最后介绍高并发集合框架，目的是对集合的了解成竹在胸、运用得心应手。

6.1 数据结构

1. 数据结构定义

数据结构是什么？网络上的一些定义十分抽象且各不相同，学习完之后，反而对数据结构的概念更加模糊、更有敬畏之心。**数据结构是指逻辑意义上的数据组织方式及其相应的处理方式。**

（1）什么是逻辑意义？数据结构的抽象表达非常丰富，而实际物理存储的方式相对单一。比如，二叉树在磁盘中的存储真的是树形排列吗？并非如此。树的存储可能是基于物理上的顺序存储方式，可以理解为一个格子一个格子连续地放，设想有 7 个节点的二叉树，第一个格子放根节点，第二个格子放左子树根节点；并且根据引用知道左叶子在后续的哪个格子里；第三个格子放右子树根节点，依此类推。此外，树的存储也可能是基于物理上的链式存储方式，这里不再详细展开。

（2）什么是数据组织方式？逻辑意义上的组织方式有很多，比如树、图、队列、哈希等。树可以是二叉树、三叉树、B+ 树等；图可以是有向图或无向图；队列是先进先出的线性结构；哈希是根据某种算法直接定位的数据组织方式。

（3）什么是数据处理方式？在既定的数据组织方式上，以某种特定的算法实现数据的增加、删除、修改、查找和遍历。不同的数据处理方式往往存在着非常大的性能差异。

2. 数据结构分类

数据结构是算法实现的基石，它是一种体现基础逻辑思维的内功心法，也是计算机从业人员能力图谱中的重要一项。如果完全不懂数据结构，很难写出优秀的代码。有缺陷的底层数据结构容易导致系统风险高、可扩展性差，所以需要认真地对数据结构进行设计和评审。从直接前趋和直接后继个数的维度来看，大体可以将数据结构分为以下四类。

（1）线性结构：0至1个直接前趋和直接后继。当线性结构非空时，有唯一的首元素和尾元素，除两者外，所有的元素都有唯一的直接前趋和直接后继。线性结构包括顺序表、链表、栈、队列等，其中栈和队列是访问受限的结构。栈是后进先出，即 Last-In, First-Out，简称 LIFO；队列是先进先出，即 First-In, First-Out，简称 FIFO。

（2）树结构：0至1个直接前趋和0至n个直接后继（n大于或等于2）。树是一种非常重要的有层次的非线性数据结构，像自然界的树一样。由于树结构比较稳定和均衡，在计算机领域中得到广泛应用。

（3）图结构：0至n个直接前趋和直接后继（n大于或等于2）。图结构包括简单图、多重图、有向图和无向图等。

（4）哈希结构：没有直接前趋和直接后继。哈希结构通过某种特定的哈希函数将索引与存储的值关联起来，它是一种查找效率非常高的数据结构。

不同的数据组织方式和处理方式带来了一个新的问题：如何衡量数据处理的性能。数据结构的复杂度分为空间复杂度和时间复杂度两种，在存储设备越来越便宜的情况下，时间复杂度成为重点考量的因素。算法时间复杂度是一种衡量计算性能的指标，反映了程序执行时间随输入规模增长而增长的量级，在很大程度上能够反映出算法性能的优劣与否。而这个量级通常用大写的 O 和一个函数描述，如 $O(n^3)$ 表示程序执行时间随输入规模呈现三次方倍的增长，这是比较差的算法实现。从最好到最坏的常用算法复杂度排序如下：常数级 $O(1)$、对数级 $O(\log n)$、线性级 $O(n)$、线性对数级 $O(n\log n)$、平方级 $O(n^2)$、立方级 $O(n^3)$、指数级 $O(2^n)$ 等。有人觉得在实际编程中没有必要去纠结算法复杂度，因为现实中的数据量有限，执行时间相差无几。但是，数据规模并非静止不变，优秀的程序实现不会因为数据规模的急剧上升导致程序性能的急剧下降。

最后以"猜数字"为例进一步理解时间复杂度，主持人从 1 ~ 100 的范围内任选一个数字，玩家随机猜一个数，如果没有猜中，主持人会提示猜大了还是猜小了，继续这样的循环，直到猜对为止。显而易见，如果要猜测，最多要猜 100 次，最少只用猜 1 次。经验表明，玩家总会往中间砍一段，平均猜测次数总在七八次左右。通过模拟程序运行 1 亿次，完全随机的情况下，平均猜测的次数是 7.47 次，近似二分法猜测的是 6.6 次，时间复杂度为 $O(\log n)$。

数据结构的各种类型没有好坏之分，它只有与场景、数据量结合起来综合考虑，才有实际的意义。场景包括操作类型及其频率，数据量的大小决定它选择什么样的数据结构类型。到底是写为主，还是读为主，或者说读写均衡。其中写是以插入为主，还是删除为主；读是以遍历为主，还是查询单个元素为主。数据量的不同也会决定不同的数据结构的使用效率，比如后续学习到的 ConcurrentHashMap，根据不同的数据量选择用链表或者红黑树存储。

6.2　集合框架图

Java 中的集合是用于存储对象的工具类容器，它实现了常用的数据结构，提供了一系列公开的方法用于增加、删除、修改、查找和遍历数据，降低了日常开发成本。集合的种类非常多，形成了一个比较经典的继承关系树，称为 Java 集合框架图，如图 6-1 所示。框架图中主要分为两类：第一类是按照单个元素存储的 Collection，在继承树中 Set 和 List 都实现了 Collection 接口；第二类是按照 Key-Value 存储的 Map。以上两类集合体系，无论数据存取还是遍历，都存在非常大的差异。

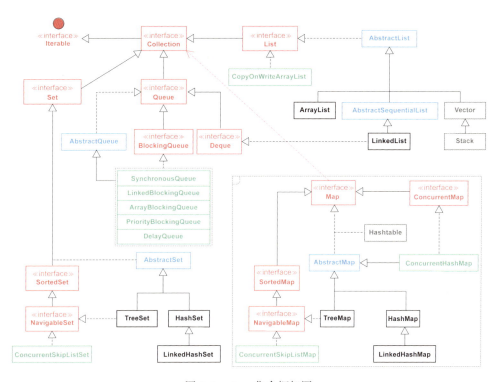

图 6-1　Java 集合框架图

在集合框架图中，红色代表接口，蓝色代表抽象类，绿色代表并发包中的类，灰色代表早期线程安全的类（基本已经弃用）。可以看到，与 Collection 相关的 4 条线分别是 List、Queue、Set、Map，它们的子类会映射到数据结构中的表、树、哈希等。对集合框架图的深刻理解，有利于对集合的宏观把控，并写出更高质量的程序。此图相当于纲举目张的"纲"，虽然部分集合没有纳入此框架图中，但是容易沿着这个图的思路理解其他集合。下面一起学习这 4 个常用集合类型。

6.2.1　List 集合

List 集合是线性数据结构的主要实现，集合元素通常存在明确的上一个和下一个元素，也存在明确的第一个元素和最后一个元素。List 集合的遍历结果是稳定的。该体系最常用的是 ArrayList 和 LinkedList 两个集合类。

ArrayList 是容量可以改变的非线程安全集合。内部实现使用数组进行存储，集合扩容时会创建更大的数组空间，把原有数据复制到新数组中。ArrayList 支持对元素的快速随机访问，但是插入与删除时速度通常很慢，因为这个过程很有可能需要移动其他元素。

LinkedList 的本质是双向链表。与 ArrayList 相比，LinkedList 的插入和删除速度更快，但是随机访问速度则很慢。测试表明，对于 10 万条的数据，与 ArrayList 相比，随机提取元素时存在数百倍的差距。除继承 AbstractList 抽象类外，LinkedList 还实现了另一个接口 Deque，即 double-ended queue。这个接口同时具有队列和栈的性质。LinkedList 包含 3 个重要的成员：size、first、last。size 是双向链表中节点的个数。first 和 last 分别指向第一个和最后一个节点的引用。LinkedList 的优点在于可以将零散的内存单元通过附加引用的方式关联起来，形成按链路顺序查找的线性结构，内存利用率较高。

6.2.2 Queue 集合

Queue（队列）是一种先进先出的数据结构，队列是一种特殊的线性表，它只允许在表的一端进行获取操作，在表的另一端进行插入操作。当队列中没有元素时，称为空队列。自从 BlockingQueue（阻塞队列）问世以来，队列的地位得到极大的提升，在各种高并发编程场景中，由于其本身 FIFO 的特性和阻塞操作的特点，经常被作为 Buffer（数据缓冲区）使用。

6.2.3 Map 集合

Map 集合是以 Key-Value 键值对作为存储元素实现的哈希结构，Key 按某种哈希函数计算后是唯一的，Value 则是可以重复的。Map 类提供三种 Collection 视图，在集合框架图中，Map 指向 Collection 的箭头仅表示两个类之间的依赖关系。可以使用 keySet() 查看所有的 Key，使用 values() 查看所有的 Value，使用 entrySet() 查看所有的键值对。最早用于存储键值对的 Hashtable 因为性能瓶颈已经被淘汰，而如今广泛使用的 HashMap，线程是不安全的。ConcurrentHashMap 是线程安全的，在 JDK8 中进行了锁的大幅度优化，体现出不错的性能。在多线程并发场景中，优先推荐使用 ConcurrentHashMap，而不是 HashMap。TreeMap 是 Key 有序的 Map 类集合。

6.2.4 Set 集合

Set 是不允许出现重复元素的集合类型。Set 体系最常用的是 HashSet、TreeSet 和 LinkedHashSet 三个集合类。HashSet 从源码分析是使用 HashMap 来实现的，只是 Value 固定为一个静态对象，使用 Key 保证集合元素的唯一性，但它不保证集合元素的顺序。TreeSet 也是如此，从源码分析是使用 TreeMap 来实现的，底层为树结构，在添加新元素到集合中时，按照某种比较规则将其插入合适的位置，保证插入后的集合仍然是有序的。LinkedHashSet 继承自 HashSet，具有 HashSet 的优点，内部使用链表维护了元素插入顺序。

6.3 集合初始化

集合初始化通常进行分配容量、设置特定参数等相关工作。我们以使用频率较高的 ArrayList 和 HashMap 为例，简要说明初始化的相关工作，并解释为什么在任何情况下，都需要显式地设定集合容量的初始大小。ArrayList 是存储单个元素的顺序表结构，HashMap 是存储 KV 键值对的哈希式结构。分析两者的初始化相关源码，洞悉它们的容量分配、参数设定等相关逻辑，有助于更好地了解集合特性，提升代码质量。下面先从 ArrayList 源码说起：

```java
public class ArrayList<E> extends AbstractList<E>
        implements List<E>, RandomAccess, Cloneable,
        java.io.Serializable {
    private static final int DEFAULT_CAPACITY = 10;
    // 空表的表示方法
    private static final Object[] EMPTY_ELEMENTDATA = {};
    transient Object[] elementData;
    private int size;

    public ArrayList(int initialCapacity) {
        if (initialCapacity > 0) {
            // 值大于 0 时，根据构造方法的参数值，忠实地创建一个多大的数组
            this.elementData = new Object[initialCapacity];
        } else if (initialCapacity == 0) {
            this.elementData = EMPTY_ELEMENTDATA;
        }
    }

    // 公开的 add 方法调用此内部私有方法
    private void add(E e, Object[] elementData, int s) {
        // 当前数组能否容纳 size+1 的元素，如果不够，则调用 grow 来扩容
        if (s == elementData.length)
            elementData = grow();
        elementData[s] = e;
        size = s + 1;
    }
```

```java
    private Object[] grow() {
        return grow(size + 1);
    }

    // 扩容的最小要求，必须容纳刚才的元素个数+1，注意，newCapacity()
    // 方法才是扩容的重点！
    private Object[] grow(int minCapacity) {
        return elementData = Arrays.copyOf(elementData,
            newCapacity(minCapacity));
    }

    private int newCapacity(int minCapacity) {
        // 防止扩容1.5倍之后，超过int的表示范围 （第1处）
        int oldCapacity = elementData.length;
        // JDK6之前扩容50%或50%-1，但是取ceil，而之后的版本取floor （第2处）
        int newCapacity = oldCapacity + (oldCapacity >> 1);
        if (newCapacity - minCapacity <= 0) {
            if (elementData == DEFAULTCAPACITY_EMPTY_ELEMENTDATA)
                // 无参数构造方法，会在此时分配默认为10的容量
                return Math.max(DEFAULT_CAPACITY, minCapacity);
            if (minCapacity < 0)
                throw new OutOfMemoryError();
            return minCapacity;
        }
        return (newCapacity - MAX_ARRAY_SIZE <= 0)
            ? newCapacity
            : hugeCapacity(minCapacity);
    }
}
```

第1处说明：正数带符号右移的值肯定是正值，所以 oldCapacity+(oldCapacity>>1) 的结果可能超过 int 可以表示的最大值，反而有可能比参数的 minCapacity 更小，则返回值为 (size+1) 的 minCapacity。

第2处说明：如果原始容量是13，当新添加一个元素时，依据程序中的计算方法，得出13的二进制数为1101，随后右移1位操作后得到二进制数110，即十进制数6。最终扩容的大小计算结果为 oldCapacitiy + (oldCapacity>>1) = 13 + 6 = 19。使用位运算主要是基于计算效率的考虑。在 JDK7 之前的公式，扩容计算方式和结果为 oldCapacitiy × 3 ÷ 2 + 1 = 13 × 3 ÷ 2 + 1 = 20。

当 ArrayList 使用无参构造时，默认大小为 10，也就是说在第一次 add 的时候，分配为 10 的容量，后续的每次扩容都会调用 Array.copyOf 方法，创建新数组再复

制。可以想象，假如需要将 1000 个元素放置在 ArrayList 中，采用默认构造方法，则需要被动扩容 13 次才可以完成存储。反之，如果在初始化时便指定了容量 new ArrayList(1000)，那么在初始化 ArrayList 对象的时候就直接分配 1000 个存储空间，从而避免被动扩容和数组复制的额外开销。最后，进一步设想，如果这个值达到更大量级，却没有注意初始的容量分配问题，那么无形中造成的性能损耗是非常大的，甚至导致 OOM 的风险。

再来看一下 HashMap，如果它需要放置 1000 个元素，同样没有设置初始容量大小，随着元素的不断增加，则需要被动扩容 7 次才可以完成存储。扩容时需要重建 hash 表，非常影响性能。在 HashMap 中有两个比较重要的参数：Capacity 和 Load Factor，其中 Capacity 决定了存储容量的大小，默认为 16；而 Load Factor 决定了填充比例，一般使用默认的 0.75。基于这两个参数的乘积，HashMap 内部用 threshold 变量表示 HashMap 中能放入的元素个数。HashMap 容量并不会在 new 的时候分配，而是在第一次 put 的时候完成创建的，源码如下：

```
public V put(K key, V value) {
    if (table == EMPTY_TABLE) {
        inflateTable(threshold);
    }
    //...省略代码
}

// 第一次 put 时，调用如下方法，初始化 table
private void inflateTable(int toSize) {
    // 找到大于参数值且最接近 2 的幂值，假如输入参数是 27，则返回 32
    int capacity = roundUpToPowerOf2(toSize);
    // threshold 在不超过限制最大值的前提下等于 capacity * loadFactor
    threshold = (int) Math.min(capacity * loadFactor, MAXIMUM_CAPACITY + 1);
    table = new Entry[capacity];
    initHashSeedAsNeeded(capacity);
}
```

为了提高运算速度，设定 HashMap 容量大小为 2^n，这样的方式使计算落槽位置更快。如果初始化 HashMap 的时候通过构造器指定了 initialCapacity，则会先计算出比 initialCapacity 大的 2 的幂存入 threshold，在第一次 put 时会按照这个 2 的幂初始化数组大小，此后每次扩容都是增加 2 倍。如果没有指定初始值，$\log_2 1000 = 9.96$，结合源码分析可知，如果想要容纳 1000 个元素，必须经过 7 次扩容。HashMap 的扩容还是有不小的成本的，如果提前能够预估出 HashMap 内要放置的元素数量，就可以在初始化时合理设置容量大小，避免不断扩容带来的性能损耗。

综上所述，集合初始化时，指定集合初始值大小。如果暂时无法确定集合大小，那么指定相应的默认值，这也要求我们记得各种集合的默认值大小，ArrayList 大小为 10，而 HashMap 默认值为 16。牢记每种数据结构的默认值和初始化逻辑，也是开发工程师基本素质的体现。

6.4 数组与集合

数组是一种顺序表，在各种高级语言中，它是组织和处理数据的一种常见方式，我们可以使用索引下标进行快速定位并获取指定位置的元素。数组的下标从 0 开始，但这并不符合生活常识，这源于 BCPL 语言，它将指针设置在 0 的位置，用数组下标作为直接偏移量进行计算。为什么下标不从 1 开始呢？如果是这样，计算偏移量就要使用当前下标减 1 的操作。加减法运算对 CPU 来说是一种双数运算，在数组下标使用频率极高的场景下，这种运算是十分耗时的。在 Java 体系中，数组用以存储同一类型的对象，一旦分配内存后则无法扩容。提倡类型与中括号紧挨相连来定义数组，因为在 Java 的世界里，万物皆为对象。String[] 用来指代 String 数组对象，示例代码如下：

```java
String[] args = {"a", "b"};
// 数组引用赋值给 Object
Object obj = args;
// 使用类名 String[] 进行强制转化，并成功赋值，args[0] 的值由 a 变为 object
((String[]) obj)[0] = "object";
```

声明数组和赋值的方式示例代码如下：

```java
// 初始化完成，容量的大小即等于大括号内元素的个数，使用频率并不高
String[] args3 = {"a", "b"};
String[] args4 = new String[2];
args4[0] = "a";
args4[1] = "b";
```

上述源码中的 args3 是静态初始化，而 args4 是动态初始化。无论静态初始化还是动态初始化，数组是固定容量大小的。注意在数组动态初始化时，出现了 new，这意味着需要在 new String[] 的方括号内填写一个整数。如果写的是负数，并不会编译

出错，但运行时会抛出异常：NegativeArraySizeException。对于动态大小的数组，集合提供了 Vector 和 ArrayList 两个类，前者是线程安全，性能较差，基本弃用，而后者是线程不安全，它是使用频率最高的集合之一。

数组的遍历优先推荐 JDK5 引进的 foreach 方式，即 for(元素 : 数组名) 的方式，可以在不使用下标的情况下遍历数组。如果需要使用数组下标，则使用 for (int i = 0; i < array.length; i ++) 的方式，注意 length 是数组对象的一个属性，而不是方法（注：String 类是使用 length() 方法来获取字符串长度的）。也可以使用 JDK8 的函数式接口进行遍历：

```
Arrays.asList(args3).stream().forEach(x -> System.out.println(x));
Arrays.asList(args3).stream().forEach(System.out::println);
```

Arrays 是针对数组对象进行操作的工具类，包括数组的排序、查找、对比、拷贝等操作。尤其是排序，在多个 JDK 版本中在不断地进化，比如原来的归并排序改成 Timsort，明显地改善了集合的排序性能。另外，通过这个工具类也可以把数组转成集合。

数组与集合都是用来存储对象的容器，前者性质单一，方便易用；后者类型安全，功能强大，且两者之间必然有互相转换的方式。毕竟它们的性格迥异，在转换过程中，如果不注意转换背后的实现方式，很容易产生意料之外的问题。转换分成两种情况：数组转集合和集合转数组。在数组转集合的过程中，注意是否使用了视图方式直接返回数组中的数据。我们以 Arrays.asList() 为例，它把数组转换成集合时，不能使用其修改集合相关的方法，它的 add/remove/clear 方法会抛出 UnsupportedOperationException 异常。示例源码如下：

```java
public class ArraysAsList {
    public static void main(String[] args) {
        String[] stringArray = new String[3];
        stringArray[0] = "one";
        stringArray[1] = "two";
        stringArray[2] = "three";

        List<String> stringList = Arrays.asList(stringArray);
        // 修改转换后的集合，成功地把第一个元素 "one" 改成 "oneList"
        stringList.set(0, "oneList");
        // 运行结果是 oneList，数组的值随之改变
        System.out.println(stringArray[0]);

        // 这是重点：以下三行编译正确，但都会抛出运行时异常
        stringList.add("four");
```

```
        stringList.remove(2);
        stringList.clear();
    }
}
```

事实证明，可以通过 set() 方法修改元素的值，原有数组相应位置的值同时也会被修改，但是不能进行修改元素个数的任何操作，否则均会抛出 UnsupportedOperationException 异常。Arrays.asList 体现的是适配器模式，后台的数据仍是原有数组，set() 方法即间接对数组进行值的修改操作。asList 的返回对象是一个 Arrays 的内部类，它并没有实现集合个数的相关修改方法，这也正是抛出异常的原因。Arrays.asList 的源码如下：

```
public static <T> List<T> asList(T... a) {
    return new ArrayList<>(a);
}
```

返回的明明是 ArrayList 对象，怎么就不可以随心所欲地对此集合进行修改呢？注意此 ArrayList 非彼 ArrayList，虽然 Arrays 与 ArrayList 同属于一个包，但是在 Arrays 类中还定义了一个 ArrayList 的内部类（或许命名为 InnerArrayList 更容易识别），根据作用域就近原则，此处的 ArrayList 是李鬼，即这是个内部类。此李鬼十分简单，只提供了个别方法的实现，如下所示：

```
private static class ArrayList<E> extends AbstractList<E>
    implements RandomAccess, java.io.Serializable {
    // final 修饰不准修改其引用 （第1处）
    private final E[] a;

    // 直接把数组引用赋值给 a，而 Objects 是 JDK7 引入的工具包
    // requireNonNull 仅仅判断是否为 null
    ArrayList(E[] array) {
        a = Objects.requireNonNull(array);
    }

    // 实现了修改特定位置元素的方法
    public E set(int index, E element) {
        E oldValue = a[index];
        a[index] = element;
        // 注意 set 成功返回的是此位置上的旧值
        return oldValue;
    }
}
```

第 1 处的 final 引用，用于存储集合的数组引用始终被强制指向原有数组。这个内部类并没有实现任何修改集合元素个数的相关方法，那这个 UnsupportedOperationException 异常是从哪里抛出来的呢？是李鬼的父类 AbstractList：

```
public abstract class AbstractList<E> extends AbstractCollection<E>
    implements List<E> {
    public void add(int index, E element) {
        throw new UnsupportedOperationException();
    }

    public E remove(int index) {
        throw new UnsupportedOperationException();
    }

    // clear() 方法调用 remove 方法，依然抛出异常
    public void clear() {
        removeRange(0, size());
    }
}
```

如果李鬼 Arrays.ArrayList 内部类覆写这些方法不抛出异常，避免使用者踩进这个坑会不会更好？数组具有不为五斗米折腰的气节，传递的信息是"要么直接用我，要么小心异常！"数组转集合引发的故障还是十分常见的。比如，某业务调用某接口时，对方以这样的方式返回一个 List 类型的集合对象，本方获取集合数据时，99.9% 是只读操作，但在小概率情况下需要增加一个元素，从而引发故障。在使用数组转集合时，需要使用李逵 java.util.ArrayList 直接创建一个新集合，参数就是 Arrays.asList 返回的不可变集合，源码如下：

```
List<Object> objectList = new java.util.ArrayList<Object>
    (Arrays.asList( 数组 ));
```

相对于数组转集合来说，集合转数组更加可控，毕竟是从相对自由的集合容器转为更加苛刻的数组。什么情况下集合需要转成数组呢？适配别人的数组接口，或者进行局部方法计算等。先看一个源码，猜猜执行结果：

```
public class ListToArray {
    public static void main(String[] args) {
        List<String> list = new ArrayList<String>(3);
        list.add("one");
        list.add("two");
```

```java
        list.add("three");

        // 泛型丢失，无法使用String[]接收无参方法返回的结果  （第1处）
        Object[] array1 = list.toArray();

        // array2数组长度小于元素个数    （第2处）
        String[] array2 = new String[2];
        list.toArray(array2);
        System.out.println(Arrays.asList(array2));

        // array3数组长度等于元素个数   （第3处）
        String[] array3 = new String[3];
        list.toArray(array3);
        System.out.println(Arrays.asList(array3));
    }
}
```

执行结果如下：

```
[null, null]
[one, two, three]
```

第1处比较容易理解，不要用toArray()无参方法把集合转换成数组，这样会导致泛型丢失；在第2处执行成功后，输出却为null；第3处正常执行，成功地把集合数据复制到array3数组中。第2处与第3处的区别在于即将复制进去的数组容量是否足够。如果容量不够，则弃用此数组，另起炉灶，关于此方法的源码如下：

```java
// 注意入参数组的length大小是重中之重，如果大于或等于集合的大小
// 则集合中的数据复制进入数组即可，如果空间不够，入参数组a就会被无视
// 重新分配一个空间，复制完成后返回一个新的数组引用
public <t> T[] toArray(T[] a) {
    if (a.length < size) {
        // 如果数组长度小于集合size，那么执行此语句，直接return （第1处）
        return (T[]) Arrays.copyOf(elementData, size, a.getClass());
    }

    // 如果容量足够，则直接复制 （第2处）
    System.arraycopy(elementData, 0, a, 0, size);
    if (a.length > size) {
        a[size] = null;
    }

    // 只有在数组容量足够的情况下，才返回传入参数
    return a;
}
```

第 6 章　数据结构与集合

第 1 处和第 2 处均复制 java.util.ArrayList 的 elementData 到数组中，这个 elementData 是 ArrayList 集合对象中真正用于存储数据的数组，它的定义为：`transient Object[] elementData;`。

这个存储 ArrayList 真正数据的数组由 transient 修饰，表示此字段在类的序列化时将被忽略。因为集合序列化时系统会调用 writeObject 写入流中，在网络客户端反序列化的 readObject 时，会重新赋值到新对象的 elementData 中。为什么多此一举？因为 elementData 容量经常会大于实际存储元素的数量，所以只需发送真正有实际值的数组元素即可。回到刚才的场景，当入参数组容量小于集合大小时，使用 Arrays.copyOf() 方法，它的源码如下：

```java
public static <t> T[] copyOf(U[] original, int newLength, Class<? extends T[]> newType) {
    // 新创建一个数组 copy
    T[] copy = ((Object)newType == (Object)Object[].class)
        ? (T[]) new Object[newLength]
        : (T[]) Array.newInstance(newType.getComponentType(), newLength);
    System.arraycopy(original, 0, copy, 0,
        Math.min(original.length, newLength));
    return copy;
}
```

我们用示例代码模拟可能出现的三种情况，分别为入参数组容量不够时、入参数组容量刚好时，以及入参数组容量超过集合大小时，并记录其执行时间：

```java
public class ToArraySpeedTest {
    private static final int COUNT= 100 * 100 * 100;

    public static void main(String[] args) {
        List<Double> list = new ArrayList<>(COUNT);
        // 构造一个 100 万个元素的测试集合
        for (int i = 0; i < COUNT; i++) {
            list.add(i * 1.0);
        }

        long start = System.nanoTime();

        Double[] notEnoughArray = new Double[COUNT- 1];
        list.toArray(notEnoughArray);

        long middle1 = System.nanoTime();

        Double[] equalArray = new Double[COUNT];
```

```
        list.toArray(equalArray);

        long middle2 = System.nanoTime();

        Double[] doubleArray = new Double[COUNT * 2];
        list.toArray(doubleArray);
        long end = System.nanoTime();

        long notEnoughArrayTime = middle1 - start;
        long equalArrayTime = middle2 - middle1;
        long doubleArrayTime = end - middle2;

        System.out.println("数组容量小于集合大小: notEnoughArrayTime: "
            + notEnoughArrayTime / (1000.0 * 1000.0) + " ms");
        System.out.println("数组容量等于集合大小: equalArrayTime: "
            + equalArrayTime / (1000.0 * 1000.0) + " ms");
        System.out.println("数组容量是集合的两倍: doubleArrayTime: "
            + doubleArrayTime / (1000.0 * 1000.0) + " ms");
    }
}
```

执行结果如下：

```
数组长度小于集合大小: notEnoughArrayTime: 12.317152 ms
数组长度等于集合大小: equalArrayTime: 9.327377 ms
数组长度是集合的两倍: doubleArrayTime: 13.547622 ms
```

具体的执行时间，由于 CPU 资源占用的随机性，会有一定差异。多次运行结果显示，当数组容量等于集合大小时，运行总是最快的，空间消耗也是最少的。由此证明，如果数组初始大小设置不当，不仅会降低性能，还会浪费空间。使用集合的 toArray(T[] array) 方法，转换为数组时，注意需要传入类型完全一样的数组，并且它的容量大小为 list.size()。

6.5　集合与泛型

泛型与集合的联合使用，可以把泛型的功能发挥到极致，很多程序员不清楚 List、List<Object>、List<?> 三者的区别，更加不能区分 <? extends T> 与 <? super T> 的使用场景。List 完全没有类型限制和赋值限定，如果天马行空地乱用，迟早会遭遇类型转换失败的异常。很多程序员觉得 List<Object> 的用法完全等同于 List，但在接受其他泛型赋值时会编译出错。List<?> 是一个泛型，在没有赋值之前，表示它可以接受任何类型的集合赋值，赋值之后就不能随便往里添加元素了。下方的例子很好地说明了三者的区别，以 List 为原型展开说明：

```java
public class ListNoGeneric {
    public static void main(String[] args) {

        // 第一段：泛型出现之前的集合定义方式
        List a1 = new ArrayList();
        a1.add(new Object());
        a1.add(new Integer(111));
        a1.add(new String("hello a1a1"));

        // 第二段：把a1引用赋值给a2，注意a2与a1的区别是增加了泛型限制 <Object>
        List<Object> a2 = a1;
        a2.add(new Object());
        a2.add(new Integer(222));
        a2.add(new String("hello a2a2"));

        // 第三段：把a1引用赋值给a3，注意a3与a1的区别是增加了泛型 <Integer>
        List<Integer> a3 = a1;
        a3.add(new Integer(333));
        // 下方两行编译出错，不允许增加非 Integer 类型进入集合
        a3.add(new Object());
        a3.add(new String("hello a3a3"));

        // 第四段：把a1引用赋值给a4，a1与a4的区别是增加了通配符
        List<?> a4 = a1;
        // 允许删除和清除元素
        a1.remove(0);
        a4.clear();
        // 编译出错。不允许增加任何元素
        a4.add(new Object());
    }
}
```

第一段说明：在定义 List 之后，毫不犹豫地往集合里装入三种不同的对象：Object、Integer 和 String，遍历没有问题，但是贸然以为里边的元素都是 Integer，使用强制转化，则抛出 ClassCastException 异常。

第二段说明：把 a1 赋值给 a2，a2 是 List<Object> 类型的，也可以再往里装入三种不同的对象。很多程序员认为 List 和 List<Object> 是完全相同的，至少从目前这两段来看是这样的。

第三段说明：由于泛型在 JDK5 之后才出现，考虑到向前兼容，因此历史代码有时需要赋值给新泛型代码，从编译器角度是允许的。这种代码似乎有点反人类，在实际故障案例中经常出现，来看一段问题代码。

```
JSONObject jsonObject = JSONObject.fromObject("{\"level\":[\"3\"]}");
List<Integer> intList = new ArrayList<Integer>(10);

if (jsonObject != null) {
    intList.addAll(jsonObject.getJSONArray("level"));
    int amount = 0;
    for (Integer t : intList) {
        // 抛出 ClassCastException 异常: String cannot be cast to Integer
        if (condition) {
            amount = amount + t;
        }
    }
}
```

addAll 的定义如下：

```
public boolean addAll(Collection<? extends E> c) {...}
```

进行了泛型限制，示例中 addAll 的实际参数是 getJSONArray 返回的 JSONArray 对象，它并非是 List，更加不是 Integer 集合的子类，为何编译不报错？查看 JSONArray 的定义：

```
public final class JSONArray extends AbstractJSON implements JSON, List {}
```

JSONArray 实现了 List，是非泛型集合，可以赋值给任何泛型限制的集合。编译可以通过，但在运行时报错，这是一个隐藏得比较深的 Bug，最终导致发生线上故障。在 JDK5 之后，应尽量使用泛型定义，以及使用类、集合、参数等。

如果把 a1 的定义从 List a1 修改为 List<Object> a1，那么第三段就会编译出错。List<Object> 赋值给 List<Integer> 是不允许的，若是反过来赋值：

```
List<Integer> intList = new ArrayList<Integer>(3);
intList.add(111);
List<Object> objectList = intList;
```

事实上，依然会编译出错，提示如下：

Error:(10, 26) java: incompatible types: java.util.List<java.lang.Integer> cannot be converted to java.util.List<java.lang.Object>

注意，数组可以这样赋值，因为它是协变的，而集合不是。

第四段说明：问号在正则表达式中可以匹配任何字符，List<?> 称为通配符集合。它可以接受任何类型的集合引用赋值，不能添加任何元素，但可以 remove 和 clear，并非 immutable 集合。List<?> 一般作为参数来接收外部的集合，或者返回一个不知道具体元素类型的集合。

List<T> 最大的问题是只能放置一种类型，如果随意转换类型的话，就是"破窗理论"，泛型就失去了类型安全的意义。如果需要放置多种受泛型约束的类型呢？JDK 的开发者顺应了民意，实现了 <? extends T> 与 <? super T> 两种语法，但是两者的区别非常微妙。简单来说，<? extends T> 是 Get First，适用于，消费集合元素为主的场景；<? super T> 是 Put First，适用于，生产集合元素为主的场景。

<? extends T> 可以赋值给任何 T 及 T 子类的集合，上界为 T，取出来的类型带有泛型限制，向上强制转型为 T。null 可以表示任何类型，所以除 null 外，任何元素都不得添加进 <? extends T> 集合内。

<? super T> 可以赋值给任何 T 及 T 的父类集合，下界为 T。在生活中，投票选举类似于 <? super T> 的操作。选举代表时，你只能往里投选票，取数据时，根本不知道是谁的票，相当于泛型丢失。有人说，这只是一种生活场景，在系统设计中，很难有这样的情形。再举例说明一下，我们在填写对主管的年度评价时，提交后若想再次访问之前的链接修改评价，就会被告之："您已经完成对主管的年度反馈，谢谢参与。"extends 的场景是 put 功能受限，而 super 的场景是 get 功能受限。

下例中，以加菲猫、猫、动物为例，说明 extends 和 super 的详细语法差异：

```java
// 用动物的猫科与加菲猫的继承关系说明 extends 与 super 在集合中的意义
public class AnimalCatGarfield {
    public static void main(String[] args) {

        // 第1段：声明三个依次继承的类的集合：Object> 动物 > 猫 > 加菲猫
        List<Animal> animal = new ArrayList<Animal>();
        List<Cat> cat = new ArrayList<Cat>();
        List<Garfield> garfield = new ArrayList<Garfield>();

        animal.add(new Animal());
        cat.add(new Cat());
        garfield.add(new Garfield());

        // 第2段：测试赋值操作
        // 下行编译出错，只能赋值 Cat 或 Cat 子类的集合
        List<? extends Cat> extendsCatFromAnimal = animal;
```

```java
        List<? super Cat> superCatFromAnimal = animal;

        List<? extends Cat> extendsCatFromCat = cat;
        List<? super Cat> superCatFromCat = cat;

        List<? extends Cat> extendsCatFromGarfield = garfield;
        // 下行编译出错。只能赋值 Cat 或 Cat 父类的集合
        List<? super Cat> superCatFromGarfield = garfield;

        // 第 3 段: 测试 add 方法
        // 下面三行中所有的 <? extends T> 都无法进行 add 操作，编译均出错
        extendsCatFromCat.add(new Animal());
        extendsCatFromCat.add(new Cat());
        extendsCatFromCat.add(new Garfield());

        // 下行编译出错。只能添加 Cat 或 Cat 子类的集合
        superCatFromCat.add(new Animal());
        superCatFromCat.add(new Cat());
        superCatFromCat.add(new Garfield());

        // 第 4 段: 测试 get 方法
        // 所有的 super 操作能够返回元素，但是泛型丢失，只能返回 Object 对象

        // 以下 extends 操作能够返回元素
        Object catExtends2 = extendsCatFromCat.get(0);
        Cat catExtends1 = extendsCatFromCat.get(0);
        // 下行编译出错。虽然 Cat 集合从 Garfield 赋值而来，但类型擦除后，是不知道的
        Garfield garfield1 = extendsCatFromGarfield.get(0);

    }
}
```

第 1 段，声明三个泛型集合，可以理解为三个不同的笼子，List<Animal> 住的是动物（反正就是动物世界里的动物），List<Cat> 住的是猫（反正就是猫科动物），List<Garfield> 住的是加菲猫（又懒又可爱的一种猫）。Garfield 继承于 Cat，而 Cat 继承自 Animal。

第 2 段，以 Cat 类为核心，因为它有父类也有子类。定义类型限定集合，分别为 List<? extends Cat> 和 List<? super Cat>。在理解这两个概念时，暂时不要引入上界和下界，专注于代码本身就好。把 List<Cat> 对象赋值给两者都是可以的。但是把 List<Animal> 赋值给 List<? extends Cat> 时会编译出错，因为能赋值给 <? extends Cat> 的类型，只有 Cat 自己和它的子类集合。尽管它是类型安全的，但依然有泛型

信息，因而从笼子里取出来的必然是只猫，而 List<Animal> 里边有可能住着毒蛇、鳄鱼、蝙蝠等其他动物。

把 List<Garfield> 赋值给 List<? super Cat> 时，也会编译报错。因为能赋值给 <? super Cat> 的类型，只有 Cat 自己和它的父类。

第 3 段，所有的 List<? extends T> 都会编译出错，无法进行 add 操作，这是因为除 null 外，任何元素都不能被添加进 <? extends T> 集合内。List<? super Cat> 可以往里增加元素，但只能添加 Cat 自身及子类对象，假如放入一块石头，则明显违背了 Animal 大类的性质。

第 4 段，所有 List<? super T> 集合可以执行 get 操作，虽然能够返回元素，但是类型丢失，即只能返回 Object 对象。List<? extends Cat> 可以返回带类型的元素，但只能返回 Cat 自身及其父类对象，因为子类类型被擦除了。

对于一个笼子，如果只是不断地向外取动物而不向里放的话，则属于 Get First，应采用 <? extends T>；相反，如果经常向里放动物的话，则应采用 <? super T>，属于 Put First。

6.6 元素的比较

6.6.1 Comparable 和 Comparator

Java 中两个对象相比较的方法通常用在元素排序中，常用的两个接口分别是 Comparable 和 Comparator，前者是自己和自己比，可以看作是自营性质的比较器；后者是第三方比较器，可以看作是平台性质的比较器。从词根上分析，Comparable 以 -able 结尾，表示它有自身具备某种能力的性质，表明 Comparable 对象本身是可以与同类型进行比较的，它的比较方法是 compareTo；而 Comparator 以 -or 结尾，表示自身是比较器的实践者，它的比较方法是 compare。

我们经常说的自然排序其实是以人类对常识认知的升序排序，比如数字的 1、2、3，字母的 a、b、c 等。我们熟知的 Integer 和 String 实现的就是 Comparable 的自然排序。而我们在使用某个自定义对象时，可能需要按照自己定义的方式排序，比如在搜索列表对象 SearchResult 中进行大小比较时，先根据相关度排序，然后再根据浏览数排序，实现这样的自定义 Comparable 的示例代码如下：

```
public class SearchResult implements Comparable<SearchResult> {
```

```java
    int relativeRatio;
    long count;
    int recentOrders;

    public SearchResult(int relativeRatio, long count) {
        this.relativeRatio = relativeRatio;
        this.count = count;
    }

    @Override
    public int compareTo(SearchResult o) {
        // 先比较相关度
        if (this.relativeRatio != o.relativeRatio) {
            return this.relativeRatio > o.relativeRatio ? 1 : -1;
        }
        // 相关度相等时再比较浏览数
        if (this.count != o.count) {
            return this.count > o.count ? 1 : -1;
        }
        return 0;
    }

    public void setRecentOrders(int recentOrders) {
        this.recentOrders = recentOrders;
    }
}
```

实现 Comparable 时，可以加上泛型限定，在编译阶段即可发现传入的参数非 SearchResult 对象，不需要在运行期进行类型检查和强制转换。如果这个排序的规则不符合业务方的要求，那么就需要修改这个类的比较方法 compareTo，然而我们都知道开闭原则，即最好不要对自己已经交付的类进行修改。另外，如果另一个业务方也在使用这个比较方法呢？甚至再极端一点，这个 SearchResult 是他人提供的类，我们可能连源码都没有。所以，我们其实需要在外部定义比较器，即 Comparator。

正因为 Comparator 的出现，业务方可以根据需要修改排序规则。如在上面的示例代码中，如果业务方需要在搜索时将最近订单数（recentOrders）的权重调整到相关度与浏览数之间，则使用 Comparator 实现的比较器如下所示：

```java
public class SearchResultComparator implements Comparator<SearchResult> {
    @Override
    public int compare(SearchResult o1, SearchResult o2) {
        // 相关度是第一排序准则，更高者排前（避免if-else嵌套过多使用卫语句来实现）
```

```
        if (o1.relativeRatio != o2.relativeRatio) {
            return o1.relativeRatio > o2.relativeRatio ? 1 : -1;
        }

        // 如果相关度一样，则最近订单数多者排前
        if (o1.recentOrders != o2.recentOrders) {
            return o1.recentOrders > o2.recentOrders ? 1 : -1;
        }

        // 如果相关度和最近订单数都一样，则浏览数多者排前
        if (o1.count != o2.count) {
            return o1.count > o2.count ? 1 : -1;
        }

        return 0;
    }
}
```

在 JDK 中，Comparator 最典型的应用是在 Arrays.sort 中作为比较器参数进行排序：

```
public static <t> void sort(T[] a, Comparator<? super T> c) {
    if (c == null) {
        sort(a);
    } else {
        if (LegacyMergeSort.userRequested)
            legacyMergeSort(a, c);
        else
            TimSort.sort(a, 0, a.length, c, null, 0, 0);      （第1处）
    }
}
```

红色的 <? super T> 语法为下限通配，也就是将泛型类型参数限制为 T 或 T 的某个父类，直到 Object。该语法只能用在形参中来限定实参调用。如果本例中不加限定，假定 sort 对象是 Integer，那么传入 String 时就会编译报错，就是充分利用了多态的向下转型的功能。

约定俗成，不管是 Comparable 还是 Comparator，小于的情况返回 -1，等于的情况返回 0，大于的情况返回 1。当然，很多代码里只是判断是否大于或小于 0，如在集合中使用比较器进行排序时，直接使用正负来判断比较的结果：

```
result = comparator.compare(key, t.key);
if (result < 0)
    t = t.left;
else if (result > 0)
```

```
    t = t.right;
else
    return t;
```

我们再回到之前 sort() 方法中的 TimSort 算法,是归并排序(Merge Sort)与插入排序(Insertion Sort)优化后的排序算法。

首先回顾一下归并排序的原理。长度为 1 的数组是排序好的,有 n 个元素的集合可以看成是 n 个长度为 1 的有序子集合;对有序子集合进行两两归并,并保证结果子集合有序,最后得到 $n/2$ 个长度为 2 的有序子集合;重复上一步骤直到所有元素归并成一个长度为 n 的有序集合。在此排序过程中,主要工作都在归并处理中,如何使归并过程更快,或者如何减少归并次数,成为优化归并排序的重点。

再回顾插入排序工作的工作原理:长度为 1 的数组是有序的,当有了 k 个已排序的元素,将第 $k+1$ 个元素插入已有的 k 个元素中合适的位置,就会得到一个长度为 $k+1$ 已排序的数组。假设有 n 个元素且已经升序排列的数组,并且在数组尾端有第 $n+1$ 个元素的位置,此时如果想要添加一个新的元素并保持数组有序,根据插入排序,可以将新元素放到第 $n+1$ 个位置上,然后从后向前两两比较,如果新值较小则交换位置,直到新元素到达正确的位置。

2002 年 Tim Peters 结合归并排序和插入排序的优点,实现了 TimSort 排序算法。该算法避免了归并排序和插入排序的缺点,相对传统归并排序,减少了归并次数,相对插入排序,引入了二分排序概念,提升了排序效率。TimSort 算法对于已经部分排序的数组,时间复杂度最优可达 $O(n)$;对于随机排序的数组,时间复杂度为 $O(n\log n)$,平均时间复杂度为 $O(n\log n)$。因此 Java 在 JDK7 中使用 TimSort 算法取代了原来的归并排序。它有两个主要优化:

(1)归并排序的分段不再从单个元素开始,而是每次先查找当前最大的排序好的数组片段 run,然后对 run 进行扩展并利用二分排序,之后将该 run 与其他已经排序好的 run 进行归并,产生排序好的大 run。

(2)引入二分排序,即 binarySort。二分排序是对插入排序的优化,在插入排序中不再是从后向前逐个元素对比,而是引入了二分查找的思想,将一次查找新元素合适位置的时间复杂度由 $O(n)$ 降低到 $O(\log n)$。

6.6.2　hashCode 和 equals

hashCode 和 equals 用来标识对象，两个方法协同工作可用来判断两个对象是否相等。众所周知，根据生成的哈希将数据离散开来，可以使存取元素更快。对象通过调用 Object.hashCode() 生成哈希值；由于不可避免地会存在哈希值冲突的情况，因此当 hashCode 相同时，还需要再调用 equals 进行一次值的比较；但是，若 hashCode 不同，将直接判定 Objects 不同，跳过 equals，这加快了冲突处理效率。Object 类定义中对 hashCode 和 equals 要求如下：

（1）如果两个对象的 equals 的结果是相等的，则两个对象的 hashCode 的返回结果也必须是相同的。

（2）任何时候覆写 equals，都必须同时覆写 hashCode。

在 Map 和 Set 类集合中，用到这两个方法时，首先判断 hashCode 的值，如果 hash 相等，则再判断 equals 的结果，HashMap 的 get 判断代码如下：

```
if (e.hash == hash && ((k = e.key) == key || (key != null
    && key.equals(k))) )
    return (e = getNode(hash(key), key)) == null ? null : e.value;
```

if 条件表达式中的 e.hash==hash 是先决条件，只有相等才会执行阴影部分。如果不相等，则阴影部分后边的 equals 根本不会被执行。equals 不相等时并不强制要求 hashCode 也不相等，但是一个优秀的哈希算法应尽可能地让元素均匀分布，降低冲突概率，即在 equals 不相等时尽量使 hashCode 也不相等，这样 && 或 || 短路操作一旦生效，会极大地提高程序的执行效率。如果自定义对象作为 Map 的键，那么必须覆写 hashCode 和 equals。此外，因为 Set 存储的是不重复的对象，依据 hashCode 和 equals 进行判断，所以 Set 存储的自定义对象也必须覆写这两个方法。此时如果覆写了 equals，而没有覆写 hashCode，具体会有什么影响，让我们通过如下示例代码深入体会：

```java
public class EqualsObject {
    private int id;
    private String name;

    public EqualsObject(int id, String name) {
        this.id = id;
        this.name = name;
    }
```

```java
    @Override
    public boolean equals(Object obj) {
        // 如果为 null，或者并非同类，则直接返回 false  （第1处）
        if (obj == null || this.getClass() != obj.getClass()) {
            return false;
        }

        // 如果引用指向同一个对象，则返回 true
        if (this == obj) {
            return true;
        }
        // 需要强制转换来获取 EqualsObject 的方法
        EqualsObject temp = (EqualsObject)obj;
        // 本示例判断标准是两个属性值相等，逻辑随业务场景不同而不同
        if (temp.getId() == this.id && name.equals(temp.getName())) {
            return true;
        }
        return false;
    }

    // getter and setter...
}
```

第 1 处说明：首先判断两个对象的类型是否相同，如果不匹配，则直接返回 false。此处使用 getClass 的方式，就是严格限制了只有 EqualsObject 对象本身才可以执行 equals 操作。

这里并没有覆写 hashCode，那么把这个对象放置到 Set 集合中去：

```java
Set<EqualsObject> hashSet = new HashSet<>();
EqualsObject a = new EqualsObject(1, "one");
EqualsObject b = new EqualsObject(1, "one");
EqualsObject c = new EqualsObject(1, "one");

hashSet.add(a);
hashSet.add(b);
hashSet.add(c);
System.out.println(hashSet.size());
```

输出的结果是 3。虽然这些对象显而易见是相同的，但在 HashSet 操作中，应该只剩下一个，为什么结果是 3 呢？因为如果不覆写 hashCode()，即使 equals() 相等也毫无意义，Object.hashCode() 的实现是默认为每一个对象生成不同的 int 数值，它本身是 native 方法，一般与对象内存地址有关。下面查看 C++ 的源码实现：

第6章 数据结构与集合

```
VM_ENTRY(jint, JVM_IHashCode(JNIEnv* env, jobject handle))
  JVMWrapper("JVM_IHashCode");
  return handle == NULL ? 0 : ObjectSynchronizer::FastHashCode
      (THREAD, JNIHandles::resolve_non_null(handle)) ;
VM_END
```

ObjectSynchronizer 的核心代码如下，从代码分析角度也印证了 hashCode 就是根据对象的地址进行相关计算得到 int 类型数值的：

```
mark = monitor->header();
assert(mark->is_neutral(), "invariant");
hash = mark->hash();

intptr_t hash() const {
    return mask_bits(value() >> hash_shift, hash_mask);
}
```

因为 EqualsObject 没有覆写 hashCode，所以得到的是一个与对象地址相关的唯一值，回到刚才的 HashSet 集合上，如果想存储不重复的元素，那么需要在 EqualsObject 类中覆写 hashCode()：

```
@Override
public int hashCode() {
    return id + name.hashCode();
}
```

EqualsObject 的 name 属性是 String 类型，String 覆写了 hashCode()，所以可以直接调用。equals() 的实现方式与类的具体处理逻辑有关，但又各不相同，因而应尽量分析源码来确定其判断结果，比如下列代码：

```
public class ListEquals {
    public static void main(String[] args) {
        LinkedList<Integer> linkedList = new LinkedList<Integer>();
        linkedList.add(1);
        ArrayList<Integer> arrayList = new ArrayList<Integer>();
        arrayList.add(1);

        if (arrayList.equals(linkedList)) {
            System.out.println("equals is true");
        } else {
            System.out.println("equals is false");
        }
    }
}
```

两个不同的集合类，输出的结果是 equals is true。因为 ArrayList 的 equals() 只进行了是否为 List 子类的判断，接着调用了 equalsRange() 方法：

```java
boolean equalsRange(List<?> other, int from, int to) {
    final Object[] es = elementData;

    // 用 var 变量接收 linkedList 的遍历器（第 1 处）
    var oit = other.iterator();
    for (; from < to; from++) {

        // 如果 linkedList 没有元素，则 equals 结果直接为 false；
        // 如果 linkedList 有元素，则在对应下标进行值的比较（第 2 处）
        if (!oit.hasNext() || !Objects.equals(es[from], oit.next())) {
            return false;
        }
    }

    // 如果 arrayList 已经遍历完，而 linkedList 还有元素，则 equals 结果为 false
    return !oit.hasNext();
}
```

第 1 处说明：局部变量类型推断（Local Variable Type Inference）是 JDK10 引入的变量命名机制，一改 Java 是强类型语言的传统形象，这是 Java 致力于未来体积更小、面向生产效率的新语言特性，减少累赘的语法规则，当然这仅仅是一个语法糖，Java 仍然是一种静态语言。在初始化阶段，在处理 var 变量的时候，编译器会检测右侧代码的返回类型，并将其类型用于左侧，如下所示：

```java
var a = "string";
// 输出: class java.lang.String
System.out.println(a.getClass());
var b = Integer.valueOf(7);
// 输出: class java.lang.Integer
System.out.println(b.getClass());
// 编译出错。虽然是 var，但是依然存在类型限定
b = 3.0;
```

b 在第一次赋值时，类型推断为 Integer，所以在第二次赋值为 double 时编译出错。如果一个方法内频繁地使用 var，则会大大降低可读性，这是一个权衡，建议当用 var 定义变量时，尽量不要超过两个。

第 2 处说明：尽量避免通过实例对象引用来调用 equals 方法，否则容易抛出空指针异常。推荐使用 JDK7 引入的 Objects 的 equals 方法，源码如下，可以有效地防止在 equals 调用时产生 NPE 问题：

```java
public static boolean equals(Object a, Object b) {
    return (a == b) || (a != null && a.equals(b));
}
```

6.7 fail-fast 机制

fail-fast 机制是集合世界中比较常见的错误检测机制，通常出现在遍历集合元素的过程中。下面通过校园生活中的一个例子来体会 fail-fast 机制。

上课前，班长开始点名。刚点到一半，这时从教室外三三两两进来若干同学，同学们起哄：点错了！班长重新开始点名，点到中途，又出去几位同学，同学们又起哄说：点错了，班长又需要重新遍历，这就是 fail-fast 机制。它是一种对集合（班级）遍历操作时的错误检测机制，在遍历中途出现意料之外的修改时，通过 unchecked 异常暴力地反馈出来。这种机制经常出现在多线程环境下，当前线程会维护一个计数比较器，即 expectedModCount，记录已经修改的次数。在进入遍历前，会把实时修改次数 modCount 赋值给 expectedModCount，如果这两个数据不相等，则抛出异常。java.util 下的所有集合类都是 fail-fast，而 concurrent 包中的集合类都是 fail-safe。与 fail-fast 不同，fail-safe 对于刚才点名被频繁打断的情形，相当于班长直接拿出手机快速照相，然后根据照片点名，不再关心同学们的进进出出。

人的大脑习惯用单线程方式处理日常逻辑，思维在某个时间段或某个深度上具有方向性。多线程的运行逻辑并非自然思维。我们通过 ArrayList.subList() 方法进一步阐述 fail-fast 这种机制。在某种情况下，需要从一个主列表 master 中获取子列表 branch，master 集合元素个数的增加或删除，均会导致子列表的遍历、增加、删除，进而产生 fail-fast 异常。伪代码分析如下：

```java
public class SubListFailFast {
    public static void main(String[] args) {
        List masterList = new ArrayList();
        masterList.add("one");
        masterList.add("two");
        masterList.add("three");
        masterList.add("four");
        masterList.add("five");

        List branchList = masterList.subList(0,3);

        // 下方三行代码，如果不注释掉，则会导致 branchList 操作出现异常（第 1 处）
        masterList.remove(0);
```

```java
        masterList.add("ten");
        masterList.clear();

        // 下方四行全部能够正确执行
        branchList.clear();
        branchList.add("six");
        branchList.add("seven");
        branchList.remove(0);

        // 正常遍历结束，只有一个元素：seven
        for (Object t : branchList) {
            System.out.println(t);
        }

        // 子列表修改导致主列表也被改动，输出：[seven, four, five]
        System.out.println(masterList);
    }
}
```

第 1 处说明，如果不注释掉，masterList 的任何关于元素个数的修改操作都会导致 branchList 的"增删改查"抛出 ConcurrentModificationException 异常。在实际调研中，大部分程序员知道 subList 子列表无法序列化，也知道它的修改会导致主列表的修改，但是并不知道主列表元素个数的改动会让子列表如此敏感，频频抛出异常。在实际代码中，这样的故障案例属于常见的类型。subList 方法返回的是内部类 SubList 的对象，SubList 类是 ArrayList 的内部类，SubList 的定义如下，并没有实现序列化接口，无法网络传输：

```java
private static class SubList<E> extends AbstractList<E> implements RandomAccess {...}
```

在 foreach 遍历元素时，使用删除方式测试 fail-fast 机制，查看如下代码：

```java
public class ArrayListFailFast {
    public static void main(String[] args) {
        List<String> list = new ArrayList<String>();
        list.add("one");
        list.add("two");
        list.add("three");
        for (String s : list) {
            if ("two".equals(s)) {
                list.remove(s);
            }
        }
```

```
        System.out.println(list);
    }
}
```

编译正确,执行成功!输出 [one, three]。说好的 ConcurrentModificationException 异常呢?这只是一个巧合而已。在集合遍历时维护一个初始值为 0 的游标 cursor,从头到尾地进行扫描,当 cursor 等于 size 时,退出遍历。如图 6-2 所示,执行 remove 这个元素后,所有元素往前拷贝,size=size-1 即为 2,这时 cursor 也等于 2。在执行 hasNext() 时,结果为 false,退出循环体,并没有机会执行到 next() 的第一行代码 checkForComodification(),此方法用来判断 expectedModCount 和 modCount 是否相等,如果不相等,则抛出 ConcurrentModificationException 异常。

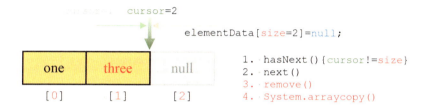

图 6-2　集合的 cursor 与 size

这个案例应引起对删除元素时的 **fail-fast** 的警觉。我们可以使用 Iterator 机制进行遍历时的删除,如果是多线程并发,还需要在 Iterator 遍历时加锁,如下源码:

```
Iterator<String> iterator = list.iterator();
while (iterator.hasNext()) {
    synchronized(对象) {
        String item = iterator.next();
        if (删除元素的条件) {
            iterator.remove();
        }
    }
}
```

或者使用并发容器 CopyOnWriteArrayList 代替 ArrayLis。顺便简单介绍一个 COW(奶牛)家族,即 Copy-On-Write。它是并发的一种新思路,实行读写分离,如果是写操作,则复制一个新集合,在新集合内添加或删除元素。待一切修改完成之后,再将原集合的引用指向新的集合。这样做的好处是可以高并发地对 COW 进行读和遍历操作,而不需要加锁,因为当前集合不会添加任何元素。使用 COW 时应注意两点:第一,尽量设置合理的容量初始值,它扩容的代价比较大;第二,使用批量添加或删除方法，如 addAll 或 removeAll 操作，在高并发请求下，可以攒一下要添加或者删除的元素，避免增加一个元素复制整个集合。如果集合数据是 100MB，再写入 50MB，那么某个时间段内占用的内存就达到（100MB×2）+50MB=250MB，内存的大量占用会导致 GC 的频繁发生，从而降低服务器的性能，我们观察如下代码：

```java
public static void main(String[] args) {
    List<Long> copy = new CopyOnWriteArrayList<Long>();

    long start = System.nanoTime();
    for (int i=0; i<20*10000; i++) {
        copy.add(System.nanoTime());
    }
}
```

循环 20 万次，不断地进行数据插入，这对 COW 类型的集合来说简直是灾难性的操作，本示例执行时间为 97.8 秒，如果换成 ArrayList，则只需 39 毫秒，差距巨大！要初始化这样的 COW 集合，建议先将数据填充到 ArrayList 集合中去，然后把 ArrayList 集合当成 COW 的参数，这就是使用批量添加的另一种方式。这种一个接一个往里增加元素的场景，简直就是 COW 的阿喀琉斯之踵。所以明显 COW 适用于读多写极少的场景。

COW 是 fail-safe 机制的，在并发包的集合中都是由这种机制实现的，fail-safe 是在安全的副本（或者没有修改操作的正本）上进行遍历，集合修改与副本的遍历是没有任何关系的，但是缺点也很明显，就是读取不到最新的数据。这也是 CAP 理论中 C（Consistency）与 A（Availability）的矛盾，即一致性与可用性的矛盾。

6.8 Map 类集合

在数据元素的存储、查找、修改和遍历中，Java 中的 Map 类集合都与 Collection 类集合存在很大不同。它是与 Collection 类平级的一个接口，在集合框架图上，它有一条微弱的依赖线与 Collection 类产生关联，那是因为部分方法返回 Collection 视图，比如 values() 方法返回的所有 Value 的列表。Map 类集合中的存储单位是 KV 键值对，Map 类就是使用一定的哈希算法形成一组比较均匀的哈希值作为 Key，Value 值挂在 Key 上。Map 类的特点如下：

- Map 类取代了旧的抽象类 Dictionary，拥有更好的性能。
- 没有重复的 Key，可以有多个重复的 Value。

- Value 可以是 List、Map、Set 类对象。
- KV 是否允许为 null，以实现类约束为准。

Map 接口除提供传统的增删改查方式外，还有三个 Map 类特有的方法，即返回所有的 Key，返回所有的 Value，返回所有的 KV 键值对。源码加注释如下：

```
// 返回Map类对象中的Key的Set视图
Set<K> keySet();

// 返回Map类对象中的所有Value集合的Collection视图
// 返回的集合实现类为 Values extends AbstractCollection<v>
Collection<V> values();

// 返回Map类对象中的Key-Value对的Set视图
Set<Map.Entry<K, V>> entrySet();
```

通常这些返回的视图是支持清除操作的，但是修改和增加元素会抛出异常，因为 AbstractCollection 没有实现 add 操作，但是实现了 remove、clear 等相关操作。所以在使用这些视图返回集合时，注意不要操作此类相关方法。是否将 KV 设置为 null，以实现类约束为准，这是一个十分难以记忆的知识点，如表 6-1 所示。

表 6-1 主要的 Map 类集合

Map 集合类	Key	Value	Super	JDK	说　明
Hashtable	不允许为 null	不允许为 null	Dictionary	1.0	线程安全（过时）
ConcurrentHashMap	不允许为 null	不允许为 null	AbstractMap	1.5	锁分段技术或 CAS（JDK8 及以上）
TreeMap	不允许为 null	允许为 null	AbstractMap	1.2	线程不安全（有序）
HashMap	允许为 null	允许为 null	AbstractMap	1.2	线程不安全（resize 死链问题）

从 1.0 → 1.2 → 1.5，这几个重点的 KV 集合类见证了 Java 语言成为工业级语言的成长历程。从线程安全到线程不安全，再到线程安全，经历了否定之否定的过程，不断走向成熟。在大多数情况下，直接使用 ConcurrentHashMap 替代 HashMap 没有任何问题，在性能上区别并不大，而且更加安全。抽样调查发现，近八成的程序员认为 ConcurrentHashMap 可以置入 null 值，毕竟它与 HashMap 是近亲，而 HashMap 的 KV 都可以为 null。比如，在某次配置 xml 时，如果只是把 Key 复制过来，没有做相关的 null 判断就置入 ConcurrentHashMap，就会导致 NPE 异常，但是子线程的异常并

不会抛给主线程，所以排查颇费周折。在任何 Map 类集合中，都要尽量避免 KV 设置为 null 值。

6.8.1 红黑树

1. 树（Tree）

树是一种常用的数据结构，它是一个由有限节点（本书统称为节点，而不是结点）组成的一个具有层次关系的集合，数据就存在树的这些节点中。最顶层只有一个节点，称为根节点，类似于图 6-3 中在悬崖边上倒着生长的树，root 是根节点。在分支处有一个节点，指向多个方向，如果某节点下方没有任何分叉的话，就是叶子节点。从某节点出发，到叶子节点为止，最长简单路径上边的条数，称为该节点的高度；从根节点出发，到某节点边的条数，称为该节点的深度。如图 6-3 所示的树，根节点 root 的高度是 5，深度是 0；而节点 2 的高度是 4，深度是 1。树结构的特点如下：

（1）一个节点，即只有根节点，也可以是一棵树。

（2）其中任何一个节点与下面所有节点构成的树称为子树。

（3）根节点没有父节点，而叶子节点没有子节点。

（4）除根节点外，任何节点有且仅有一个父节点。

（5）任何节点可以有 0 ~ n 个子节点。

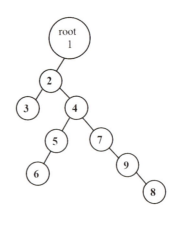

图 6-3　树的来源

每个节点至多有两个子节点的树称为二叉树，图 6-3 所示的恰好是二叉树。二分法是经典的问题拆解算法，二叉树是近似于二分法的一种数据结构实现，二叉树是高效算法实现的载体，在整个数据结构领域具有举足轻重的地位。在二叉树的世界中，最为重要的概念是平衡二叉树、二叉查找树、红黑树。

2. 平衡二叉树

如果把图6-3中的左侧枝叶全部砍掉的话，那么剩余的部分还是树吗？是的，但只是以"树"之名，行"链表"之实，如图6-4（a）所示。如果以树的复杂结构来实现简单的链表功能，则完全埋没了树的特点。看来对于树的使用，需要进行某种条件的约束，如图6-4（b）所示，让链表一样的树变得更有层次结构，平衡二叉树就呼之欲出了。图6-4(a)的高度差为5，而右侧树由9与8组成的递归右子树的，高度差为1，高度差是一棵树是否为平衡二叉树的决定条件。

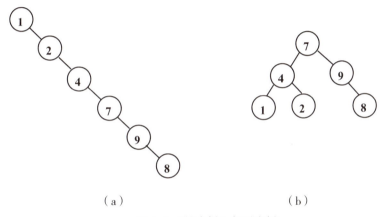

图6-4 "链表树"与平衡树

平衡二叉树的性质如下：

（1）树的左右高度差不能超过1。

（2）任何往下递归的左子树与右子树，必须符合第一条性质。

（3）没有任何节点的空树或只有根节点的树也是平衡二叉树。

图6-4（a）明显不符合第一条标准，因此它不是平衡二叉树，而图6-4（b）为平衡二叉树。

3. 二叉查找树

二叉查找树又称二叉搜索树，即 Binary Search Tree，其中 Search 也可以替换为 Sort，所以也称为二叉排序树。Java 中集合的最终目的就是加工数据，二叉查找树也是如此。树如其名，二叉查找树非常擅长数据查找。二叉查找树额外增加了如下要求：

对于任意节点来说，它的左子树上所有节点的值都小于它，而它的右子树上所有节点的值都大于它。查找过程从树的根节点开始，沿着简单的判断向下走，小于节点值的往左边走，大于节点值的往右边走，直到找到目标数据或者到达叶子节点还未找到。

遍历所有节点的常用方式有三种：前序遍历、中序遍历、后序遍历。它们三者的规律如下：

（1）在任何递归子树中，左节点一定在右节点之前先遍历。

（2）前序、中序、后序，仅指根节点在遍历时的位置顺序。

前序遍历的顺序是根节点、左节点、右节点；中序遍历的顺序是左节点、根节点、右节点；而后序遍历的顺序则是左节点、右节点、根节点。

如图 6-5 所示，按中序遍历图中二叉查找树，坐标轴的顺序就是中序遍历。

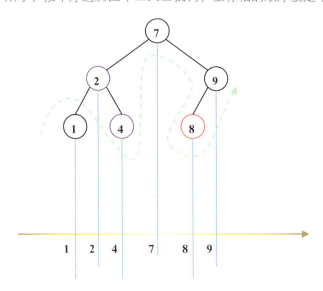

图 6-5　二叉查找树的中序遍历

根据二叉查找树的性质要求，下面来"美化"一下本节最开始的那两棵树，使它们成长为二叉查找树。

图 6-6（a）的红色节点 8 与节点 9 进行互换，节点 9 成为节点 8 的右子树，形成图 6-6（b）；图 6-6（c）的红色节点 8 移动到左子树上，把紫色的节点 2 与节点 4 互换一下，形成图 6-6（d）。经过调整后，再查看任何递归子树，都是符合二叉查找树的要求，所以两棵新树都为二叉查找树。但明显右下方这棵新树要优于右上方那棵，因为更加

平衡，查找效率更高。可以看出，二叉查找树容易构造，但是如果缺少约束条件，很可能往一个方向野蛮生长，成为查找复杂度为 $O(n)$ 的树。所以二叉查找树需要引入一种检测机制，随着新值的插入动态地调整树结构。那如何调整呢？下文中的红黑树就是来回答这个疑问的。

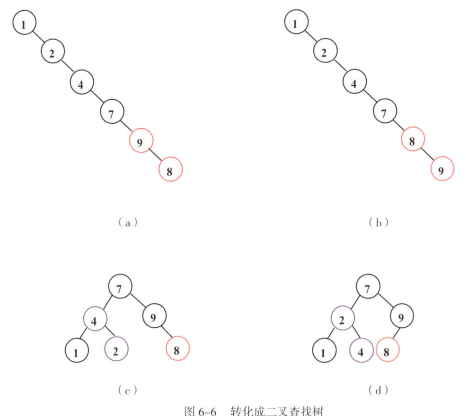

图 6-6　转化成二叉查找树

　　二叉查找树由于随着数据不断地增加或删除容易失衡，为了保持二叉树重要的平衡性，有很多算法的实现，如 AVL 树、红黑树、SBT (Size Balanced Tree)、Treap (树堆) 等。考虑到在 Java 底层框架很多算法实现以红黑树为基础，所以先简单介绍一下 AVL 树，然后重点介绍红黑树。

　　4．AVL 树

　　AVL 树算法是以苏联数学家 Adelson-Velsky 和 Landis 名字命名的平衡二叉树算法，可以使二叉树的使用效率最大化。AVL 树是一种平衡二叉查找树，增加和删除节点后通过树形旋转重新达到平衡。右旋是以某个节点为中心，将它沉入当前右子节点的位置，而让当前的左子节点作为新树的根节点，也称为顺时针旋转；同理，左旋是以某个节点为中心，将它沉入当前左子节点的位置，而让当前右子节点作为新树的根节点，也称为逆时针旋转。

AVL 树就是通过不断旋转来达到树平衡的，下方的左旋和右旋只是旋转操作层面的简单示意图，我们应体会如何通过旋转达到一种新的平衡状态，不再基于插入和删除进行展开，右旋示意图如图 6-7 所示。

图 6-7　右旋示意图

图 6-7 所示左侧是非平衡状态，需要进行平衡化处理，根节点的左子树与右子树高度差超过 1，向右旋转。在旋转过程中，节点 15 成为新的根节点，而节点 16 移动到节点 17 的左节点上。而左旋转则反之，如图 6-8 所示。

图 6-8　左旋示意图

5. 红黑树

红黑树是于 1972 年发明的，当时称为对称二叉 B 树，1978 年得到优化，正式命名为红黑树。它的主要特征是在每个节点上增加一个属性来表示节点的颜色，可以是红色，也可以是黑色。

红黑树和 AVL 树类似，都是在进行插入和删除元素时，通过特定的旋转来保持自身平衡的，从而获得较高的查找性能。与 AVL 树相比，红黑树并不追求所有递归子树的高度差不超过 1，而是保证从根节点到叶尾的最长路径不超过最短路径的 2 倍，所以它的最坏运行时间也是 $O(\log n)$。红黑树通过重新着色和左右旋转，更加高效地完成了插入和删除操作后的自平衡调整。当然，红黑树在本质上还是二叉查找树，它额外引入了 5 个约束条件：

（1）节点只能是红色或黑色。

（2）根节点必须是黑色。

（3）所有 NIL 节点都是黑色的。

（4）一条路径上不能出现相邻的两个红色节点。

（5）在任何递归子树内，根节点到叶子节点的所有路径上包含相同数目的黑色节点。

扩展说明一下 NIL 释义，它可以形象理解为 Nothing In Leaf，是红黑树中特殊的存在，即在叶子节点上不存在的两个虚拟节点，它是后续小节中红黑树旋转的假设性理论基础，默认为黑色的。

总结一下，即"有红必有黑，红红不相连"，上述 5 个约束条件保证了红黑树的新增、删除、查找的最坏时间复杂度均为 $O(\log n)$。如果一个树的左子节点或右子节点不存在，则均认定为黑色。红黑树的任何旋转在 3 次之内均可完成，红黑树的演进示意图在分析完 TreeMap 的核心源码后，会呈现给大家，耐心往下看。

6. 红黑树与 AVL 树的比较

先从复杂度分析说起，任意节点的黑深度（Black Depth）是指当前节点到 NIL（树尾端）途径的黑色节点个数。根据约束条件的第（4）、（5）条，可以推出对于任意高度的节点，它的黑深度都满足：Black Depth ≥ height／2。也就是说，对于任意包含 n 个节点的红黑树而言，它的根节点高度 $h \leq 2\log_2(n+1)$。常规 BST 操作比如查找、插入、删除等，时间复杂度为 $O(h)$，即取决于树的高度 h。当树失衡时，时间复杂度将有可能恶化到 $O(n)$，即 $h=n$。所以，当我们能保证树的高度始终保持在 $O(\log n)$ 时，便能保证所有操作的时间复杂度都能保持在 $O(\log n)$ 以内。

红黑树的平衡性并不如 AVL 树，它维持的只是一种大致上的平衡，并不严格保证左右子树的高度差不超过 1。这导致在相同节点数的情况下，红黑树的高度可能更高，也就是说，平均查找次数会高于相同情况下的 AVL 树。在插入时，红黑树和 AVL 树都能在至多两次旋转内恢复平衡。在删除时，由于红黑树只追求大致上的平衡，因此红黑树能在至多三次旋转内恢复平衡，而追求绝对平衡的 AVL 树，则至多需要 $O(\log n)$ 次旋转。AVL 树在插入与删除时，将向上回溯确定是否需要旋转，这个回溯的时间成本最差可能为 $O(\log n)$，而红黑树每次向上回溯的步长为 2，回溯成本降低。因此，面对频繁的插入和删除，红黑树更为合适；面对低频修改、大量查询时，AVL 树将更为合适。为了更形象地理解红黑树的"大致平衡"，我们对红黑树与 AVL 树同时进行以下操作，按顺序依次插入 36、34、37、33、35、32。此时，红黑树与 AVL 树结构的区别如图 6-9 所示。

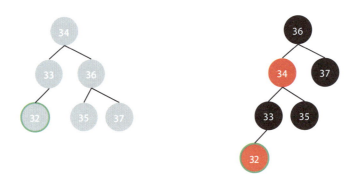

图 6-9　红黑树与 AVL 树结构的区别

我们可以直观地感受到左侧 AVL 树的绝对平衡，以及右侧红黑树的相对平衡，至于红黑树为什么呈现成这个样子，将在下节详细分析。

6.8.2　TreeMap

TreeMap 是按照 Key 的排序结果来组织内部结构的 Map 类集合，它改变了 Map 类散乱无序的形象。虽然 TreeMap 没有 ConcurrentHashMap 和 HashMap 普及（毕竟插入和删除的效率远没有后两者高），但是在 Key 有排序要求的场景下，使用 TreeMap 可以事半功倍。在集合框架图中，它们都继承于 AbstractMap 抽象类，TreeMap 与 HashMap、ConcurrentHashMap 的类关系如图 6-10 所示。

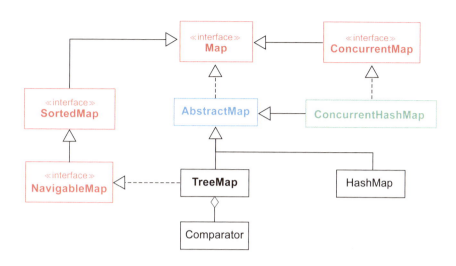

图 6-10 TreeMap 与其他 TreeMap 相关类图

在 TreeMap 的接口继承树中，有两个与众不同的接口：SortedMap 和 NavigableMap。SortedMap 接口表示它的 Key 是有序不可重复的，支持获取头尾 Key-Value 元素，或者根据 Key 指定范围获取子集合等。插入的 Key 必须实现 Comparable 或提供额外的比较器 Comparator，所以 Key 不允许为 null，但是 Value 可以；NavigableMap 接口继承了 SortedMap 接口，根据指定的搜索条件返回最匹配的 Key-Value 元素。不同于 HashMap，TreeMap 并非一定要覆写 hashCode 和 equals 方法来达到 Key 去重的目的。

```java
public class TreeMapRepeat {
    public static void main(String[] args) {
        // 如果仅把此处的 TreeMap 换成 HashMap，则 size = 1
        TreeMap map = new TreeMap();
        map.put(new Key(), "value one");
        map.put(new Key(), "value two");
        // TreeMap，size=2，因为 Key 去重规则是根据排序结果
        System.out.println(map.size());
    }
}

class Key implements Comparable<Key> {
    @Override
    // 返回负的常数，表示此对象永远小于输入的 other 对象，此处决定 TreeMap 的 size=2
    public int compareTo(Key other) {
        return -1;
    }
}
```

```java
// hash 是相等的
@Override
public int hashCode() {
    return 1;
}

// equals 比较也是相等的
@Override
public boolean equals(Object obj) {
    return true;
}
```

上述示例把红色的 TreeMap 换成 HashMap，size 的结果则从 2 变为 1。注意 HashMap 是使用 hashCode 和 equals 实现去重的。而 TreeMap 依靠 Comparable 或 Comparator 来实现 Key 的去重。这个信息非常重要，因为如果没有覆盖正确的方法，那么 TreeMap 的最大特性将无法发挥出来，甚至在运行时会出现异常。如果要用 TreeMap 对 Key 进行排序，调用如下方法：

```java
final int compare(Object k1, Object k2) {
    return comparator==null
        ? ((Comparable<? super K>)k1).compareTo((K)k2)
        : comparator.compare((K)k1, (K)k2);
}
```

如果 comparator 不为 null，优先使用比较器 comparator 的 compare 方法；如果为 null，则使用 Key 实现的自然排序 Comparable 接口的 compareTo 方法。如果两者都无法满足，则抛出异常：

Exception in thread "main" java.lang.ClassCastException: Key cannot be cast to java.base/java.lang.Comparable at java.base/java.util.TreeMap.compare(TreeMap.java:1291)

基于红黑树实现的 TreeMap 提供了平均和最坏复杂度均为 $O(\log n)$ 的增删改查操作，并且实现了 NavigableMap 接口，该集合最大的特点是 Key 的有序性。先从类名和属性开始分析：

```java
public class TreeMap<K,V> extends AbstractMap<K,V>
    implements NavigableMap<K,V>, Cloneable, java.io.Serializable {
    // 排序使用的比较器，put 源码解析时会提到
    private final Comparator<? super K> comparator;
```

```java
// 根节点，put 源码解析时会提到
private transient Entry<K,V> root;
// 定义成为有字面含义的常量。下方 fixAfterInsertion() 解析时会提到
private static final boolean RED   = false;
private static final boolean BLACK = true;

// TreeMap 的内部类，存储红黑树节点的载体类，在整个 TreeMap 中高频出现
static final class Entry<K,V> implements Map.Entry<K,V> {
    K key;
    V value;
    // 指向左子树的引用
    Entry<K,V> left;
    // 指向右子树的引用
    Entry<K,V> right;
    // 指向父节点的引用
    Entry<K,V> parent;
    // 节点颜色信息是红黑树的精髓所在，默认是黑色
    boolean color = BLACK;
}
// ...
}
```

TreeMap 通过 put() 和 deleteEntry() 实现红黑树的增加和删除节点操作，下面的源码分析以插入主流程为例，删除操作的主体流程与插入操作基本类似，不再展开。在插入新节点之前，需要明确三个前提条件：

（1）需要调整的新节点总是红色的。

（2）如果插入新节点的父节点是黑色的，无须调整。因为依然能符合红黑树的 5 个约束条件。

（3）如果插入新节点的父节点是红色的，因为红黑树规定不能出现相邻的两个红色节点，所以进入循环判断，或重新着色，或左右旋转，最终达到红黑树的五个约束条件，退出条件如下：

```java
while (x != null && x != root && x.parent.color == RED) {...}
```

如果是根节点，则直接退出，设置为黑色即可；如果不是根节点，并且父节点为红色，会一直进行调整，直到退出循环。

TreeMap 的插入操作就是按 Key 的对比往下遍历，大于比较节点值的向右走，小于比较节点值的向左走，先按照二叉查找树的特性进行操作，无须关心节点颜色与树的平衡，后续会重新着色和旋转，保持红黑树的特性。put 的源码分析如下：

```java
public V put(K key, V value) {
    // t表示当前节点，记住这个很重要！先把TreeMap的根节点root引用赋值给当前节点
    Entry<K,V> t = root;
    // 如果当前节点为null，即是空树，新增的KV形成的节点就是根节点
    if (t == null) {
        // 如果key既没有实现Comparable又没有Comparator，比较器则直接抛异常
        compare(key, key);

        // 使用KV构造出新的Entry对象，其中第三个参数是parent，根节点没有父节点
        root = new Entry<>(key, value, null);
        size = 1;
        modCount++;
        return null;
    }
    // cmp用来接收比较结果
    int cmp;
    Entry<K,V> parent;
    // 构造方法中置入的外部比较器
    Comparator<? super K> cpr = comparator;
    // 重点步骤：根据二叉查找树的特性，找到新节点插入的合适位置
    if (cpr != null) {
        // 循环的目标：根据参数Key与当前节点的Key不断地进行对比
        do {
            // 当前节点赋值给父节点，故从根节点开始遍历比较
            parent = t;
            // 比较输入的参数Key和当前节点Key的大小
            cmp = cpr.compare(key, t.key);
            // 参数的Key更小，向左边走，把当前节点引用移动至它的左子节点上
            if (cmp < 0)
                t = t.left;
            // 参数的Key更大，向右边走，把当前节点引用移动至它的右子节点上
            else if (cmp > 0)
                t = t.right;
            // 如果相等，则会残忍地覆盖当前节点的Value值，并返回更新前的值
            else
                return t.setValue(value);
        // 如果没有相等的Key，一直会遍历到NIL节点为止
        } while (t != null);
    }
    // 在没有指定比较器的情况下，调用自然排序的Comparable比较
    else {
        if (key == null)
            throw new NullPointerException();
        Comparable<? super K> k = (Comparable<? super K>) key;
```

```java
        do {
            parent = t;
            cmp = k.compareTo(t.key);
            if (cmp < 0)
                t = t.left;
            else if (cmp > 0)
                t = t.right;
            else
                return t.setValue(value);
        } while (t != null);
    }

    // 创建 Entry 对象，并把 parent 置入参数
    Entry<K,V> e = new Entry<>(key, value, parent);
    // 新节点找到自己的位置，原本以为可以安顿下来
    if (cmp < 0)
        // 如果比较结果小于 0，则成为 parent 的左孩子
        parent.left = e;
    else
        // 如果比较结果大于 0，则成为 parent 的右孩子
        parent.right = e;
    // 还需要对这个新节点进行重新着色和旋转操作，以达到平衡
    fixAfterInsertion(e);
    // 终于融入其中
    size++;
    modCount++;
    // 成功插入新节点后，返回为 null
    return null;
}
```

如果一个新节点在插入时能够运行到 fixAfterInsertion() 进行着色和旋转，说明：第一，新节点加入之前是非空树；第二，新节点的 Key 与任何节点都不相同。fixAfterInsertion() 是插入节点后的动作，和删除节点操作中的 fixAfterDeletion() 的原理基本相同，本节重点以新增节点为例讲解 fixAfterInsertion() 源码。

```java
private void fixAfterInsertion(Entry<K,V> x) {
    // 虽然内部类 Entry 的属性 color 默认为黑色，但新节点一律先赋值为红色
    x.color = RED;

    // 新节点是根节点或者其父节点（简称为父亲）为黑色
    // 插入红色节点并不会破坏红黑树的性质，无须调整
    // x 值的改变已用红色高亮显示，改变的过程是在不断地向上游遍历（或内部调整）
    // 直到父亲为黑色，或者到达根节点
```

```java
while (x != null && x != root && x.parent.color == RED) {
    // 如果父亲是其父节点（简称为爷爷）的左子节点
    if (parentOf(x) == leftOf(parentOf(parentOf(x)))) {
        // 这时，得看爷爷的右子节点（简称为右叔）的脸色
        Entry<K,V> y = rightOf(parentOf(parentOf(x)));
        // 如果右叔是红色，此时通过局部颜色调整，就可以使子树继续满足红黑树的性质
        if (colorOf(y) == RED) {                    （第1处）
            // 父亲置为黑色
            setColor(parentOf(x), BLACK);
            // 右叔置为黑色
            setColor(y, BLACK);
            // 爷爷置为红色
            setColor(parentOf(parentOf(x)), RED);
            // 爷爷成为新的节点，进入到下一轮循环
            x = parentOf(parentOf(x));
        // 如果右叔是黑色，则需要加入旋转
        } else {
            // 如果x是父亲的右子节点，先对父亲做一次左旋转操作
            // 转化x是父亲的左子节点的情形
            if (x == rightOf(parentOf(x))) {
                // 对父亲做一次左旋转操作，红色的父亲会沉入其左侧位置
                // 将父亲赋值给x
                x = parentOf(x);
                rotateLeft(x);
            }
            // 重新着色并对爷爷进行右旋操作
            setColor(parentOf(x), BLACK);
            setColor(parentOf(parentOf(x)), RED);
            rotateRight(parentOf(parentOf(x)));
        }
    // 与上方阴影代码相反，如果父亲是爷爷的右子节点
    } else {
        // 则看左叔的脸色，原理相同
        ...
    }
}
root.color = BLACK;
}
```

在上方源码中，第1处出现的colorOf()方法返回节点颜色。调整后的根节点必然是黑色的；叶子节点可能是黑色的，也可能是红色的；叶子节点下挂的两个虚节点即NIL节点必然是黑色的，下方源码中的p==null时，返回为BLACK。这些都是红黑树的重要性质。

```java
private static <K,V> boolean colorOf(Entry<K,V> p) {
    return (p == null ? BLACK : p.color);
}
```

左旋和右旋的代码基本类似，这里仅讲解左旋代码。请结合之前的旋转示例图，输入参数为失去平衡的那棵子树的根节点。

```java
private void rotateLeft(Entry<K,V> p) {
    // 如果参数节点不是 NIL 节点
    if (p != null) {
        // 获取 p 的右子节点 r
        Entry<K,V> r = p.right;
        // 将 r 的左子树设置为 p 的右子树
        p.right = r.left;

        // 若 r 的左子树不为空，则将 p 设置为 r 左子树的父亲
        if (r.left != null)
            r.left.parent = p;
        // 将 p 的父亲设置 r 的父亲
        r.parent = p.parent;

        // 无论如何，r 都要在 p 父亲心目中替代 p 的位置
        if (p.parent == null)
            root = r;
        else if (p.parent.left == p)
            p.parent.left = r;
        else
            p.parent.right = r;

        // 将 p 设置为 r 的左子树，将 r 设置为 p 的父亲
        r.left = p;
        p.parent = r;
    }
}
```

初步学完 TreeMap 构造方法、插入、着色、旋转的相关源码之后，举一个简单的例子进一步体会红黑树的平衡策略。构造一个自然排序的 TreeMap 对象，插入、删除数据的示例代码如下。

```java
TreeMap<Integer, String> treeMap = new TreeMap<Integer, String>();
treeMap.put(55, "fifty-five");
treeMap.put(56, "fifty-six");
treeMap.put(57, "fifty-seven");
```

```
treeMap.put(58, "fifty-eight");
treeMap.put(83, "eighty-three");
treeMap.remove(57);
treeMap.put(59, "fifty-nine");
```

为什么在 58 和 59 之间插入 83 和删除 57 呢？是因为需要构造这样的场景：旋转两次（先右旋，再左旋）。

第一步，如图 6-11 所示，先分析 55、56、57 三个数的插入操作。图中的 55 在插入时是空树，它就是根节点，根据红黑树约束条件，根节点必须是黑色的，将节点 55 涂黑。继续插入节点 56 与节点 57，新节点的颜色设置为红色。当插入 56 时，由于父亲是黑色节点，不做任何调整；当插入 57 时，由于父节点 56 是红色的，出现两个连续红色节点，需要重新着色，并且旋转。完成之后如图 6-11（e）所示。

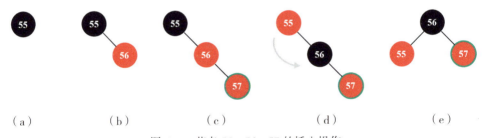

图 6-11 节点 55、56、57 的插入操作

第二步，如图 6-12 所示，再分析节点 58 的插入操作。父亲 57 是爷爷 56 的右节点，左叔 55 为红色。这时把父亲和左叔同时涂黑，把爷爷 56 设置为红色。因为爷爷 56 是根节点，退出循环，最后一句代码是 root.color=BLACK，重新把 56 涂黑。完成之后如图 6-12（c）所示。

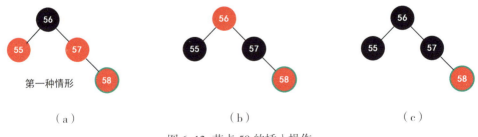

图 6-12 节点 58 的插入操作

第三步，如图 6-13 所示，再分析节点 83 的插入操作。根据自然排序结果，从

根节点 56 开始比较，比 56 大、比 57 大、比 58 大，所以放置在 58 的右子节点上。在重新调整平衡时，父亲 58 是爷爷 57 的右子节点，左叔不存在，认为是黑色 NIL。这时把父亲颜色涂黑，把爷爷设置为红色。此时，爷爷 57 为失去平衡的那棵小树（57/58/83）的根节点，将它作为输入参数，进行左旋操作。完成之后如图 6-13（c）所示。

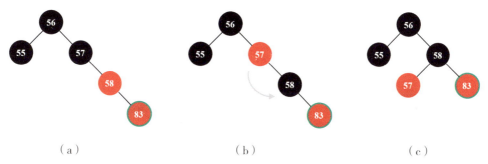

图 6-13 节点 83 的插入操作

第四步，删除 57。因为节点 57 没有任何子节点，也非根节点，本身又是红色，不影响红黑树性质，直接删除即可。

第五步，如图 6-14 所示，删除 57 之后，再分析 59 的插入操作。根据自然排序结果，从根节点 56 开始比较，比 56 大、比 58 大、比 83 小，放置在 83 的左子节点上。对于 59，只有满足如下条件，才会进入右旋转操作：

- 父亲是爷爷的右子节点；
- 当前节点是父亲的左子节点；
- 左叔是黑色的（删除 57 的原因所在）。

右旋之后，把 59 涂黑，把 58 置为红色，然后以 58 为输入参数，进入左旋操作，完成之后如图 6-14（d）所示。

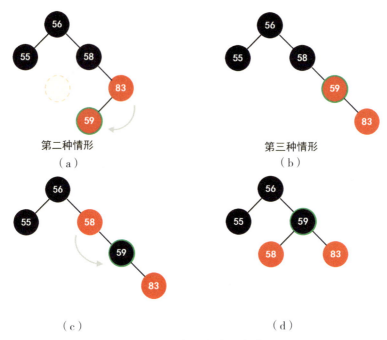

图 6-14 节点 59 的插入操作

在树的演化过程中，插入节点的过程中，如果需要重新着色或旋转，存在三种情形，如图 6-12 和图 6-14 所示：

（1）节点的父亲是红色，叔叔是红色的，则重新着色。
（2）节点的父亲是红色，叔叔是黑色的，而新节点是父亲的左节点：进行右旋。
（3）节点的父亲是红色，叔叔是黑色的，而新节点是父亲的右节点：进行左旋。

如图 6-14 所示，在旋转时，箭头方向的引出端均为红色。插入 55、56、58，删除 57 均并没有引起树的旋转调整。红黑树相比 AVL 树，任何不平衡都能在 3 次旋转之内调整完成。每次向上回溯的步长是 2，对于频繁插入和删除的场景，红黑树的优势是非常明显的。

总体来说，TreeMap 的时间复杂度比 HashMap 要高一些，但是合理利用好 TreeMap 集合的有序性和稳定性，以及支持范围查找的特性，往往在数据排序的场景中特别高效。另外，TreeMap 是线程不安全的集合，不能在多线程之间进行共享数据的写操作。在多线程进行写操作时，需要添加互斥机制，或者把对象放在 Collections.synchronizedMap(treeMap) 中实现同步。

在 JDK7 之后的 HashMap、TreeSet、ConcurrentHashMap，也使用红黑树的方式管理节点。如果只是对单个元素进行排序，使用 TreeSet 即可。TreeSet 底层其实就是 TreeMap，Value 共享使用一个静态 Object 对象，如下源码所示：

```
private static final Object PRESENT = new Object();
public boolean add(E e) {
    return treeMap.put(e, PRESENT) == null;
}
```

6.8.3 HashMap

分析完 TreeMap，再来学习一下 HashMap。除局部方法或绝对线程安全的情形外，优先推荐使用 ConcurrentHashMap。二者虽然性能相差无几，但后者解决了高并发下的线程安全问题。HashMap 的死链问题及扩容数据丢失问题是慎用 HashMap 的两个主要原因。

例如，某个应用在 init() 方法中初始化一个 static 的 HashMap 集合对象，从数据库提取数据到集合中。应用启动过程中仅单线程调用一次初始化方法，不应该有任何问题。但机缘巧合下，init() 被执行了两次，启动失败、CPU 使用率飙升，dump 分析发现存在 HashMap 死链。第 1 种解决方案是用 ConcurrentHashMap 替代 HashMap；第 2 种解决方案是使用 Collections.synchronizedMap(hashMap) 包装成同步集合；第 3 种解决方案是对 init() 进行同步操作。此案例最终选择第 3 种解决方案，毕竟只有启动时调用而已。

再说另外一个案例，新应用上线不久就发现在业务高峰期，一台服务器 CPU 使用率飙升到 100%，从监控平台上发现大量请求超时，初步认为是服务器负载容量不够，采取紧急扩容并重启，服务顺利恢复正常。但数日后，同样的问题再次出现，通过 jstack 命令分析，发现了大量 RUNNABLE 状态的线程都在执行 HashMap 的 put 和 get 操作，日志如下：

```
"SuperBizProcessor-8-thread-348" daemon prio=10 tid=0x00007f1f0c808800
nid=0x10a4c runnable [0x000000004b860000] Thread.State: RUNNABLE at
HashMap.get(HashMap.java:464)
```

初步定位，可能与使用 HashMap 进行并发读写有关。先介绍一下 HashMap 体系中提到的三个基本存储概念，如表 6-2 所示。

表 6-2　哈希类集合的三个基本存储概念

名　　称	说　　明
table	存储所有节点数据的数组
slot	哈希槽。即 table[i] 这个位置
bucket	哈希桶。table[i] 上所有元素形成的表或树的集合

图 6-15 左侧黄色实线框即为 table 数组；红色箭头指向的即是哈希槽，它仅是一个位置标识，对应于 table 数组下标；虚线所框的哈希桶是包含头节点在内，在哈希槽上形成的链表或树上的所有元素的集合。黄色部分的数组长度就是 table.length；所有哈希桶的元素总和即为 HashMap 的 size。

图 6-15 哈希槽与哈希桶

为了分析死链问题，这里使用 JDK7 的源码来分析 HashMap 新增元素的过程：

```java
public V put(K key, V value) {
    int hash = hash(key);
    int i = indexFor(hash, table.length);
    // 此循环通过 hashCode 返回值找到对应的数组下标位置
    // 如果 equals 结果为真，则覆盖原值，如果都为 false，则添加元素
    for (Entry<K,V> e = table[i]; e != null; e = e.next) {
        Object k;
        // 如果 Key 的 hash 是相同的，那么再进行如下判断
        // Key 是同一个对象或者 equals 返回为真，则覆盖原来的 Value 值
        if (e.hash == hash && ((k = e.key) == key || key.equals(k))) {
            V oldValue = e.value;
            e.value = value;
            return oldValue;
        }
    }

    // 还没有添加元素就进行 modCount++，将为后续留下很多隐患
    modCount++;
    // 添加元素，注意最后一个参数 i 是 table 数组的下标
    addEntry(hash, key, value, i);
    return null;
}

void addEntry(int hash, K key, V value, int bucketIndex) {
    // 如果元素的个数达到 threshold 的扩容阈值且数组下标位置已经存在元素，则进行扩容
```

```java
    if ((size >= threshold) && (null != table[bucketIndex])) {
        // 扩容2倍，size 是实际存放元素的个数，而 length 是数组的容量大小 (capacity)
        resize(2 * table.length);
        hash = (null != key) ? hash(key) : 0;
        bucketIndex = indexFor(hash, table.length);
    }

    createEntry(hash, key, value, bucketIndex);
}

// 插入元素时，应插入在头部，而不是尾部
void createEntry(int hash, K key, V value, int bucketIndex) {
    // 不管原来的数组对应的下标元素是否为 null，都作为 Entry 的 bucketIndex 的 next 值
    Entry<K,V> e = table[bucketIndex];       （第1处）
    // 即使原来是链表，也把整条链都挂在新插入的节点上
    table[bucketIndex] = new Entry<>(hash, key, value, e);
    size++;
}
```

如上源码，在 createEntry() 方法中，新添加的元素直接放在 slot 槽上，使新添加的元素在下次提取时可以更快地被访问到。如果两个线程同时执行到第1处时，那么一个线程的赋值就会被另一个覆盖掉，这是对象丢失的原因之一。我们构造一个 HashMap 集合，把所有元素放置在同一个哈希桶内，达到扩容条件后，观察一下 resize() 方法是如何进行数据迁移的，示例代码如下：

```java
public class HashMapSimpleResize {
    private static HashMap map = new HashMap();

    public static void main(String[] args) {
        // 扩容的阈值是 table.length * 0.75
        // 第一次扩容发生在第 13 个元素置入时    （第1处）
        for (int i = 0; i < 13; i++) {
            map.put(new UserKey(), new EasyCoding());
        }
    }
}

class UserKey {
    // 目的是让所有的 Entry 都在同一个哈希桶内
    public int hashCode() {
        return 1;
    }

    // 保证 e.hash == hash && ((k = e.key) == key || key.equals(k)) 为 false
```

```java
// 如果为true，则会对同一个Key上的值进行覆盖，不会形成链表
public boolean equals(Object obj) {
    return false;
}
```

第1处说明，我们再介绍一下与扩容相关的概念，如表6-3所示。

表6-3 与扩容相关的概念

名 称	说 明
length	table数组的长度
size	成功通过put方法添加到HashMap中的所有元素的个数
hashCode	Object.hashCode()返回的int值，尽可能地离散均匀分布
hash	Object.hashCode()与当前集合的table.length进行位运算的结果，以确定哈希槽的位置

这些都是十分眼熟却易混淆的HashMap相关概念值。理想的哈希集合对象的存放应该符合：

- 只要对象不一样，hashCode就不一样；
- 只要hashCode不一样，得到的hashCode与hashSeed位运算的hash就不一样；
- 只要hash不一样，存放在数组上的slot就不一样。

理想与现实是有差距的。比如，公司开个圆桌会议，有12把椅子，必须按照某种规则，把12个位置坐满。如果hashCode按公司职务来计算，但公司只设置了P1～P8八个级别，则百分百会有碰撞；如果hashCode按工号来计算，虽然hashCode是唯一的，但是以员工号与12进行取模后，工号为1与工号为13的员工恰好被分配到同一把椅子上。哈希碰撞的概率取决于hashCode计算方式和空间容量大小。

继续举例，如果某公司给12个员工的会议安排了100把椅子，虽然可以大大地减少冲突概率，但是会造成资源浪费。那么具体需要准备多少把椅子合适呢？负载因子就是用以权衡资源利用率与分配空间的系数。默认的负载因子是0.75，即12个人的会议，相当于需要12÷0.75 = 16把椅子，mod 16比mod 12的冲突概率要小一些，也不会像mod 100那样浪费资源。随着会议范围变大，参与会议的人数越来越多，当人数 >（椅子数量 × 负载因子）时会进行扩容。在HashMap中，每次进行resize操作都会将容量扩充为原来的2倍。

多个元素落在同一个哈希桶中就会形成链表（JDK7 之后，可能会随链表长度增加进化为红黑树）。这个链表的头节点保存在哈希槽上，所以遍历 Map 的元素从两个方向进行：第一个方向，从下标 table[0] 至 table[length-1] 遍历所有哈希槽；第二个方向，如果哈希槽上存在元素，则遍历哈希桶里的所有元素。

回到 HashMapSimpleResize 的示例代码上，我们在 i==12，即插入第 13 个元素时，此时触发扩容条件（13>16×0.75），其中 16 是默认容量大小，0.75 是默认负载因子。

在 resize 操作时，通过调试可以看到旧表和新表的数据变化情况，如图 6-16 所示。

```
▶  oldTable[1] = {HashMap$Entry@559} "" -> "705641347,13"
▶  oldTable[1].next = {HashMap$Entry@560} "" -> "14483609,13"
▶  oldTable[1].next.next = {HashMap$Entry@561} "" -> "1915964414,13"
▶  oldTable[1].next.next.next = {HashMap$Entry@562} "" -> "383492599,13"
▶  oldTable[1].next.next.next.next = {HashMap$Entry@563} "" -> "519120255,13"


▶  newTable[1] = {HashMap$Entry@562} "" -> "383492599,13"
▶  newTable[1].next = {HashMap$Entry@561} "" -> "1915964414,13"
▶  newTable[1].next.next = {HashMap$Entry@560} "" -> "14483609,13"
▶  newTable[1].next.next.next = {HashMap$Entry@559} "" -> "705641347,13"
    newTable[1].next.next.next.next = null
```

图 6-16　扩容迁移时的链表逆序排列调试结果

第 4 次元素复制完成之后，即可知哈希桶内的元素被逆序排列到新表中。如何被逆序排列的呢？我们仔细看一下 JDK7 中 resize() 和非常重要的 transfer() 数据迁移源码：

```java
void resize(int newCapacity) {
    Entry[] newTable = new Entry[newCapacity];
    // JDK8 移除 hashSeed 计算，因为计算时会调用 Random.nextInt()，存在性能问题
    transfer(newTable, initHashSeedAsNeeded(newCapacity));
    // 在此步骤完成之前，旧表上依然可以进行元素的增加操作，这就是对象丢失的原因之一
    table = newTable;
    // 注意，MAX 是 1<<30，如果 1<<31 则成 Integer 的最小值：-2147483648
    threshold = (int)Math.min(newCapacity * loadFactor,
        MAXIMUM_CAPACITY + 1);
}

// 从旧表迁移数据到新表。寥寥几行，极为重要
void transfer(Entry[] newTable, boolean rehash) {
    // 外部参数传入时，指定新表的大小为：2*oldTable.length
    int newCapacity = newTable.length;
```

```java
// 使用 foreach 方式遍历整个数组下标
for (Entry<K,V> e : table) {
    // 如果此 slot 上存在元素，则进行遍历，直到 e==null，退出循环
    while(null != e) {
        Entry<K,V> next = e.next;

        // 当前元素总是直接放在数组下标的 slot 上，而不是放在链表的最后
        if (rehash) {
            e.hash = null == e.key ? 0 : hash(e.key);
        }
        int i = indexFor(e.hash, newCapacity);

        // 把原来 slot 上的元素作为当前元素的下一个
        e.next = newTable[i];
        // 新迁移过来的节点直接放置在 slot 位置上
        newTable[i] = e;

        // 链表继续向下遍历
        e = next;
    }
}
```

transfer() 数据迁移方法在数组非常大时会非常消耗资源。当前线程迁移过程中，其他线程新增的元素有可能落在已经遍历过的哈希槽上；在遍历完成之后，table 数组引用指向了 newTable，这时新增元素就会丢失，被无情地垃圾回收。

如果 resize 完成，执行了 table = newTable，则后续的元素就可以在新表上进行插入操作。但是如果多个线程同时执行 resize，每个线程又都会 new Entry[newCapacity]，这是线程内的局部数组对象，线程之间是不可见的。迁移完成后，resize 的线程会赋值给 table 线程共享变量，从而覆盖其他线程的操作，因此在"新表"中进行插入操作的对象会被无情地丢弃。总结一下，HashMap 在高并发场景中，新增对象丢失原因如下：

- 并发赋值时被覆盖。
- 已遍历区间新增元素会丢失。
- "新表"被覆盖。
- 迁移丢失。在迁移过程中，有并发时，next 被提前置成 null。

数据丢失是 HashMap 除死链外带入的另一个高并发问题，但通常不被重

视。因为数据丢失的环节非常长，而且不会形成脏数据，所以不易察觉，不像死链那样火烧眉毛，比较明显。如图 6-17 所示，10 万个线程采用均匀的 Key 往同一个 HashMap 放置不同的自定义对象 EasyCoding，观察内存中的对象数量。

图 6-17 HashMap 并发时产生对象丢失

多线程下新增对象时，"丢失"了 1092 个对象。这与在对象赋值阶段产生的覆盖有关。此时单击图 6-18 中的 Perform GC 按钮进行垃圾回收，则可以看到对象又少了 8055 个，在迁移过程中丢失引用的对象在此阶段被回收，剩下的数据都被 Map 强引用持有。

图 6-18 GC 回收 HashMap 中失去引用对象

接下来分析死链问题，将示例代码进行抽象。启动 10 万个线程，以 System.nanoTime() 返回的 Long 值为 Key，自定义对象 EasyCoding 为 Value，运行环境是 JDK7，示例代码如下：

```java
public class HashMashEndlessLoop {
    private static HashMap<Long, EasyCoding> map = new HashMap<Long,
        EasyCoding>();

    public static void main(String[] args) {
        for (int i = 0; i < 100000; i++) {
            (new Thread() {
                public void run() {
                    map.put(System.nanoTime(), new EasyCoding());
                }
            }).start();
        }
    }
}

class EasyCoding {}
```

程序运行后不久，对象计数达到 1 万个左右时，load 呈阶梯式上升，如绿色箭头方向所示，4 核机器的 CPU 使用率上升到 304.7%，如图 6-19 红色箭头方向所示。

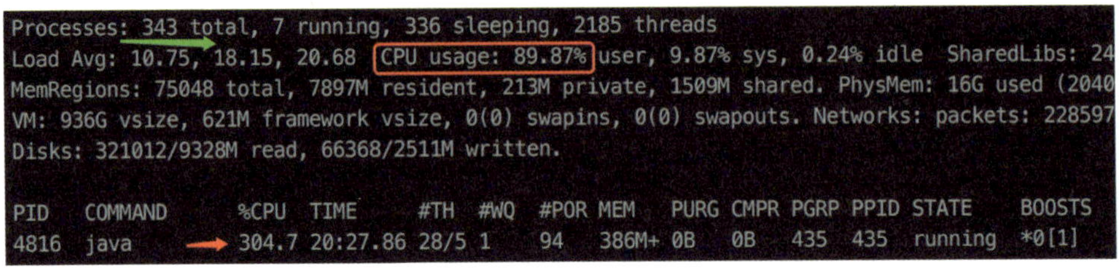

```
Processes: 343 total, 7 running, 336 sleeping, 2185 threads
Load Avg: 10.75, 18.15, 20.68  CPU usage: 89.87% user, 9.87% sys, 0.24% idle  SharedLibs: 24
MemRegions: 75048 total, 7897M resident, 213M private, 1509M shared. PhysMem: 16G used (2040
VM: 936G vsize, 621M framework vsize, 0(0) swapins, 0(0) swapouts. Networks: packets: 228597
Disks: 321012/9328M read, 66368/2511M written.

PID   COMMAND    %CPU   TIME       #TH  #WQ  #POR  MEM    PURG  CMPR  PGRP  PPID  STATE     BOOSTS
4816  java       304.7  20:27.86   28/5  1    94    386M+  0B    0B    435   435   running   *0[1]
```

图 6-19　出现 HashMap 死链时的资源情况

到底是哪些线程导致 CPU 使用率如此之高呢？通过监测工具查看图 6-20 中的两个线程，一直处于 RUNNING 状态，已经持续运行了 18 分钟，相信死链已经形成，才会导致如此严重的资源消耗。

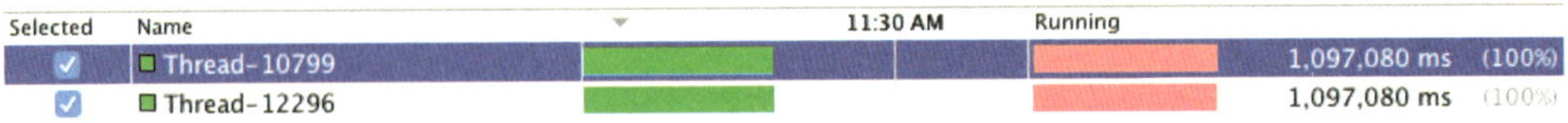

Selected	Name		11:30 AM	Running		
✓	Thread-10799				1,097,080 ms	(100%)
✓	Thread-12296				1,097,080 ms	(100%)

图 6-20　HashMap 处于死链的两个线程

使用 jstack 命令查看一下，分别在哪几行代码上遇到了问题，如图 6-21 所示。

```
"Thread-12296" prio=5 tid=0x00007fb33682d800 nid=0xb50f runnable [0x0000700010683000]
   java.lang.Thread.State: RUNNABLE
        at java.util.HashMap.transfer(HashMap.java:601)
        at java.util.HashMap.resize(HashMap.java:581)
        at java.util.HashMap.addEntry(HashMap.java:879)
        at java.util.HashMap.put(HashMap.java:505)
        at HashMapEndlessLoop$1.run(HashMapEndlessLoop.java:12)

   Locked ownable synchronizers:
        - None

"Thread-10799" prio=5 tid=0x00007fb337049000 nid=0x5803 runnable [0x0000700010580000]
   java.lang.Thread.State: RUNNABLE
        at java.util.HashMap.put(HashMap.java:494)
        at HashMapEndlessLoop$1.run(HashMapEndlessLoop.java:12)
```

图 6-21　jstack 线程信息

这两处都存在对哈希桶内链表的遍历访问，其中，601 行是循环提取同一个哈希桶里的所有元素，然后逐一倒序插入新表中。而 494 行也是遍历访问，在新增元素之前进行 hashCode() 和 equals() 判断，决定是覆盖 Value 值，还是新增一个链表节点，源码如下：

```
if (e.hash == hash && ((k = e.key) == key || key.equals(k))) {
```

我们分析 494 行的链表情况，如图 6-22 所示，红色箭头表示死链对象的循环指向，从节点 5415 指向 5416，而 5416 回指向 5415（在 classLoader=null 表示 HashMap 是由 Bootstrap 类加载器加载的）。

第 6 章 数据结构与集合

图 6-22 死链节点的形成

我们再来详细计算一下两个 Key 是否落在同一个 slot 哈希槽，如表 6-4 所示。

表 6-4 从 hashCode 值到落槽位置的计算

方　法	说　明	Entry#5415	Entry#5416
nanoTime()	long 类型，自动装箱为 Long 包装类对象	1534820390196514000L	1534820390795857000L
hashCode()	(int)(value ^ (value >>> 32))	1123830739	1847921515
hash()	通过 HashMap 的 hashSeed 对 hashCode 进行重新计算，尽可能离散	1179784955	1746769659
indexFor()	slot 槽的数组下标	5883	5883

扩展说明一下，由于 Integer 的 hashCode() 就是自身的值，因此有些人误以为 Long 的 hashCode() 也是自身值，实际并非如此。以图 6-23 为例，先获取 Long（1534820390196514000L）的二进制值，然后右移 32 位后，再与原来的值进行异或，最后进行 int 的强制类型转换，相当于高位被截掉，如图 6-23 阴影部分所示。

```
Long.toBinaryString(1534820390196514000L) = "1010101001100110001110000001101010111101100001000110011010000"
Long.toBinaryString((int)(1534820390196514000L ^ (1534820390196514000L >>> 32))) = "10000101111110001001011111010011"
```

1010101001100110001110000001101010111101100001000110011010000

异或结果： 00010101010011001100011100000011

01000010111111000100101111010011

图 6-23 计算 hash 时的位移运算

在异或的结果中，不一样的都是 1，一样的都是 0。这个算法比较普遍，在很多 hash 计算场景中都用到过。这样做的原因是，hashCode 的返回值是 int，如果此集合内某些 Key 是由 int 向上转型而来的，那些 long 的值直接截取高位，会形成很大的冲突；如果仅拿高位，当 long 的取值范围在 Integer.MAX_VALUE 之内时，结果都是 0。所以将高位与低位进行异或，有助于泊松分布。

从表 6-4 可以看出，经过 3 步的计算，得到哈希槽位置为 5883。直接访问 table 数组，查看下标为 5883 存储的链表元素，验证这一系列的推断，如图 6-24 所示。

图 6-24 HashMap 特定哈希槽的节点信息

此前的 10799 号线程虽然只是读操作，但是既成事实的死链会导致该查询陷入死循环。这就验证了在本节之初的第二个故障打出来的 jstack 日志，get() 始终处于 RUNNABLE 状态。那死链是如何形成的呢？这里 12296 号线程也被绕在死链中，它所在的 transfer() 方法，正是生产死链的地下黑工厂，这里只分析关键步骤。为了方便理解，直接以 slot=5883 进行继续分析：

```
while(null != e) {
    Entry<K,V> next = e.next;         （第 1 步）
    e.next = newTable[5883];          （第 2 步）
    newTable[5883] = e;               （第 3 步）
    e = next;                         （第 4 步）
}
```

本示例最后一次扩容十分耗时，大量线程都在齐心协力地一起做数据迁移工作。其中，Key 在同一个 slot 上的链表在进行遍历时，在第 2 步和第 3 步之间形成了数据互相覆盖的情形。而对于死链的生成，需要先明确三点：

（1）原先没有死链的同一个 slot 上节点遍历一定能够按顺序走完。因为 e 和 next 都是线程内的局部变量，是绝对不会互相干扰的，所以 while 循环在此次生成死链的过程中是会正常退出的。

（2）table 数组是各线程都可以共享修改的对象。

（3）put()、get() 和 transfer() 三种操作在运行到此拥有死链的 slot 上，CPU 使用率都会飙升。

图 6-25 所示为 HashMap 的旧表结构。

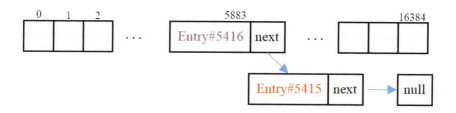

图 6-25　HashMap 的旧表结构

两个线程 A 和 B，执行 transfer 方法，虽然 newTable 是局部变量，但是原先 table 中的 Entry 链表是共享的。产生问题的根源是 Entry 的 next 被并发修改。这可能导致：

（1）对象丢失。
（2）两个对象互链。
（3）对象自己互链。

形成环路的原因是两个线程都执行完第一个节点的遍历操作后，到第二个节点时，产生互链，如图 6-26 所示。

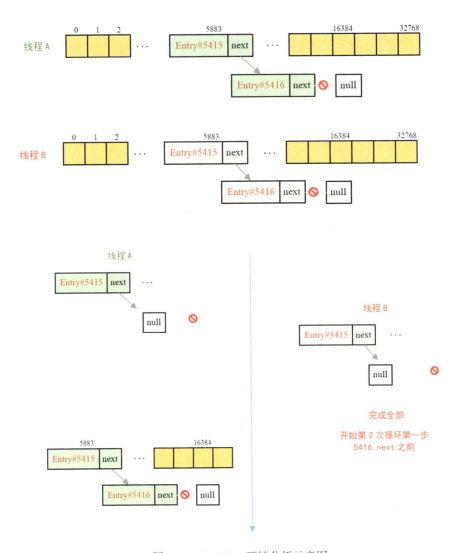

图 6-26 HashMap 死链分析示意图

JDK7 的扩容条件是 (size >= threshold) && (null != table[bucketIndex])，即达到阈值，并且当前需要存放对象的 slot 上已经有值。从代码上看，是先扩容，然后进行新增元素操作，而 JDK8 是增加元素之后扩容。

当然扩容之后，虽然 CPU 还有一定的运行能力，但 get() 请求刚好又赶到这个死链存在的 slot 位置上，因而雪上加霜。在第二个业务案例中，就是在 put() 已经形成死链的情况下，get() 又命中，使得服务器基本处于宕机状态。

JDK8 的 HashMap 改进了这种从头节点就开始操作数据迁移的做法，采用对原先链表的头尾节点引用，保证"有序性"。对于 HashMap 的分析仅限于死链和对象丢失分析，是希望在使用 JDK8 之前的版本时，规避这样的风险，或直接使用 ConcurrentHashMap。

6.8.4 ConcurrentHashMap

考虑到线程并发安全性，ConcurrentHashMap 是比 HashMap 更加推荐的一种哈希式集合。JDK8 对 ConcurrentHashMap 进行了脱胎换骨式的改造，使用了大量的 lock-free 技术来减轻因锁的竞争而对性能造成的影响。它是学习并发编程的一个绝佳示例，此类超过 6300 行代码，涉及 volatile、CAS、锁、链表、红黑树等众多知识点。

扩展说明一下 CAS（Compare And Swap），它是解决轻微冲突的多线程并发场景下使用锁造成性能损耗的一种机制。每一次执行都必须进行加锁和解锁的成本是比较高的，在并发度比较低的情况下，这种时间成本消耗是比较奢侈的。CAS 就是先比较，如果不符合预期，则进行重试。CAS 操作包含三个操作要素：内存位置、预期原值（假设为 A）和新值（假设为 B）。如果内存位置的值与预期原值相等，则处理器将该位置值更新为新值。如果不相等，则获取当前值，然后进行不断的轮询操作，直到成功或达到某个阈值退出，典型代码如下：

```
public final int getAndIncrement() {
    for (;;) {
        int current = get();
        int next = current + 1;
        if (compareAndSet(current, next)) {
            return current;
        }
    }
}
```

上述示例代码中的 compareAndSet 的功能是与 current 比较，如果相等则值变为 next，这个原子操作是在硬性层面来保证的，唯一要避免的是 ABA 问题。CAS 这种不加锁而实现操作原子化的并发编程方式，在本节和后续的线程池中，都有涉及。

下面简要介绍在高并发场景下的其他哈希式集合。Hashtable 是在 JDK1.0 中引入的哈希式集合，以全互斥方式处理并发情况，性能极差；HashMap 是在 JDK1.2 中引入的，是非线程安全的，它最大的问题是在并发写的情形下，容易出现死链问题，导致服务不可用。ConcurrentHashMap 是在 JDK5 中引入的线程安全的哈希式集合，在 JDK8 之前采用了分段锁的设计理念，相当于 Hashtable 与 HashMap 的折中版本，这是效率与一致性权衡后的结果。分段锁是由内部类 Segment 实现的，它继承于 ReentrantLock，用来管理它辖区的各个 HashEntry。ConcurrentHashMap 被 Segment 分成了很多小区，Segment 就相当于小区保安，HashEntry 列表相当于小区业主，小区保安通过加锁的方式，保证每个 Segment 内都不发生冲突。

下面对 JDK11 版本的 ConcurrentHashMap 进行深度分析，它对 JDK7 的版本进行了三点改造：

（1）取消分段锁机制，进一步降低冲突概率。

（2）引入红黑树结构。同一个哈希槽上的元素个数超过一定阈值后，单向链表改为红黑树结构。

（3）使用了更加优化的方式统计集合内的元素数量。首先，Map 原有的 size() 方法最大只能表示到 $2^{31}-1$，ConcurrentHashMap 额外提供了 mappingCount() 方法，用来返回集合内元素的数量，最大可以表示到 $2^{63}-1$。此外，在元素总数更新时，使用了 CAS 和多种优化以提高并发能力。

下面先学习一下 ConcurrentHashMap 的相关属性定义，对这些信息的深刻理解有助于对整个类的体系认知。因此，我们在字段上方详细地注明了字段意义、使用方式、注意事项等，如下所示：

```java
// 默认为 null，ConcurrentHashMap 存放数据的地方，扩容时大小总是 2 的幂次方
// 初始化发生在第一次插入操作，数组默认初始化大小为 16
transient volatile Node<K, V>[] table;

// 默认为 null，扩容时新生成的数组，其大小为原数组的两倍
private transient volatile Node<K, V>[] nextTable;

// 存储单个 KV 数据节点。内部有 key、value、hash、next 指向下一个节点
// 它有 4 个在 ConcurrentHashMap 类内部定义的子类：
// TreeBin、TreeNode、ForwardingNode、ReservationNode
// 前 3 个子类都重写了查找元素的重要方法 find()
// 这些节点的概念必须清晰地区分，否则极大阻碍对源码的理解
static class Node<K, V> implements Map.Entry<K, V> {...}

// 它并不存储实际数据，维护对桶内红黑树的读写锁，存储对红黑树节点的引用
static final class TreeBin<K, V> extends Node<K, V> {...}

// 在红黑树结构中，实际存储数据的节点
static final class TreeNode<K, V> extends Node<K, V> {...}
```

```
// 扩容转发节点，放置此节点后，外部对原有哈希槽的操作会转发到nextTable上
static final class ForwardingNode<K, V> extends Node<K, V> {...}

// 占位加锁节点。执行某些方法时，对其加锁，如computeIfAbsent等
static final class ReservationNode<K, V> extends Node<K,V> {...}

// 默认为0，重要属性，用来控制table的初始化和扩容操作
// sizeCtl=-1，表示正在初始化中
// sizeCtl=-n，表示(n-1)个线程正在进行扩容中
// sizeCtl>0，初始化或扩容中需要使用的容量
// sizeCtl=0，默认值，使用默认容量进行初始化
private transient volatile int sizeCtl;

// 集合size小于64，无论如何，都不会使用红黑树结构
// 转化为红黑树还有一个条件是TREEIFY_THRESHOLD
static final int MIN_TREEIFY_CAPACITY = 64;

// 同一个哈希桶内存储的元素个数超过此阈值时
// 则存储结构由链表转为红黑树
static final int TREEIFY_THRESHOLD = 8;

// 同一个哈希桶内存储的元素个数小于等于此阈值时
// 从红黑树回退至链表结构，因为元素个数较少时，链表更快
static final int UNTREEIFY_THRESHOLD = 6;
```

根据属性的初步认知，我们可以勾勒出ConcurrentHashMap的大致存储结构，如图6-27所示。

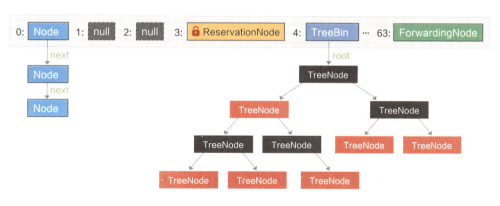

图6-27 ConcurrentHashMap的元素存储类型

在图6-27示例中，table的长度为64，数据存储结构分为两种：链表和红黑树。当某个槽内的元素个数增加到超过8个且table的容量大于或等于64时，由链表转为

红黑树；当某个槽内的元素个数减少到 6 个时，由红黑树重新转回链表。链表转红黑树的过程，就是把给定顺序的元素构造成一棵红黑树的过程。需要注意的是，当 table 的容量小于 64 时，只会扩容，并不会把链表转为红黑树。在转化过程中，使用同步块锁住当前槽的首元素，防止其他进程对当前槽进行增删改操作，转化完成后利用 CAS 替换原有链表。因为 TreeNode 节点也存储了 next 引用，所以红黑树转链表的操作就变得非常简单，只需从 TreeBin 的 first 元素开始遍历所有的节点，并把节点从 TreeNode 类型转化为 Node 类型即可，当构造好新的链表之后，会同样利用 CAS 替换原有红黑树。相对来说，链表转红黑树更为复杂，流程图如图 6-28 所示。

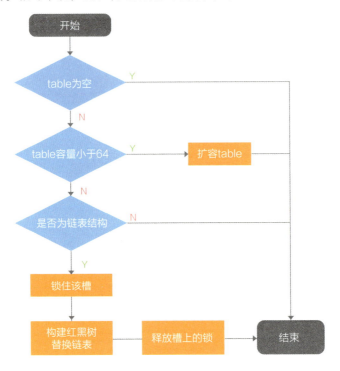

图 6-28　ConcurrentHashMap 元素插入流程图

触发上述存储结构转化最主要的操作是增加元素，即 put() 方法。基本思想与 HashMap 一致，区别就是增加了锁的处理，ConcurrentHashMap 元素插入流程图如图 6-29 所示。

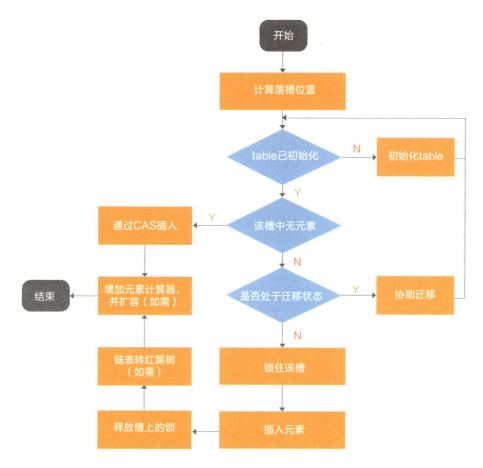

图 6-29 ConcurrentHashMap 扩容流程图

最后我们简要介绍 Node 的另两个子类：ForwardingNode 和 ReservationNode。ForwardingNode 在 table 扩容时使用，内部记录了扩容后的 table，即 nextTable。当 table 需要进行扩容时，依次遍历当前 table 中的每一个槽，如果不为 null，则需要把其中所有的元素根据 hash 值放入扩容后的 nextTable 中，而原 table 的槽内会放置一个 ForwardingNode 节点。正如其名，此节点会把 find() 请求转发到扩容后的 nextTable 上。而执行 put() 方法的线程如果碰到此节点，也会协助进行迁移。

ReservationNode 在 computeIfAbsent() 及其相关方法中作为一个预留节点使用。computeIfAbsent() 方法会先判断相应的 Key 值是否已存在，如果不存在，则调用由用户实现的自定义方法来生成 Value 值，组成 KV 键值对，随后插入此哈希集合中。在并发场景下，在从得知 Key 不存在到插入哈希集合的时间间隔内，为了防止哈希槽被其他线程抢占，当前线程会使用一个 ReservationNode 节点放到槽中并加锁，从而保证了线程的安全性。

最后，让我们来聊一聊 ConcurrentHashMap 对于计算集合 size() 的优化。需要注意的是，无论是 JDK7 还是 JDK8，ConcurrentHashMap 的 size() 方法都只能返回一个大概数量，无法做到 100% 的精确，因为已经统计过的槽在 size() 返回最终结果前有可能又出现了变化，从而导致返回大小与实际大小存在些许差异。在多个槽的设计下，如果仅仅是为了统计元素数量而停下所有的增删操作，又会显得因噎废食。因此，ConcurrentHashMap 在涉及元素总数的相关更新和计算时，会最大限度地减少锁的使用，以减少线程间的竞争与互相等待。在这个设计思路下，JDK8 的 ConcurrentHashMap 对元素总数的计算又做了进一步的优化，具体表现在：在 put()、remove() 和 size() 方法中，涉及元素总数的更新和计算，都彻底避免了锁的使用，取而代之的是众多的 CAS 操作。

我们先来一起看下在 JDK7 版本中的 put() 方法和 remove() 方法，对于 segment 内部元素和计数器的更新，全部处于锁的保护下。如 Segment.put() 方法的第一行：

```
// 经过这一行代码，能够保证当前线程取得该 Segment 上的锁，随后可以大胆地更新元素和
// 内部的计数器
HashEntry<k> node = tryLock() ? null : scanAndLockForPut(key, hash, value);
```

而 JDK7 版本的 ConcurrentHashMap 获取集合大小流程图如图 6-30 所示。

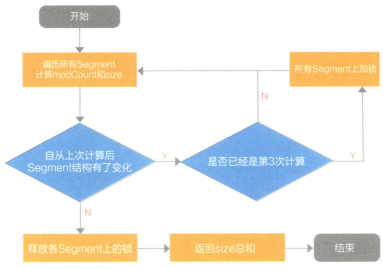

图 6-30 JDK7 版本的 ConcurrentHashMap 获取集合大小流程图

可以看到，在 JDK7 版本中，ConcurrentHashMap 在统计元素总数时已经开始避

免使用锁了，毕竟加锁操作会极大地影响到其他线程对于哈希元素的修改。当经过了 3 次计算（2 次对比）后，发现每次统计时哈希都有结构性的变化，这时它就会"气急败坏"地把所有 Segment 都加上锁；而当自己统计完成后，才会把锁释放掉，再允许其他线程修改哈希中的元素。

获取集合元素个数是否还有进一步的优化空间呢？JDK8 的 ConcurrentHashMap 给出了答案：有！前面已经分析过了，在 put() 中，对于哈希元素总数的更新，是置于对某个槽的锁之外的，主要会用到的属性如下：

```
// 记录了元素总数值，主要用在无竞争状态下
// 在总数更新后，通过 CAS 方式直接更新这个值
private transient volatile long baseCount;
// 一个计数器单元，维护了一个 value 值
static final class CounterCell {...}
// 在竞争激烈的状态下启用，线程会把总数更新情况存放到该结构内
// 当竞争进一步加剧时，会通过扩容减少竞争
private transient volatile CounterCell[] counterCells;
```

正是借助 baseCount 和 counterCells 两个属性，并配合多次使用 CAS 方法，JDK8 中的 ConcurrentHashMap 避免了锁的使用。虽然源码过程看起来非常复杂，但是思路却很清晰：

- 当并发量较小时，优先使用 CAS 的方式直接更新 baseCount。
- 当更新 baseCount 冲突，则会认为进入到比较激烈的竞争状态，通过启用 counterCells 减少竞争，通过 CAS 的方式把总数更新情况记录在 counterCells 对应的位置上。
- 如果更新 counterCells 上的某个位置时出现了多次失败，则会通过扩容 counterCells 的方式减少冲突。
- 当 counterCells 处在扩容期间时，会尝试更新 baseCount 值。

对于元素总数的统计，逻辑就非常简单了，只需要让 baseCount 加上各 counterCells 内的数据，就可以得出哈希内的元素总数，整个过程完全不需要借助锁。

正因为 ConcurrentHashMap 提供了高效的锁机制实现，在各种多线程应用场景中，推荐使用此集合进行 KV 键值对的存储与使用。

第 7 章　并发与多线程

是以驷牡异力,而六辔如琴;并驾齐驱,而一毂统辐。行文如此,并发亦如此。

目前 CPU 的运算速度已经达到百亿次/秒，甚至更高的量级，家用电脑维持操作系统正常运行的进程也会有数十个，线程更是数以百计。所以，在现实场景中，为了提高生产率和高效地完成任务，处处均采用多线程和并发的运作方式。

首先从并发（Concurrency）与并行（Parallelism）说起。并发是指在某个时间段内，多任务交替处理的能力。所谓不患寡而患不均，每个 CPU 不可能只顾着执行某个进程，让其他进程一直处于等待状态。所以，CPU 把可执行时间均匀地分成若干份，每个进程执行一段时间后，记录当前的工作状态，释放相关的执行资源并进入等待状态，让其他进程抢占 CPU 资源。并行是指同时处理多任务的能力。目前，CPU 已经发展为多核，可以同时执行多个互不依赖的指令及执行块。并发与并行两个概念非常容易混淆，它们的核心区别在于进程是否同时执行。以 KTV 唱歌为例，并行指的是有多少人可以使用话筒同时唱歌；并发指的是同一个话筒被多个人轮流使用。

并发与并行的目标都是尽可能快地执行完所有任务。以医生坐诊为例，某个科室有两个专家同时出诊，这就是两个并行任务；其中一个医生，时而问诊，时而查看化验单，然后继续问诊，突然又中断去处理病人的咨询，这就是并发。在并发环境下，由于程序的封闭性被打破，出现了以下特点：

（1）并发程序之间有相互制约的关系。直接制约体现为一个程序需要另一个程序的计算结果；间接制约体现为多个程序竞争共享资源，如处理器、缓冲区等。

（2）并发程序的执行过程是断断续续的。程序需要记忆现场指令及执行点。

（3）当并发数设置合理并且 CPU 拥有足够的处理能力时，并发会提高程序的运行效率。

7.1 线程安全

线程是 CPU 调度和分派的基本单位，为了更充分地利用 CPU 资源，一般都会使用多线程进行处理。多线程的作用是提高任务的平均执行速度，但是会导致程序可理解性变差，编程难度加大。例如，楼下有一车砖头需要工人搬到 21 楼，如果 10 个人一起搬，速度一定比 1 个人搬要快，完成任务的总时间会极大减少。但是论单次的时间成本，由于楼梯交会等因素 10 个人比 1 个人要慢。如果无限地增加人数，比如 10000 人参与搬砖时，反而会因为楼道拥堵不堪变得更慢，所以合适的人数才会使工作效率最大化。同理，合适的线程数才能让 CPU 资源被充分利用。如图 7-1 所示，这是计算机的资源监视数据，红色箭头指向的 PID 就是进程 ID，绿色箭头表示 Java 进程运行着 30 个线程。

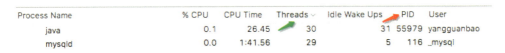

图 7-1　计算机的资源监视数据

线程可以拥有自己的操作栈、程序计数器、局部变量表等资源，它与同一进程内的其他线程共享该进程的所有资源。线程在生命周期内存在多种状态。如图 7-2 所示，有 NEW（新建状态）、RUNNABLE（就绪状态）、RUNNING（运行状态）、BLOCKED（阻塞状态）、DEAD（终止状态）五种状态。

图 7-2　线程状态图

（1）NEW，即新建状态，是线程被创建且未启动的状态。创建线程的方式有三种：第一种是继承自 Thread 类，第二种是实现 Runnable 接口，第三种是实现 Callable 接口。相比第一种，推荐第二种方式，因为继承自 Thread 类往往不符合里氏代换原则，而实现 Runnable 接口可以使编程更加灵活，对外暴露的细节比较少，让使用者专注于实现线程的 run() 方法上。第三种 Callable 接口的 call() 声明如下：

```
/**
 * Computes a result, or throws an exception if unable to do so.
 * @return computed result, V is generics value
 * @throws Exception if unable to compute a result
 */
V call() throws Exception;
```

由此可知，Callable 与 Runnable 有两点不同：第一，可以通过 call() 获得返回值。前两种方式都有一个共同的缺陷，即在任务执行完成后，无法直接获取执行结果，需要借助共享变量等获取，而 Callable 和 Future 则很好地解决了这个问题；第二，call() 可以抛出异常。而 Runnable 只有通过 setDefaultUncaughtExceptionHandler() 的方式才能在主线程中捕捉到子线程异常。

（2）RUNNABLE，即就绪状态，是调用 start() 之后运行之前的状态。线程的 start() 不能被多次调用，否则会抛出 IllegalStateException 异常。

（3）RUNNING，即运行状态，是 run() 正在执行时线程的状态。线程可能会由于某些因素而退出 RUNNING，如时间、异常、锁、调度等。

（4）BLOCKED，即阻塞状态，进入此状态，有以下种情况。

- 同步阻塞：锁被其他线程占用。
- 主动阻塞：调用 Thread 的某些方法，主动让出 CPU 执行权，比如 sleep()、join() 等。
- 等待阻塞：执行了 wait()。

（5）DEAD，即终止状态，是 run() 执行结束，或因异常退出后的状态，此状态不可逆转。

再用医生坐诊的例子说明，医生并发地处理多个病人的询问、开化验单、查看化验结果、开药等工作，任何一个环节一旦出现数据混淆，都可能引发严重的医疗事故。延伸到计算机的线程处理过程中，因为各个线程轮流占用 CPU 的计算资源，可能会出现某个线程尚未执行完就不得不中断的情况，容易导致线程不安全。例如，在服务端某个高并发业务共享某用户数据，首先 A 线程执行用户数据的查询任务，但数据尚未返回就退出 CPU 时间片；然后 B 线程抢占了 CPU 资源执行并覆盖了该用户数据，最后 A 线程返回到执行现场，直接将 B 线程处理过后的用户数据返回给前端，导致页面显示数据错误。为保证线程安全，在多个线程并发地竞争共享资源时，通常采用同步机制协调各个线程的执行，以确保得到正确的结果。

线程安全问题只在多线程环境下才出现，单线程串行执行不存在此问题。保证高并发场景下的线程安全，可以从以下四个维度考量：

（1）**数据单线程内可见**。单线程总是安全的。通过限制数据仅在单线程内可见，可以避免数据被其他线程篡改。最典型的就是线程局部变量，它存储在独立虚拟机栈帧的局部变量表中，与其他线程毫无瓜葛。ThreadLocal 就是采用这种方式来实现线程安全的。

（2）**只读对象**。只读对象总是安全的。它的特性是允许复制、拒绝写入。最典型的只读对象有 String、Integer 等。一个对象想要拒绝任何写入，必须要满足以下条件：使用 final 关键字修饰类，避免被继承；使用 private final 关键字避免属性被中途修改；没有任何更新方法；返回值不能为可变对象。

（3）**线程安全类**。某些线程安全类的内部有非常明确的线程安全机制。比如 StringBuffer 就是一个线程安全类，它采用 synchronized 关键字来修饰相关方法。

（4）**同步与锁机制**。如果想要对某个对象进行并发更新操作，但又不属于上述三类，需要开发工程师在代码中实现安全的同步机制。虽然这个机制支持的并发场景很有价值，但非常复杂且容易出现问题。

线程安全的核心理念就是"要么只读，要么加锁"。合理利用好 JDK 提供的并发包，往往能化腐朽为神奇。Java 并发包（java.util.concurrent，JUC）中大多数类注释都写有：@author Doug Lea。如果说 Java 是一本史书，那么 Doug Lea 绝对是开疆拓土的伟大人物。Doug Lea 在当大学老师时，专攻并发编程和并发数据结构设计，主导设计了 JUC 并发包，提高了 Java 并发编程的易用性，大大推进了 Java 的商用进程。并发包主要分成以下几个类族：

（1）**线程同步类**。这些类使线程间的协调更加容易，支持了更加丰富的线程协调场景，逐步淘汰了使用 Object 的 wait() 和 notify() 进行同步的方式。主要代表为 CountDownLatch、Semaphore、CyclicBarrier 等。

（2）**并发集合类**。集合并发操作的要求是执行速度快，提取数据准。最著名的类非 ConcurrentHashMap 莫属，它不断地优化，由刚开始的锁分段到后来的 CAS，不断地提升并发性能。其他还有 ConcurrentSkipListMap、CopyOnWriteArrayList、BlockingQueue 等。

（3）**线程管理类**。虽然 Thread 和 ThreadLocal 在 JDK1.0 就已经引入，但是真正把 Thread 发扬光大的是线程池。根据实际场景的需要，提供了多种创建线程池的快捷方式，如使用 Executors 静态工厂或者使用 ThreadPoolExecutor 等。另外，通过 ScheduledExecutorService 来执行定时任务。

（4）锁相关类。锁以 Lock 接口为核心，派生出在一些实际场景中进行互斥操作的锁相关类。最有名的是 ReentrantLock。锁的很多概念在弱化，是因为锁的实现在各种场景中已经通过类库封装进去了。

并发包中的类族有很多，差异比较微妙，开发工程师需要有很好的 Java 基础、逻辑思维能力，还需要有一定的数据结构基础，才能够彻底分清各个类族的优点、缺点及差异点。

解决线程安全问题的能力是开发工程师进阶的重要能力之一。由于初创公司的业务流量通常比较小，再加上其初级程序员缺乏线程安全意识。所以，即使出现了由高并发导致的错误，往往也由于复现难度大、追踪困难而不了了之。但是在后期的系统重构中，这些公司一定会为以上线程安全隐患买单。

7.2 什么是锁

从传统的门闩、铁锁到现代的密码锁、指纹锁、虹膜识别锁等，锁的便捷性和安全性在不断提升，对于私有财产或领地的保护也更加高效和健全。在计算机信息世界里，单机单线程时代没有锁的概念。自从出现了资源竞争，人们才意识到需要对部分场景的执行现场加锁，昭告天下，表明自己的"短暂"拥有（其实对于任何有形或无形的东西，拥有都不可能是永恒的）。计算机的锁也是从开始的悲观锁，发展到后来的乐观锁、偏向锁、分段锁等。锁主要提供了两种特性：互斥性和不可见性。因为锁的存在，某些操作对外界来说是黑箱进行的，只有锁的持有者才知道对变量进行了什么修改。

计算机的锁分类有很多，本书并不打算详细介绍每种锁，而是通过对 java.util.concurrent（JUC）包中基础类的解析来说明锁的本质和特性。Java 中常用锁实现的方式有两种。

1. 用并发包中的锁类

并发包的类族中，Lock 是 JUC 包的顶层接口，它的实现逻辑并未用到 synchronized，而是利用了 volatile 的可见性。先通过 Lock 来了解 JUC 包的一些基础类，如图 7-3 所示。

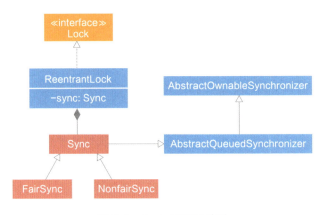

图 7-3　Lock 的继承关系

图 7-3 为 Lock 的继承类图，ReentrantLock 对于 Lock 接口的实现主要依赖了 Sync，而 Sync 继承了 AbstractQueuedSynchronizer（AQS），它是 JUC 包实现同步的基础工具。在 AQS 中，定义了一个 volatile int state 变量作为共享资源，如果线程获取资源失败，则进入同步 FIFO 队列中等待；如果成功获取资源就执行临界区代码。执行完释放资源时，会通知同步队列中的等待线程来获取资源后出队并执行。

AQS 是抽象类，内置 CLH 自旋锁实现的同步队列，封装入队和出队的操作，提供独占、共享、中断等特性的方法。AQS 的子类可以定义不同的资源实现不同性质的方法。比如可重入锁 ReentrantLock，定义 state 为 0 时可以获取资源并置为 1。若已获得资源，state 不断加 1，在释放资源时 state 减 1，直至为 0；CountDownLatch 初始时定义了资源总量 state=count，countDown() 不断将 state 减 1，当 state=0 时才能获得锁，释放后 state 就一直为 0。所有线程调用 await() 都不会等待，所以 CountDownLatch 是一次性的，用完后如果再想用就只能重新创建一个；如果希望循环使用，推荐使用基于 ReentrantLock 实现的 CyclicBarrier。Semaphore 与 CountDownLatch 略有不同，同样也是定义了资源总量 state=permits，当 state>0 时就能获得锁，并将 state 减 1，当 state=0 时只能等待其他线程释放锁，当释放锁时 state 加 1，其他等待线程又能获得这个锁。当 Semphore 的 permits 定义为 1 时，就是互斥锁，当 permits>1 就是共享锁。

JDK8 提出了一个新的锁：StampedLock，改进了读写锁 ReentrantReadWriteLock。这些新增的锁相关类不断丰富了 JUC 包的内容，降低了并发编程的难度，提高了锁的性能和安全性。

2. 利用同步代码块

同步代码块一般使用 Java 的 synchronized 关键字来实现，有两种方式对方法进行加锁操作：第一，在方法签名处加 synchronized 关键字；第二，使用 synchronized(对象或类)进行同步。这里的原则是锁的范围尽可能小，锁的时间尽可能短，即能锁对象，就不要锁类；能锁代码块，就不要锁方法。

synchronized 锁特性由 JVM 负责实现。在 JDK 的不断优化迭代中，synchronized 锁的性能得到极大提升，特别是偏向锁的实现，使得 synchronized 已经不是昔日那个低性能且笨重的锁了。JVM 底层是通过监视锁来实现 synchronized 同步的。监视锁即 monitor，是每个对象与生俱来的一个隐藏字段。使用 synchronized 时，JVM 会根据 synchronized 的当前使用环境，找到对应对象的 monitor，再根据 monitor 的状态进行加、解锁的判断。例如，线程在进入同步方法或代码块时，会获取该方法或代码块所属对象的 monitor，进行加锁判断。如果成功加锁就成为该 monitor 的唯一持有者。monitor 在被释放前，不能再被其他线程获取。下面通过字节码学习 synchronized 锁是如何实现的：

```
public void testSynchronized();
    descriptor: ()V
    flags: ACC_PUBLIC
    Code:
      stack=2, locals=2, args_size=1
         0: getstatic      #13
         // Field mutex:Ljava/lang/Object;
         3: dup
         4: astore_1
         5: monitorenter
         6: getstatic      #39
         // Field java/lang/System.out:Ljava/io/PrintStream;
         9: ldc            #45
         // String hello world
        11: invokevirtual #47
        // Method java/io/PrintStream.println:(Ljava/lang/String;)V
        14: aload_1
        15: monitorexit
        16: goto 22
        19: aload_1
        20: monitorexit
        21: athrow
        22: return
```

```
Exception table:
   from    to  target type
      6    16      19 any
     19    21      19 any
LineNumberTable:
  line 26: 0
  line 27: 6
  line 26: 14
  line 29: 22
LocalVariableTable:
  Start  Length  Slot  Name  Signature
      0      23     0  this  Ltest/Test;
```

方法元信息中会使用 ACC_SYNCHRONIZED 标识该方法是一个同步方法。同步代码块中会使用 monitorenter 及 monitorexit 两个字节码指令获取和释放 monitor。如果使用 monitorenter 进入时 monitor 为 0，表示该线程可以持有 monitor 后续代码，并将 monitor 加 1；如果当前线程已经持有了 monitor，那么 monitor 继续加 1；如果 monitor 非 0，其他线程就会进入阻塞状态。JVM 对 synchronized 的优化主要在于对 monitor 的加锁、解锁上。JDK6 后不断优化使得 synchronized 提供三种锁的实现，包括偏向锁、轻量级锁、重量级锁，还提供自动的升级和降级机制。JVM 就是利用 CAS 在对象头上设置线程 ID，表示这个对象偏向于当前线程，这就是偏向锁。

偏向锁是为了在资源没有被多线程竞争的情况下尽量减少锁带来的性能开销。在锁对象的对象头中有一个 ThreadId 字段，当第一个线程访问锁时，如果该锁没有被其他线程访问过，即 ThreadId 字段为空，那么 JVM 让其持有偏向锁，并将 ThreadId 字段的值设置为该线程的 ID。当下一次获取锁时，会判断当前线程的 ID 是否与锁对象的 ThreadId 一致。如果一致，那么该线程不会再重复获取锁，从而提高了程序的运行效率。如果出现锁的竞争情况，那么偏向锁会被撤销并升级为轻量级锁。如果资源的竞争非常激烈，会升级为重量级锁。偏向锁可以降低无竞争开销，它不是互斥锁，不存在线程竞争的情况，省去再次同步判断的步骤，提升了性能。

7.3 线程同步

7.3.1 同步是什么

资源共享的两个原因是资源紧缺和共建需求。线程共享 CPU 是从资源紧缺的维度来考虑的，而多线程共享同一变量，通常是从共建需求的维度来考虑的。在多个线程对同一变量进行写操作时，如果操作没有原子性，就可能产生脏数据。所谓原子性是指不可分割的一系列操作指令，在执行完毕前不会被任何其他操作中断，要么全部执行，要么全部不执行。如果每个线程的修改都是原子操作，就不存在线程同步问题。有些看似非常简单的操作其实不具备原子性，典型的就是 i++ 操作，它需要分为三步，即 ILOAD → IINC → ISTORE。另一方面，更加复杂的 CAS（Compare And Swap）操作却具有原子性。

线程同步现象在实际生活随处可见。比如乘客在火车站排队打车，每个人都是一个线程，管理员每次放 10 个人进来，为了保证安全，等全部离开后，再放下一批人进来。如果没有协调机制，场面一定是混乱不堪的，人们会一窝蜂地上去抢车，存在严重的安全隐患。计算机的线程同步，就是线程之间按某种机制协调先后次序执行，当有一个线程在对内存进行操作时，其他线程都不可以对这个内存地址进行操作，直到该线程完成操作。实现线程同步的方式有很多，比如同步方法、锁、阻塞队列等。

7.3.2 volatile

先从 happen before 了解线程操作的可见性。把 a happen before b 定义为方法 hb(a,b)，表示 a happen before b。如果 hb(a,b) 且 hb(b,c)，能够推导出 hb(a,c)。类似于 $x>y$ 且 $y>z$，可以推导出 $x>z$。这不就是一种放之四海而皆准的规律吗？但其实很多场景并不符合这种规律，比如在 2018 年俄罗斯世界杯上，韩国队战胜德国队，德国队战胜瑞典队，并不能推导出韩国队战胜了瑞典队。

线程执行或线程切换都是纳秒级的，执行速度如此之快，直觉上会认为线程本地缓存的必要性特别弱。做个类比，我们人类以年为计而宇宙以亿年为计，宇宙老人看待人类的心态不正如我们看待 CPU 世界的心态吗？时间成本的巨大差异只要存在，缓存策略自然就会产生。再比如，去学校图书馆仅需要 10 分钟，借一本书，无须缓存。但如果去市图书馆，往返需要 5 个小时，一般为了减少路程开销而会考虑多借几本。CPU 访问内存远远比访问高速缓存 L1 和 L2 慢得多，对应借书的例子，应该得去国外图书馆了。

接着再谈指令优化。计算机并不会根据代码顺序按部就班地执行相关指令，再回到借书例子，假如你刚好要去还书，然后再借一本，你的室友恰好也让你帮他归还 *Easy Coding* 这本书，然后再借一本《码出高效：Java 开发手册》。这个过程有两件事：你的事和他的事。先办完你的事，再办他的事，是一种单线程的死板行为。此时你会潜意识地进行"指令优化"：把你要还的书和 *Easy Coding* 先一起归还，再一起借你们要借的书，这相当于合并数据进行存取的操作过程。CPU 在处理信息时也会进行指令优化，分析哪些取数据动作可以合并进行，哪些存数据动作可以合并进行。CPU 拜访一趟遥远的内存，一定会到处看看，是否可以存取合并，以提高执行效率。指令重排示例代码如下：

```java
@Override
public void run() {
    // （第 1 处）
    int x = 1;
    int y = 2;
    int z = 3;
    // （第 2 处）
    x = x + 1;
    // （第 3 处）
    int sum = x + y + z;
}
```

happen before 是时钟顺序的先后，并不能保证线程交互的可见性。在第 2 处和第 3 处都是写操作，不会进行指令重排，但是前三行是不互斥的，并且第 1 处的操作如果放在 z=3 赋值操作之后，明显是效率最大化的处理方式。所以指令重排的最大可能是把第 1 处和第 2 处串联依次执行。happen before 并不能保证线程交互的可见性。那么什么是可见性呢？可见性是指某线程修改共享变量的指令对其他线程来说都是可见的，它反映的是指令执行的实时透明度。

每个线程都有独占的内存区域，如操作栈、本地变量表等。线程本地内存保存了引用变量在堆内存中的副本，线程对变量的所有操作都在本地内存区域中进行，执行结束后再同步到堆内存中去。这里必然有一个时间差，在这个时间差内，该线程对副本的操作，对于其他线程都是不可见的。

volatile 的英文本义是"挥发、不稳定的"，延伸意义为敏感的。当使用 volatile 修饰变量时，意味着任何对此变量的操作都会在内存中进行，不会产生副本，以保证共享变量的可见性，局部阻止了指令重排的发生。由此可知，在使用单例设计模式时，即使用双检锁也不一定会拿到最新的数据。

如下示例代码在高并发场景中会存在问题：

```java
class LazyInitDemo {
    private static TransactionService service = null;

    public static TransactionService getTransactionService() {
```

```
        if (service == null) {
            synchronized (this) {
                if (service == null) {
                    service = new TransactionService();
                }
            }
        }
        return service;
    }
    // other methods and fields...
}
```

使用者在调用 getTransactionService() 时，有可能会得到初始化未完成的对象。究其原因，与 Java 虚拟机的编译优化有关。对 Java 编译器而言，初始化 TransactionService 实例和将对象地址写到 service 字段并非原子操作，且这两个阶段的执行顺序是未定义的。假设某个线程执行 new TransactionService() 时，构造方法还未被调用，编译器仅仅为该对象分配了内存空间并设为默认值，此时若另一个线程调用 getTransactionService() 方法，由于 service!=null，但是此时 service 对象还没有被赋予真正有效的值，从而无法取到正确的 service 单例对象。这就是著名的双重检查锁定（Double-checked Locking）问题，对象引用在没有同步的情况下进行读操作，导致用户可能会获取未构造完成的对象。对于此问题，一种较为简单的解决方案是用 volatile 关键字修饰目标属性（适用于 JDK5 及以上版本），这样 service 就限制了编译器对它的相关读写操作，对它的读写操作进行指令重排，确定对象实例化之后才返回引用。

锁也可以确保变量的可见性，但是实现方式和 volatile 略有不同。线程在得到锁时读入副本，释放时写回内存，锁的操作尤其要符合 happen before 原则。

volatile 解决的是多线程共享变量的可见性问题，类似于 synchronized，但不具备 synchronized 的互斥性。所以对 volatile 变量的操作并非都具有原子性，这是一个容易犯错误的地方。一个线程对共享变量进行 10000 次 i++ 操作，另一个线程进行 10000 次 i-- 操作，如下示例代码：

```java
public class VolatileNotAtomic {
    private static volatile long count = 0L;
    private static final int NUMBER = 10000;

    public static void main(String[] args) {
        Thread subtractThread = new SubtractThread();
```

```java
        subtractThread.start();

        for (int i = 0; i < NUMBER; i++) {
            count++;
        }

        // 等待减法线程结束
        while (subtractThread.isAlive()) {}

        System.out.println("count 最后的值为： " + count);
    }

    private static class SubtractThread extends Thread {
        @Override
        public void run() {
            for (int i = 0; i < NUMBER; i++) {
                count--;
            }
        }
    }
}
```

多次执行后，发现结果基本都不为 0。如果在 count++ 和 count-- 两处都进行加锁操作，才会得到预期是 0 的结果。这里对 count 的读取、加 1 操作的字节码如下：

```
// 1. 读取 count 并压入操作栈顶
GETSTATIC com/alibaba/easy/coding/other/VolatileNotAtomic.count: I
// 2. 常量 1 压入操作栈顶
ICONST_1
// 3. 取出最顶部两个元素进行相加
IADD
// 4. 将刚才得到的和赋值给 count
PUTSTATIC com/alibaba/easy/coding/other/VolatileNotAtomic.count: I
```

需要 4 步才能完成加 1 操作。在该过程中，其他线程有足够的时间覆盖变量的值，如果想让示例代码最后的结果为零，需要对 count++ 和 count-- 加锁：

```java
for (int i = 0; i < MAX_VALUE; i++) {
    synchronized (VolatileNotAtomic.class) {
        // 在 count-- 代码处也同样进行加锁处理
        count++;
    }
}
```

能实现 count++ 原子操作的其他类有 AtomicLong 和 LongAdder。JDK8 推荐使用 LongAdder 类，它比 AtomicLong 性能更好，有效地减少了乐观锁的重试次数。

因此，"volatile 是轻量级的同步方式"这种说法是错误的。它只是轻量级的线程操作可见方式，并非同步方式，如果是多写场景，一定会产生线程安全问题。如果是一写多读的并发场景，使用 volatile 修饰变量则非常合适。volatile 一写多读最典型的应用是 CopyOnWriteArrayList。它在修改数据时会把整个集合的数据全部复制出来，对写操作加锁，修改完成后，再用 setArray() 把 array 指向新的集合。使用 volatile 可以使读线程尽快地感知 array 的修改，不进行指令重排，操作后即对其他线程可见。源码如下：

```java
public class CopyOnWriteArrayList<E> {
    // 集合真正存储元素的数组
    private transient volatile Object[] array;

    final void setArray(Object[] a) {
        array = a;
    }
}
```

在实际业务中，如何清晰地判断一写多读的场景显得尤为重要。如果不确定共享变量是否会被多个线程并发写，保险的做法是使用同步代码块来实现线程同步。另外，因为所有的操作都需要同步给内存变量，所以 volatile 一定会使线程的执行速度变慢，故要审慎定义和使用 volatile 属性。

7.3.3 信号量同步

信号量同步是指在不同的线程之间，通过传递同步信号量来协调线程执行的先后次序。这里重点分析基于时间维度和信号维度的两个类：CountDownLatch、Semaphore。

某国际化基础语言管理平台收到一个多语言翻译请求后，根据目标语种拆分成多个子线程，对翻译引擎发起翻译请求。翻译完成后，同步返回给调用方，结果由于 countDown() 抛出异常，导致发生故障，警示代码如下：

```java
public class CountDownLatchTest {
    public static void main(String[] args) {
        CountDownLatch count = new CountDownLatch(3);
```

```java
        Thread thread1 = new TranslateThread("1st content", count);
        Thread thread2 = new TranslateThread("2nd content", count);
        Thread thread3 = new TranslateThread("3rd content", count);

        thread1.start();
        thread2.start();
        thread3.start();

        count.await(10, TimeUnit.SECONDS);
        System.out.println("所有线程执行完成");
        // 给调用端返回翻译结果
    }
}

class TranslateThread extends Thread {
    private String content;
    private final CountDownLatch count;

    public TranslateThread(String content, CountDownLatch count) {
        this.content = content;
        this.count = count;
    }

    @Override
    public void run() {
        // 在某种情况下，执行翻译解析时，抛出异常（第 1 处）
        if (Math.random() > 0.5) {
            throw new RuntimeException("原文存在非法字符");
        }

        System.out.println(content + "的翻译已经完成，译文是...");
        count.countDown();
    }
}
```

代码中第 1 处抛出异常，且该异常没有被主线程 try-catch 到，最终该线程没有执行 countDown() 方法。程序执行的时间较长，该问题难以定位，因为异常被吞得一干二净。扩展说明一下，子线程异常可以通过线程方法 setUncaughtExceptionHandler() 捕获。

CountDownLatch 是基于执行时间的同步类。在实际编码中，可能需要处理基于空闲信号的同步情况。比如海关安检的场景，任何国家公民在出国时，都要走海关的查验通道。假设某机场的海关通道共有 3 个窗口，一批需要出关的人排成长队，每个人都是一个线程。当 3 个窗口中的任意一个出现空闲时，工作人员指示队列中第一个人出队到该空闲窗口接受查验。对于上述场景，JDK 中提供了一个 Semaphore 的信号同步类，只有在调用 Semaphore 对象的 acquire() 成功后，才可以往下执行，完成后执行 release() 释放持有的信号量，下一个线程就可以马上获取这个空闲信号量进入执行。基于 Semaphore 的示例代码如下：

```java
public class CustomCheckWindow {
    public static void main(String[] args) {
        // 设定 3 个信号量，即 3 个服务窗口
        Semaphore semaphore = new Semaphore(3);

        // 这个队伍排了 5 个人
        for (int i = 1; i <= 5; i++) {
            new SecurityCheckThread(i, semaphore).start();
        }
    }

    private static class SecurityCheckThread extends Thread {
        private int seq;
        private Semaphore semaphore;

        public SecurityCheckThread(int seq, Semaphore semaphore) {
            this.seq = seq;
            this.semaphore = semaphore;
        }

        @Override
        public void run() {
            try {
                semaphore.acquire();
                System.out.println("No." + seq + "乘客，正在查验中");

                // 假设号码是整除 2 的人是身份可疑人员，需要花更长时间来安检
                if (seq % 2 == 0) {
                    Thread.sleep(1000);
                    System.out.println("No." + seq + "乘客，身份可疑，
                        不能出国！");
                }
            } catch (InterruptedException e) {
                e.printStackTrace();
            } finally {
```

```java
            semaphore.release();
            System.out.println("No." + seq + "乘客已完成服务。");
        }
      }
    }
}
```

执行结果如下：
```
No.2 乘客，正在查验中
No.3 乘客，正在查验中
No.1 乘客，正在查验中
No.1 乘客已完成服务。
No.3 乘客已完成服务。
No.4 乘客，正在查验中
No.5 乘客，正在查验中
No.5 乘客已完成服务。
No.2 乘客，身份可疑，不能出国！
No.2 乘客已完成服务。
No.4 乘客，身份可疑，不能出国！
No.4 乘客已完成服务。
```

如果某个人身份可疑，需要确认更多的信息，这不会影响到其他窗口的安检速度。只要其他线程能够拿到空闲信号量，都可以马上执行。如果 Semaphore 的窗口信号量等于 1，就是最典型的互斥锁。

还有其他同步方式，如 CyclicBarrier 是基于同步到达某个点的信号量触发机制。CyclicBarrier 从命名上即可知道它是一个可以循环使用（Cyclic）的屏障式（Barrier）多线程协作方式。采用这种方式进行刚才的安检服务，就是 3 个人同时进去，只有 3 个人都完成安检，才会放下一批进来。这是一种非常低效的安检方式。但在某种场景下就是非常正确的方式，假设在机场排队打车时，现场工作人员统一指挥，每次放 3 辆车进来，坐满后开走，再放下一批车和人进来。通过 CyclicBarrier 的 reset() 来释放线程资源。

最后温馨提示，无论从性能还是安全性上考虑，我们尽量使用并发包中提供的信号同步类，避免使用对象的 wait() 和 notify() 方式来进行同步。

7.4 线程池

7.4.1 线程池的好处

线程使应用能够更加充分合理地协调利用 CPU、内存、网络、I/O 等系统资源。线程的创建需要开辟虚拟机栈、本地方法栈、程序计数器等线程私有的内存空间。在线程销毁时需要回收这些系统资源。频繁地创建和销毁线程会浪费大量的系统资源，增加并发编程风险。另外，在服务器负载过大的时候，如何让新的线程等待或者友好地拒绝服务？这些都是线程自身无法解决的。所以需要通过线程池协调多个线程，并实现类似主次线程隔离、定时执行、周期执行等任务。线程池的作用包括：

- 利用线程池管理并复用线程、控制最大并发数等。
- 实现任务线程队列缓存策略和拒绝机制。
- 实现某些与时间相关的功能，如定时执行、周期执行等。
- 隔离线程环境。比如，交易服务和搜索服务在同一台服务器上，分别开启两个线程池，交易线程的资源消耗明显要大；因此，通过配置独立的线程池，将较慢的交易服务与搜索服务隔离开，避免各服务线程相互影响。

在了解线程池的基本作用后，我们学习一下线程池是如何创建线程的。首先从 ThreadPoolExecutor 构造方法讲起，学习如何自定义 ThreadFactory 和 RejectedExecutionHandler，并编写一个最简单的线程池示例。然后，通过分析 ThreadPoolExecutor 的 execute 和 addWorker 两个核心方法，学习如何把任务线程加入到线程池中运行。ThreadPoolExecutor 的构造方法如下：

```
public ThreadPoolExecutor(
    int corePoolSize,                          // （第1个参数）
    int maximumPoolSize,                       // （第2个参数）
    long keepAliveTime,                        // （第3个参数）
    TimeUnit unit,                             // （第4个参数）
    BlockingQueue<runnable> workQueue,         // （第5个参数）
    ThreadFactory threadFactory,               // （第6个参数）
    RejectedExecutionHandler handler) {        // （第7个参数）
    if (corePoolSize < 0 ||
        // maximumPoolSize 必须大于或等于1也要大于或等于corePoolSize （第1处）
        maximumPoolSize <= 0 ||
        maximumPoolSize < corePoolSize ||
        keepAliveTime < 0)
        throw new IllegalArgumentException();
    // （第2处）
```

```
    if (workQueue == null || threadFactory == null || handler == null)
        throw new NullPointerException();
    // 其他代码...
}
```

第 1 个参数：corePoolSize 表示常驻核心线程数。如果等于 0，则任务执行完之后，没有任何请求进入时销毁线程池的线程；如果大于 0，即使本地任务执行完毕，核心线程也不会被销毁。这个值的设置非常关键，设置过大会浪费资源，设置过小会导致线程频繁地创建或销毁。

第 2 个参数：maximumPoolSize 表示线程池能够容纳同时执行的最大线程数。从上方示例代码中的第 1 处来看，必须大于或等于 1。如果 maximumPoolSize 与 corePoolSize 相等，即是固定大小线程池。

第 3 个参数：keepAliveTime 表示线程池中的线程空闲时间，当空闲时间达到 keepAliveTime 值时，线程会被销毁，直到只剩下 corePoolSize 个线程为止，避免浪费内存和句柄资源。在默认情况下，当线程池的线程数大于 corePoolSize 时，keepAliveTime 才会起作用。但是当 ThreadPoolExecutor 的 allowCoreThreadTimeOut 变量设置为 true 时，核心线程超时后也会被回收。

第 4 个参数：TimeUnit 表示时间单位。keepAliveTime 的时间单位通常是 TimeUnit.SECONDS。

第 5 个参数：workQueue 表示缓存队列。当请求的线程数大于 corePoolSize 时，线程进入 BlockingQueue 阻塞队列，BlockingQueue 队列缓存达到上限后，如果还有新任务需要处理，那么线程池会创建新的线程，最大线程数为 maximumPoolSize。后续示例代码中使用的 LinkedBlockingQueue 是单向链表，使用锁来控制入队和出队的原子性，两个锁分别控制元素的添加和获取，是一个生产消费模型队列。

第 6 个参数：threadFactory 表示线程工厂。它用来生产一组相同任务的线程。线程池的命名是通过给这个 factory 增加组名前缀来实现的。在虚拟机栈分析时，就可以知道线程任务是由哪个线程工厂产生的。

第 7 个参数：handler 表示执行拒绝策略的对象。当第 5 个参数 workQueue 的任务缓存区到达上限后，并且活动线程数大于 maximumPoolSize 的时候，线程池通过该策略处理请求，这是一种简单的限流保护。像某年双十一没有处理好访问流量过载时的拒绝策略，导致内部测试页面被展示出来，使用户手足无措。友好的拒绝策略可以是如下三种：

（1）保存到数据库进行削峰填谷。在空闲时再提取出来执行。

（2）转向某个提示页面。

（3）打印日志。

从代码第 2 处来看，队列、线程工厂、拒绝处理服务都必须有实例对象，但在实际编程中，很少有程序员对这三者进行实例化，而通过 Executors 这个线程池静态工厂提供默认实现，那么 Executors 与 ThreadPoolExecutor 是什么关系呢？线程池相关类图如图 7-4 所示。

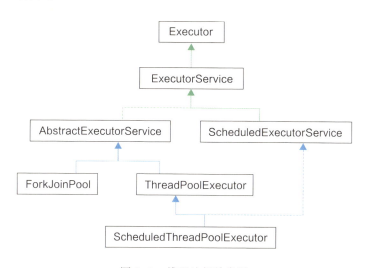

图 7-4　线程池相关类图

```
/**
 * @param 线程任务
 * @throws RejectedExecutionException 如果无法创建任何状态的线程任务，
 */
void execute(Runnable command);
```

ExecutorService 接口继承了 Executor 接口，定义了管理线程任务的方法。ExecutorService 的抽象类 AbstractExecutorService 提供了 submit()、invokeAll() 等部分方法的实现，但是核心方法 Executor.execute() 并没有在这里实现。因为所有的任务都在这个方法里执行，不同实现会带来不同的执行策略，这一点在后续的 ThreadPoolExecutor 解析时，会一步步地分析。通过 Executors 的静态工厂方法可以创建三个线程池的包装对象：ForkJoinPool、ThreadPoolExecutor、ScheduledThreadPoolExecutor。Executors 核心的方法有五个：

- Executors.newWorkStealingPool：JDK8 引入，创建持有足够线程的线程池支持给定的并行度，并通过使用多个队列减少竞争，此构造方法中把 CPU 数量设置为默认的并行度：

```
public static ExecutorService newWorkStealingPool() {
    // 返回 ForkJoinPool（JDK7 引入）对象，它也是 AbstractExecutorService 的子类
    return new ForkJoinPool(Runtime.getRuntime().availableProcessors(),
        ForkJoinPool.defaultForkJoinWorkerThreadFactory,
        null, true);
}
```

- Executors.newCachedThreadPool：maximumPoolSize 最大可以至 Integer.MAX_VALUE，是高度可伸缩的线程池，如果达到这个上限，相信没有任何服务器能够继续工作，肯定会抛出 OOM 异常。keepAliveTime 默认为 60 秒，工作线程处于空闲状态，则回收工作线程。如果任务数增加，再次创建出新线程处理任务。
- Executors.newScheduledThreadPool：线程数最大至 Integer.MAX_VALUE，与上述相同，存在 OOM 风险。它是 ScheduledExecutorService 接口家族的实现类，支持定时及周期性任务执行。相比 Timer，ScheduledExecutorService 更安全，功能更强大，与 newCachedThreadPool 的区别是不回收工作线程。
- Executors.newSingleThreadExecutor：创建一个单线程的线程池，相当于单线程串行执行所有任务，保证按任务的提交顺序依次执行。
- Executors.newFixedThreadPool：输入的参数即是固定线程数，既是核心线程数也是最大线程数，不存在空闲线程，所以 keepAliveTime 等于 0：

```
public static ExecutorService newFixedThreadPool(int nThreads) {
    return new ThreadPoolExecutor(nThreads, nThreads, 0L,
        TimeUnit.MILLISECONDS, new LinkedBlockingQueue<runnable>());
}
```

这里，输入的队列没有指明长度，下面介绍 LinkedBlockingQueue 的构造方法：

```
public LinkedBlockingQueue() {
    this(Integer.MAX_VALUE);
}
```

使用这样的无界队列，如果瞬间请求非常大，会有 OOM 的风险。除 newWorkStealingPool 外，其他四个创建方式都存在资源耗尽的风险。

Executors 中默认的线程工厂和拒绝策略过于简单，通常对用户不够友好。线程工厂需要做创建前的准备工作，对线程池创建的线程必须明确标识，就像药品的生产批号一样，为线程本身指定有意义的名称和相应的序列号。拒绝策略应该考虑到业务场景，返回相应的提示或者友好地跳转。以下为简单的 ThreadFactory 示例：

```java
public class UserThreadFactory implements ThreadFactory {
    private final String namePrefix;
    private final AtomicInteger nextId = new AtomicInteger(1);

    // 定义线程组名称，在使用 jstack 来排查线程问题时，非常有帮助
    UserThreadFactory(String whatFeatureOfGroup) {
        namePrefix = "UserThreadFactory's " + whatFeatureOfGroup
            + "-Worker-";
    }

    @Override
    public Thread newThread(Runnable task) {
        String name = namePrefix + nextId.getAndIncrement();
        Thread thread = new Thread(null, task, name, 0, false);
        System.out.println(thread.getName());
        return thread;
    }
}

// 任务执行体
class Task implements Runnable {
    private final AtomicLong count = new AtomicLong(0L);

    @Override
    public void run() {
        System.out.println("running_" + count.getAndIncrement());
    }
}
```

上述示例包括线程工厂和任务执行体的定义，通过 newThread 方法快速、统一地创建线程任务，强调线程一定要有特定意义的名称，方便出错时回溯。

如图 7-5 所示为排查底层公共缓存调用出错时的截图，绿色框采用自定义的线程工厂，明显比蓝色框默认的线程工厂创建的线程名称拥有更多的额外信息：如调用来源、线程的业务含义，有助于快速定位到死锁、StackOverflowError 等问题。

```
"pool-2-thread-100" #318 prio=5 os_prio=31 tid=0x00007ffce3b18800 nid=0x2ab03 waiting on condition [0x0000700020a11000]
   java.lang.Thread.State: WAITING (parking)
        at sun.misc.Unsafe.park(Native Method)
        - parking to wait for  <0x000000076f300750> (a java.util.concurrent.locks.AbstractQueuedSynchronizer$ConditionObject)
        at java.util.concurrent.locks.LockSupport.park(LockSupport.java:175)
        at java.util.concurrent.locks.AbstractQueuedSynchronizer$ConditionObject.await(AbstractQueuedSynchronizer.java:2039)
        at java.util.concurrent.LinkedBlockingQueue.take(LinkedBlockingQueue.java:442)
        at java.util.concurrent.ThreadPoolExecutor.getTask(ThreadPoolExecutor.java:1067)
        at java.util.concurrent.ThreadPoolExecutor.runWorker(ThreadPoolExecutor.java:1127)
        at java.util.concurrent.ThreadPoolExecutor$Worker.run(ThreadPoolExecutor.java:617)
        at java.lang.Thread.run(Thread.java:745)

   Locked ownable synchronizers:
        - None

"pool-1-thread-100" #317 prio=5 os_prio=31 tid=0x00007ffce3188000 nid=0x2a903 waiting on condition [0x000070002090e000]
   java.lang.Thread.State: WAITING (parking)
        at sun.misc.Unsafe.park(Native Method)
        - parking to wait for  <0x000000076f308838> (a java.util.concurrent.locks.AbstractQueuedSynchronizer$ConditionObject)
        at java.util.concurrent.locks.LockSupport.park(LockSupport.java:175)
        at java.util.concurrent.locks.AbstractQueuedSynchronizer$ConditionObject.await(AbstractQueuedSynchronizer.java:2039)
        at java.util.concurrent.LinkedBlockingQueue.take(LinkedBlockingQueue.java:442)
        at java.util.concurrent.ThreadPoolExecutor.getTask(ThreadPoolExecutor.java:1067)
        at java.util.concurrent.ThreadPoolExecutor.runWorker(ThreadPoolExecutor.java:1127)
        at java.util.concurrent.ThreadPoolExecutor$Worker.run(ThreadPoolExecutor.java:617)
        at java.lang.Thread.run(Thread.java:745)

   Locked ownable synchronizers:
        - None

"中国杭州，第7机房，交易核心线程，编号 99" #316 prio=5 os_prio=31 tid=0x00007ffce28cc000 nid=0x2a703 waiting on condition [0x0000700020080b000]
   java.lang.Thread.State: WAITING (parking)
        at sun.misc.Unsafe.park(Native Method)
        - parking to wait for  <0x000000076f318198> (a java.util.concurrent.locks.AbstractQueuedSynchronizer$ConditionObject)
        at java.util.concurrent.locks.LockSupport.park(LockSupport.java:175)
```

图 7-5　有意义的线程命名

下面再简单地实现一下 RejectedExecutionHandler，实现了接口的 rejectedExecution 方法，打印出当前线程池状态，源码如下：

```java
public class UserRejectHandler implements RejectedExecutionHandler {
    @Override
    public void rejectedExecution(Runnable task,
        ThreadPoolExecutor executor) {
        System.out.println("task rejected. " + executor.toString());
    }
}
```

在 ThreadPoolExecutor 中提供了四个公开的内部静态类：

- AbortPolicy（默认）：丢弃任务并抛出 RejectedExecutionException 异常。
- DiscardPolicy：丢弃任务，但是不抛出异常，这是不推荐的做法。
- DiscardOldestPolicy：抛弃队列中等待最久的任务，然后把当前任务加入队列中。
- CallerRunsPolicy：调用任务的 run() 方法绕过线程池直接执行。

根据之前实现的线程工厂和拒绝策略，线程池的相关代码实现如下：

```java
public class UserThreadPool {
    public static void main(String[] args) {
        // 缓存队列设置固定长度为2，为了快速触发 rejectHandler
```

```java
        BlockingQueue queue = new LinkedBlockingQueue(2);

        // 假设外部任务线程的来源由机房1和机房2的混合调用
        UserThreadFactory f1 = new UserThreadFactory("第1机房");
        UserThreadFactory f2 = new UserThreadFactory("第2机房");

        UserRejectHandler handler = new UserRejectHandler();

        // 核心线程为1，最大线程为2，为了保证触发rejectHandler
        ThreadPoolExecutor threadPoolFirst
            = new ThreadPoolExecutor(1, 2, 60,
                TimeUnit.SECONDS, queue, f1, handler);
        // 利用第二个线程工厂实例创建第二个线程池
        ThreadPoolExecutor threadPoolSecond
            = new ThreadPoolExecutor(1, 2, 60,
                TimeUnit.SECONDS, queue, f2, handler);

        // 创建400个任务线程
        Runnable task = new Task();
        for (int i = 0; i < 200; i++) {
            threadPoolFirst.execute(task);
            threadPoolSecond.execute(task);
        }
    }
}
```

执行结果如下：

```
From UserThreadFactory's 第1机房-Worker-1
From UserThreadFactory's 第2机房-Worker-1
From UserThreadFactory's 第1机房-Worker-2
From UserThreadFactory's 第2机房-Worker-2
running_2
running_3
running_4
running_5
running_0
running_1
your task is rejected. java.util.concurrent.ThreadPoolExecutor@13969fbe[Running, pool size = 2, active threads = 2, queued tasks = 2, completed tasks = 1]
```

当任务被拒绝的时候，拒绝策略会打印出当前线程池的大小已经达到了 maximumPoolSize=2，且队列已满，完成的任务数提示已经有1个（最后一行）。

7.4.2 线程池源码详解

在 ThreadPoolExecutor 的属性定义中频繁地用位移运算来表示线程池状态，位移运算是改变当前值的一种高效手段，包括左移与右移。下面从属性定义开始阅读 ThreadPoolExecutor 的源码。

```java
// Integer 共有 32 位，最右边 29 位表示工作线程数，最左边 3 位表示线程池状态
// 注：简单地说，3 个二进制位可以表示从 0 至 7 的 8 个不同的数值（第 1 处）
private static final int COUNT_BITS = Integer.SIZE - 3;

// 000-11111111111111111111111111111，类似于子网掩码，用于位的与运算，
// 得到左边 3 位，还是右边 29 位
private static final int COUNT_MASK = (1 << COUNT_BITS) - 1;

// 用左边 3 位，实现 5 种线程池状态。（在左 3 位之后加入中画线有助于理解）
// 111-00000000000000000000000000000，十进制值：-536,870,912,
// 此状态表示线程池能接受新任务
private static final int RUNNING = -1 << COUNT_BITS;

// 000-00000000000000000000000000000，十进制值：0,
// 此状态不再接受新任务，但可以继续执行队列中的任务
private static final int SHUTDOWN = 0 << COUNT_BITS;

// 001-00000000000000000000000000000，十进制值：536,870,912,
// 此状态全面拒绝，并中断正在处理的任务
private static final int STOP = 1 << COUNT_BITS;

// 010-00000000000000000000000000000，十进制值：1,073,741,824,
// 此状态表示所有任务已经被终止
private static final int TIDYING = 2 << COUNT_BITS;

// 011-00000000000000000000000000000，十进制值：1,610,612,736
// 此状态表示已清理完现场
private static final int TERMINATED = 3 << COUNT_BITS;

// 与运算，比如 001-00000000000000000000000100011，表示 67 个工作线程，
// 掩码取反：   111-00000000000000000000000000000，即得到左边 3 位 001，
// 表示线程池当前处于 STOP 状态
private static int runStateOf(int c)      { return c & ~COUNT_MASK; }

// 同理掩码 000-11111111111111111111111111111，得到右边 29 位，即工作线程数
private static int workerCountOf(int c)   { return c & COUNT_MASK; }

// 把左边 3 位与右边 29 位按或运算，合并成一个值
private static int ctlOf(int rs, int wc)  { return rs | wc; }
```

第 1 处说明，线程池的状态用高 3 位表示，其中包括了符号位。五种状态的十进制值按从小到大依次排序为：RUNNING < SHUTDOWN < STOP < TIDYING < TERMINATED，这样设计的好处是可以通过比较值的大小来确定线程池的状态。例如程序中经常会出现 isRunning 的判断：

```java
private static boolean isRunning(int c) {
    return c < SHUTDOWN;
}
```

我们都知道 Executor 接口有且只有一个方法 execute，通过参数传入待执行线程的对象。下面分析 ThreadPoolExecutor 关于 execute 方法的实现：

```java
public void execute(Runnable command) {
    // 返回包含线程数及线程池状态的 Integer 类型数值
    int c = ctl.get();
    // 如果工作线程数小于核心线程数，则创建线程任务并执行
    if (workerCountOf(c) < corePoolSize) {
        // addWorker 是另一个极为重要的方法，见下一段源码解析 （第 1 处）
        if (addWorker(command, true))
            return;
        // 如果创建失败，防止外部已经在线程池中加入新任务，重新获取一下
        c = ctl.get();
    }

    // 只有线程池处于 RUNNING 状态，才执行后半句：置入队列
    if (isRunning(c) && workQueue.offer(command)) {
        int recheck = ctl.get();
        // 如果线程池不是 RUNNING 状态，则将刚加入队列的任务移除
        if (! isRunning(recheck) && remove(command))
            reject(command);
        // 如果之前的线程已被消费完，新建一个线程
        else if (workerCountOf(recheck) == 0)
            addWorker(null, false);

    // 核心池和队列都已满，尝试创建一个新线程
    } else if (!addWorker(command, false))
        // 如果 addWorker 返回为 false，即创建失败，则唤醒拒绝策略 （第 2 处）
        reject(command);
}
```

第 1 处：execute 方法在不同的阶段有三次 addWorker 的尝试动作。

第 2 处：发生拒绝的理由有两个：（1）线程池状态为非 RUNNING 状态（2）

等待队列已满。

下面继续分析 addWorker 方法的源码：

```java
/**
 * 根据当前线程池状态，检查是否可以添加新的任务线程，如果可以则创建并启动任务
 * 如果一切正常则返回 true。返回 false 的可能性如下：
 * 1. 线程池没有处于 RUNNING 状态
 * 2. 线程工厂创建新的任务线程失败
 *
 * firstTask: 外部启动线程池时需要构造的第一个线程，它是线程的母体
 * core: 新增工作线程时的判断指标，解释如下
 *     true  表示新增工作线程时，需要判断当前 RUNNING 状态的线程是否少于 corePoolSize
 *     false 表示新增工作线程时，需要判断当前 RUNNING 状态的线程是否少于 maximumPoolSize
 */
private boolean addWorker(Runnable firstTask, boolean core) {
    // 不需要任务预定义的语法标签,响应下文的continue retry,快速退出多层嵌套循环（第1处）
    retry:
    for (int c = ctl.get();;) {
        // 参考之前的状态分析：如果 RUNNING 状态，则条件为假，不执行后面的判断
        // 如果是 STOP 及之上的状态，或者 firstTask 初始线程不为空，或者队列为空，
        // 都会直接返回创建失败（第2处）
        if (runStateAtLeast(c, SHUTDOWN)
            && (runStateAtLeast(c, STOP) || firstTask != null
            || workQueue.isEmpty()))
            return false;

        for (;;) {
            // 如果超过最大允许线程数则不能再添加新的线程
            // 最大线程数不能超过 2^29，否则影响左边 3 位的线程池状态值
            if (workerCountOf(c)
                >= ((core?corePoolSize:maximumPoolSize)&COUNT_MASK))
                return false;

            // 将当前活动线程数 +1（第3处）
            if (compareAndIncrementWorkerCount(c))
                break retry;

            // 线程池状态和工作线程数是可变化的，需要经常提取这个最新值
            c = ctl.get();
            // 如果已经关闭，则再次从 retry 标签处进入，在第 2 处再做判断（第4处）
            if (runStateAtLeast(c, SHUTDOWN))
                continue retry;
            // 如果线程还是处于 RUNNING 状态，那就在说明仅仅是第 3 处失败
            // 继续循环执行（第5处）
```

```java
        }
    }

    // 开始创建工作线程
    boolean workerStarted = false;
    boolean workerAdded = false;
    Worker w = null;
    try {
        // 利用 Worker 构造方法中的线程池工厂创建线程，并封装成工作线程 Worker 对象
        w = new ThreadPoolExecutor.Worker(firstTask);
        // 注意这是 Worker 中的属性对象 thread（第 6 处）
        final Thread t = w.thread;
        if (t != null) {
            // 在进行 ThreadPoolExecutor 的敏感操作时
            // 都需要持有主锁，避免在添加和启动线程时被干扰
            final ReentrantLock mainLock = this.mainLock;
            mainLock.lock();
            try {
                int c = ctl.get();
                // 当线程池状态为 RUNNING 或 SHUTDOWN
                // 且 firstTask 初始线程为空时
                if (isRunning(c) || (runStateLessThan(c, STOP)
                    && firstTask == null)) {
                    workers.add(w);
                    int s = workers.size();
                    // 整个线程池在运行期间的最大并发任务个数
                    if (s > largestPoolSize) largestPoolSize = s;
                    workerAdded = true;
                }
            } finally {
                mainLock.unlock();
            }
            if (workerAdded) {
                // 终于看到亲切的 start 方法
                //注意，并非线程池的 execute 的 command 参数指向的线程
                t.start();
                workerStarted = true;
            }
        }
    } finally {
        if (! workerStarted)
            // 线程启动失败，把刚才第 3 处加上的工作线程计数再减回去
            addWorkerFailed(w);
    }
```

```
    return workerStarted;
}
```

这段代码晦涩难懂，部分地方甚至违反了代码规约，但其中蕴含的丰富的编码知识点值得我们去学习，下面按序号来依次讲解。

第 1 处，配合循环语句出现的 label，类似于 goto 作用。label 定义时，必须把标签和冒号的组合语句紧紧相邻定义在循环体之前，否则会编译出错。目的是在实现多重循环时能够快速退出到任何一层。这种做法的出发点似乎非常贴心，但是在大型软件项目中，滥用标签行跳转的后果将是灾难性的。示例代码中，在 retry 下方有两个无限循环，在 workerCount 加 1 成功后，直接退出两层循环。

第 2 处，这样的表达式不利于代码阅读，应该改成：

```
Boolean isNotAllowedToCreateTask
    = runStateAtLeast(c, SHUTDOWN) && (runStateAtLeast(c, STOP)
      || firstTask != null || workQueue.isEmpty());
if (isNotAllowedToCreateTask){
    //...
}
```

第 3 处，与第 1 处的标签呼应，AtomicInteger 对象的加 1 操作是原子性的。break retry 表示直接跳出与 retry 相邻的这个循环体。

第 4 处，此 continue 跳转至标签处，继续执行循环。如果条件为假，则说明线程池还处于运行状态，即继续在 for(;;) 循环内执行。

第 5 处，compareAndIncrementWorkerCount 方法执行失败的概率非常低。即使失败，再次执行时成功的概率也是极高的，类似于自旋锁原理。这里的处理逻辑是先加 1，创建失败再减 1，这是轻量处理并发创建线程的方式。如果先创建线程，成功再加 1，当发现超出限制后再销毁线程，那么这样的处理方式明显比前者代价要大。

第 6 处，Worker 对象是工作线程的核心类实现，部分源码如下：

```
/**
 * 它实现Runnable接口，并把本对象作为参数输入给run()方法中的runWorker(this)，
 * 所以内部属性线程thread在start的时候，即会调用runWorker方法
 */
private final class Worker
        extends AbstractQueuedSynchronizer
        implements Runnable {
    Worker(Runnable firstTask) {
```

```
        // 它是 AbstractQueuedSynchronizer 的方法
        // 在 runWorker 方法执行之前禁止线程被中断
        setState(-1);
        this.firstTask = firstTask;
        this.thread = getThreadFactory().newThread(this);
    }

    // 当 thread 被 start() 之后，执行 runWorkder 的方法
    public void run() {
        runWorker(this);
    }
}
```

线程池的相关源码比较精炼，还包括线程池的销毁、任务提取和消费等，与线程状态图一样，线程池也有自己独立的状态转化流程，本节不再展开。总结一下，使用线程池要注意如下几点：

（1）合理设置各类参数，应根据实际业务场景来设置合理的工作线程数。

（2）线程资源必须通过线程池提供，不允许在应用中自行显式创建线程。

（3）创建线程或线程池时请指定有意义的线程名称，方便出错时回溯。

线程池不允许使用 Executors，而是通过 ThreadPoolExecutor 的方式创建，这样的处理方式能更加明确线程池的运行规则，规避资源耗尽的风险。

7.5 ThreadLocal

"水能载舟，亦能覆舟。"用这句话来形容 ThreadLocal 最贴切不过。ThreadLocal 初衷是在线程并发时，解决变量共享问题，但由于过度设计，比如弱引用和哈希碰撞，导致理解难度大、使用成本高，反而成为故障高发点，容易出现内存泄漏、脏数据、共享对象更新等问题。单从 ThreadLocal 的命名看人们会认为只要用它就对了，包治变量共享问题，然而并不是。本节以内存模型、弱引用、哈希算法为铺垫，然后从 CS 真人游戏的示例代码入手，详细分析 ThreadLocal 源码。我们从中可以学习到全新的编程思维方式，并认识到问题的来源，也能够帮助我们谙熟此类的设计之道，扬长避短。

7.5.1 引用类型

前面介绍了内存布局和垃圾回收，对象在堆上创建之后所持有的引用其实是一种变量类型，引用之间可以通过赋值构成一条引用链。从 GC Roots 开始遍历，判断引用是否可达。引用的可达性是判断能否被垃圾回收的基本条件。JVM 会据此自动管理内存的分配与回收，不需要开发工程师干预。但在某些场景下，即使引用可达，也希望能够根据语义的强弱进行有选择的回收，以保证系统的正常运行。根据引用类型语义的强弱来决定垃圾回收的阶段，我们可以把引用分为强引用、软引用、弱引用和虚引用四类。后三类引用，本质上是可以让开发工程师通过代码方式来决定对象的垃圾回收时机。我们先简要了解一下这四类引用。

强引用，即 Strong Reference，最为常见。如 Object object = new Object(); 这样的变量声明和定义就会产生对该对象的强引用。只要对象有强引用指向，并且 GC Roots 可达，那么 Java 内存回收时，即使濒临内存耗尽，也不会回收该对象。

软引用，即 Soft Reference，引用力度弱于"强引用"，是用在非必需对象的场景。在即将 OOM 之前，垃圾回收器会把这些软引用指向的对象加入回收范围，以获得更多的内存空间，让程序能够继续健康运行。主要用来缓存服务器中间计算结果及不需要实时保存的用户行为等。

弱引用，即 Weak Reference，引用强度较前两者更弱，也是用来描述非必需对象的。如果弱引用指向的对象只存在弱引用这一条线路，则在下一次 YGC 时会被回收。由于 YGC 时间的不确定性，弱引用何时被回收也具有不确定性。弱引用主要用于指向某个易消失的对象，在强引用断开后，此引用不会劫持对象。调用 WeakReference.get() 可能返回 null，要注意空指针异常。

虚引用，即 Phantom Reference，是极弱的一种引用关系，定义完成后，就无法通过该引用获取指向的对象。为一个对象设置虚引用的唯一目的就是希望能在这个对象被回收时收到一个系统通知。虚引用必须与引用队列联合使用，当垃圾回收时，如果发现存在虚引用，就会在回收对象内存前，把这个虚引用加入与之关联的引用队列中。

对象的引用类型如图 7-6 所示。

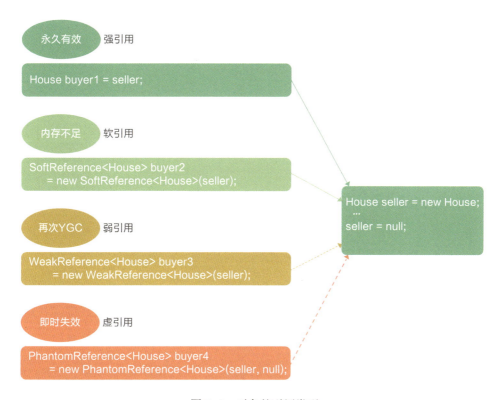

图 7-6　对象的引用类型

举个具体例子，在房产交易市场中，某个卖家有一套房子，成功出售给某个买家后引用置为 null。这里有 4 个买家使用 4 种不同的引用关系指向这套房子。买家 buyer1 是强引用，如果把 seller 引用赋值给它，则永久有效，系统不会因为 seller=null 就触发对这套房子的回收，这是房屋交易市场最常见的交付方式。买家 buyer2 是软引用，只要不产生 OOM，buyer2.get() 就可以获取房子对象，就像房子是租来的一样。买家 buyer3 是弱引用，一旦过户后，seller 置为 null，buyer3 的房子持有时间估计只有几秒钟，卖家只是给买家做了一张假的房产证，买家高兴了几秒钟后，发现房子已经不是自己的了。buyer4 是虚引用，定义完成后无法访问到房子对象，卖家只是虚构了房源，是空手套白狼的诈骗术。

强引用是最常用的，而虚引用在业务中几乎很难用到。本节重点介绍一下软引用和弱引用。先来说明一下软引用的回收机制。首先设置 JVM 参数：-Xms20m -Xmx20m，即只有 20MB 的堆内存空间。在下方的示例代码中不断地往集合里添加 House 对象，而每个 House 有 2000 个 Door 成员变量，狭小的堆空间加上大对象的产生，就是为了尽快触达内存耗尽的临界状态：

```java
public class SoftReferenceHouse {
    public static void main(String[] args) {
        // List<House> houses = new ArrayList<House>();         (第1处)
        List<SoftReference> houses = new ArrayList<SoftReference>();

        // 剧情反转注释处
        int i = 0;
        while (true) {
            // houses.add(new House());                          (第2处)

            // 剧情反转注释处
            SoftReference<House> buyer2
                = new SoftReference<House>(new House());
            // 剧情反转注释处
            houses.add(buyer2);

            System.out.println("i=" + (++i));
        }
    }
}

class House {
    private static final Integer DOOR_NUMBER = 2000;
    public Door[] doors = new Door[DOOR_NUMBER];

    class Door {}
}
```

new House() 是匿名对象，产生之后即赋值给软引用。正常运行一段时间后，内存到达耗尽的临界状态，House$Door 超过 10MB 左右，内存占比达到 80.4%，如图 7-7 所示。

图 7-7　软引用下的对象堆积

软引用的特性在数秒之后产生价值，House 对象数从千数量级迅速降到百数量级，内存容量迅速被释放出来，保证了程序的正常运行，如图 7-8 所示。

图 7-8　OOM 时软引用触发对象回收

软引用 SoftReference 的父类 Reference 的属性：private T referent，它指向 new House() 对象，而 SoftReference 的 get()，也是调用了 super.get() 来访问父类这个私有属性。大量的 House 在内存即将耗尽前，成功地一次又一次被清理掉。对象 buyer2 虽然是引用类型，但其本身还是占用一定内存空间的，它是被集合 ArrayList 强引用劫持的。在不断循环执行 houses.add() 后，在 i=360035 时，终于产生了 OOM。软引用、弱引用、虚引用均存在带有队列的构造方法：

public SoftReference(T referent, ReferenceQueue<? super T> q){...}

可以在队列中检查哪个软引用的对象被回收了，从而把失去 House 的软引用对象清理掉。

反转一下剧情。在同一个类中，使用完全相同的运行环境和内存参数，把 SoftReference<House> 中被注释掉的两句代码激活（即示例代码中的第 1 处和第 2 处），同时把在后边标记了"剧情反转注释处"的 3 句代码注释掉，再次运行。观察一下，在没有软引用的情况下，这个循环能够撑多久？运行得到的结果在 i=2404 时，就产生 OOM 异常。这个示例简单地证明了软引用在内存紧张情况下的回收能力。软引用一般用于在同一服务器内缓存中间结果。如果命中缓存，则提取缓存结果，否则重新计算或获取。但是，软引用肯定不是用来缓存高频数据的，万一服务器重启或者软引用触发大规模回收，所有的访问将直接指向数据库，导致数据库的压力时大时小，甚至崩溃。

如果内存没有达到 OOM，软引用持有的对象会被回收吗？下面用代码来验证一下：

```java
public class SoftReferenceWhenIdle {
    public static void main(String[] args) {
        House seller = new House();
        // （第 1 处）
        SoftReference<House> buyer2 = new SoftReference<House>(seller);
        seller = null;

        while (true) {
            // 下方两句代码建议 JVM 进行垃圾回收
            System.gc();
            System.runFinalization();

            if (buyer2.get() == null) {
                System.out.println("house is null.");
                break;
            } else {
```

```
            System.out.println("still there.");
        }
    }
}
```

System.gc() 方法建议垃圾收集器尽快进行垃圾收集，具体何时执行仍由 JVM 来判断。System.runFinalization() 方法的作用是强制调用已经失去引用对象的 finalize()。

在代码中同时调用这两者，有利于更快地执行垃圾回收。在相同的运行环境下，一直输出 still there，说明 buyer2 一直持有 new House() 的有效引用。如果在对方置为 null 时仍能自动感知，并且主动断开引用指向的对象，这是哪种引用方式可以担负的使命？答案是弱引用。事实上，把示例代码中第 1 处的两个红色 SoftReference 修改为 WeakReference 即可实现回收。出于对 WeakReference 的尊重，摒弃刚才催促垃圾回收的代码，让 WeakReference 自然地被 YGC 回收，使对象能够存活更长的时间。我们可以在 JVM 启动参数加 -XX:+PrintGCDetails（或高版本 JDK 使用 -Xlog:gc）来观察 GC 的触发情况：

```
public class WeakReferenceWhenIdle {
    public static void main(String[] args) {
        House seller = new House();
        WeakReference<House> buyer3 = new WeakReference<House>(seller);
        seller = null;

        long start = System.nanoTime();
        int count = 0;
        while (true) {
            if (buyer3.get() == null) {
                long duration = (System.nanoTime() - start) / (1000 * 1000);
                System.out.println("house is null and exited time = "
                    + duration + "ms");
                break;
            } else {
                System.out.println("still there. count = " + (count++));
            }
        }
    }
}
```

执行结果如下：

```
still there. count = 232639
[GC [PSYoungGen: 65536K->688K(76288K)] 65536K->696K(251392K), 0.0074719
secs] [Times: user=0.01 sys=0.00, real=0.01 secs]
still there. count = 232640
house is null and exited time = 1013ms
```

这个示例代码在 YGC 下，可以轻松地回收 WeakReference 指向的 new House() 对象。WeakReference 典型的应用是在 WeakHashMap 中。在刚才的房源案例中，卖家的房子对应一系列的房源资料，如果卖家的房源已经售出，则中介也不需要一直保存相关信息，自动回收存储空间即可，如下方示例代码：

```java
public class WeakHashMapTest {
    public static void main(String[] args) {
        House seller1 = new House("1号卖家房源");
        SellerInfo sellerInfo1 = new SellerInfo();

        House seller2 = new House("2号卖家房源");
        SellerInfo sellerInfo2 = new SellerInfo();

        // 如果换成 HashMap，则 Key 是对 House 对象的强引用（第1处）
        WeakHashMap<House, SellerInfo> weakHashMap
            = new WeakHashMap<House, SellerInfo>();

        weakHashMap.put(seller1, sellerInfo1);
        weakHashMap.put(seller2, sellerInfo2);

        System.out.println("weakHashMap before null, size = "
            + weakHashMap.size());

        seller1 = null;

        System.gc();
        System.runFinalization();

        // 如果换成 HashMap，size 依然等于2（第2处）
        System.out.println("weakHashMap after null, size = "
            + weakHashMap.size());
        System.out.println(weakHashMap);
    }
}
```

执行结果如下：

```
weakHashMap before null, size = 2
weakHashMap after null, size = 1
{2号卖家房源=com.alibaba.easy.coding.reference.SellerInfo@326de728}
```

说明一下第 1 处和第 2 处。如果是 HashMap，Key 就是强引用指向 House 对象，即使 seller1=null，也并不影响 HashMap 这个 Key 被置为 null。如果是 HashMap，则最后的 size 依然等于 2，而 WeakHashMap 就是 1，回收 seller1 指向的引用。因而 WeakHashMap 适用于缓存不敏感的临时信息的场景。例如，用户登录系统后的浏览路径在关闭浏览器后可以自动清空。

WeakReference 这种特性也用在了 ThreadLocal 上。JDK 中的设计原意是在 ThreadLocal 对象消失后，线程对象再持有这个 ThreadLocal 对象是没有任何意义的，应该进行回收，从而避免内存泄漏。这种设计的出发点很好，但在实际业务场景中却并非如此，弱引用的设计方式反而增加了对 ThreadLocal 和 Thread 体系的理解难度。

除强引用外，其他三种引用可以减少对象在生命周期中所占用的内存大小。如果控制得当，垃圾回收就能够随意地释放这些对象。如果使用了这些引用，就应该像示例中的 seller 一样，为避免强引用劫持，把强引用置为 null，否则这三种引用就无法发挥它们的价值。这三者的使用成本是偏大的，开发工程师应该多去考虑如何不造成内存泄漏，如何提升性能，使方法快速执行完成后形成自然回收。如果这些引用在程序中使用不当，就会造成更大的风险。

7.5.2 ThreadLocal 价值

我们从真人 CS 游戏说起。游戏开始时，每个人能够领到一把电子枪，枪把上有三个数字：子弹数、杀敌数、自己的命数，为其设置的初始值分别为 1500、0、10。假设战场上的每个人都是一个线程，那么这三个初始值写在哪里呢？如果每个线程写死这三个值，万一将初始子弹数统一改成 1000 发呢？如果共享，那么线程之间的并发修改会导致数据不准确。能不能构造这样一个对象，将这个对象设置为共享变量，统一设置初始值，但是每个线程对这个值的修改都是互相独立的。这个对象就是 ThreadLocal。注意不能将其翻译为线程本地化或本地线程，英语恰当的名称应该叫作：CopyValueIntoEveryThread。具体示例代码如下：

```java
public class CsGameByThreadLocal {
    private static final Integer BULLET_NUMBER = 1500;
    private static final Integer KILLED_ENEMIES = 0;
```

```java
private static final Integer LIFE_VALUE = 10;
private static final Integer TOTAL_PLAYERS = 10;
// 随机数用来展示每个对象的不同的数据（第1处）
private static final ThreadLocalRandom RANDOM
    = ThreadLocalRandom.current();

// 初始化子弹数
private static final ThreadLocal<Integer> BULLET_NUMBER_THREADLOCAL
    = new ThreadLocal<Integer>() {
    @Override
    protected Integer initialValue() {
        return BULLET_NUMBER;
    }
};

// 初始化杀敌数
private static final ThreadLocal<Integer> KILLED_ENEMIES_THREADLOCAL
    = new ThreadLocal<Integer>() {
    @Override
    protected Integer initialValue() {
        return KILLED_ENEMIES;
    }
};

// 初始化自己的命数
private static final ThreadLocal<Integer> LIFE_VALUE_THREADLOCAL
    = new ThreadLocal<Integer>() {
    @Override
    protected Integer initialValue() {
        return LIFE_VALUE;
    }
};

// 定义每位队员
private static class Player extends Thread {

    @Override
    public void run() {
        Integer bullets = BULLET_NUMBER_THREADLOCAL.get() -
            RANDOM.nextInt(BULLET_NUMBER);
        Integer killEnemies = KILLED_ENEMIES_THREADLOCAL.get() +
            RANDOM.nextInt(TOTAL_PLAYERS / 2);
        Integer lifeValue = LIFE_VALUE_THREADLOCAL.get() -
            RANDOM.nextInt(LIFE_VALUE);
```

```
            System.out.println(getName() + ", BULLET_NUMBER is "
                + bullets);
            System.out.println(getName() + ", KILLED_ENEMIES is "
                + killEnemies);
            System.out.println(getName() + ", LIFE_VALUE is "
                + lifeValue + "\n");

            BULLET_NUMBER_THREADLOCAL.remove();
            KILLED_ENEMIES_THREADLOCAL.remove();
            LIFE_VALUE_THREADLOCAL.remove();
        }
    }

    public static void main(String[] args) {
        for (int i = 0; i < TOTAL_PLAYERS; i++) {
            new Player().start();
        }
    }
}
```

此示例中，没有进行 set 操作，那么初始值又是如何进入每个线程成为独立拷贝的呢？首先，虽然 ThreadLocal 在定义时覆写了 initialValue() 方法，但并非是在 **BULLET_NUMBER_THREADLOCAL** 对象加载静态变量的时候执行的，而是每个线程在 ThreadLocal.get() 的时候都会执行到，其源码如下：

```
public T get() {
    Thread t = Thread.currentThread();
    ThreadLocalMap map = getMap(t);
    if (map != null) {
        ThreadLocalMap.Entry e = map.getEntry(this);
        if (e != null) {
            @SuppressWarnings("unchecked")
            T result = (T)e.value;
            return result;
        }
    }
    return setInitialValue();
}
```

每个线程都有自己的 ThreadLocalMap，如果 map==null，则直接执行 setInitialValue()。如果 map 已经创建，就表示 Thread 类的 threadLocals 属性已经初始化；如果 e==null，依然会执行到 setInitialValue()。setInitialValue() 的源码如下：

```java
protected T initialValue() {
    return null;
}

private T setInitialValue() {
    // 这是一个保护方法，CsGameByThreadLocal 中初始化 ThreadLocal 对象时已覆写
    T value = initialValue();
    Thread t = Thread.currentThread();

    // getMap 的源码就是提取线程对象 t 的 ThreadLocalMap 属性：t.threadLocals
    ThreadLocalMap map = getMap(t);
    if (map != null)
        map.set(this, value);
    else
        createMap(t, value);
    return value;
}
```

在 CsGameByThreadLocal 类的第 1 处，使用了 ThreadLocalRandom 生成单独的 Random 实例。此类在 JDK7 中引入，它使得每个线程都可以有自己的随机数生成器。我们要避免 Random 实例被多线程使用，虽然共享该实例是线程安全的，但会因竞争同一 seed 而导致性能下降。

我们已经知道了 ThreadLocal 是每一个线程单独持有的。因为每一个线程都有独立的变量副本，其他线程不能访问，所以不存在线程安全问题，也不会影响程序的执行性能。ThreadLocal 对象通常是由 private static 修饰的，因为都需要复制进入本地线程，所以非 static 作用不大。需要注意的是，ThreadLocal 无法解决共享对象的更新问题，下面的代码实例将证明这点。因为 CsGameByThreadLocal 中使用的是 Integer 的不可变对象，所以可以使用相同的编码方式来操作一下可变对象看看，示例源码如下：

```java
public class InitValueInThreadLocal {
    private static final StringBuilder INIT_VALUE = new
        StringBuilder("init");
    // 覆写 ThreadLocal 的 initialValue，返回 StringBuilder 静态引用
    private static final ThreadLocal<StringBuilder> builder
        = new ThreadLocal<StringBuilder>() {
        @Override
        protected StringBuilder initialValue() {
            return INIT_VALUE;
        }
    };
```

```java
private static class AppendStringThread extends Thread {
    @Override
    public void run() {
        StringBuilder inThread = builder.get();
        for (int i = 0; i < 10; i++) {
            inThread.append("-" + i);
        }
        System.out.println(inThread.toString());
    }
}

public static void main(String[] args) throws InterruptedException {
    for (int i = 0; i < 10; i++) {
        new AppendStringThread().start();
    }
    TimeUnit.SECONDS.sleep(10);
}
```

输出的结果是乱序不可控的，所以使用某个引用来操作共享对象时，依然需要进行线程同步。

我们看看 ThreadLocal 和 Thread 的类关系图，了解其主要方法，如图 7-9 所示。

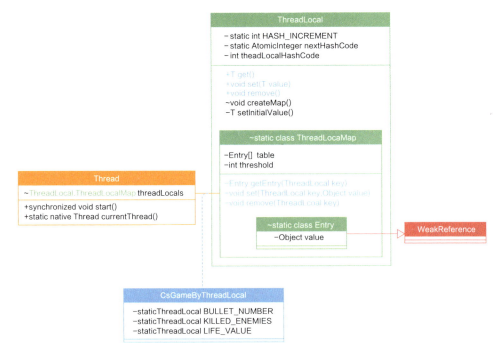

图 7-9　ThreadLocal 和 Thread 的类关系图

ThreadLocal 有个静态内部类叫 ThreadLocalMap，它还有一个静态内部类叫 Entry，在 Thread 中的 ThreadLocalMap 属性的赋值是在 ThreadLocal 类中的 createMap() 中进行的。ThreadLocal 与 ThreadLocalMap 有三组对应的方法：get()、set() 和 remove()，在 ThreadLocal 中对它们只做校验和判断，最终的实现会落在 ThreadLocalMap 上。Entry 继承自 WeakReference，没有方法，只有一个 value 成员变量，它的 key 是 ThreadLocal 对象。再从栈与堆的内存角度看看两者的关系，如图 7-10 所示。

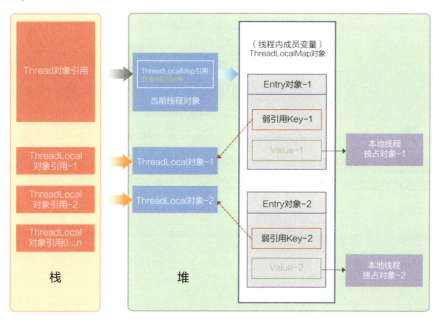

图 7-10　TheadLocal 的弱引用路线图

图 7-10 中的简要关系：

- 1 个 Thread 有且仅有 1 个 ThreadLocalMap 对象；
- 1 个 Entry 对象的 Key 弱引用指向 1 个 ThreadLocal 对象；
- 1 个 ThreadLocalMap 对象存储多个 Entry 对象；
- 1 个 ThreadLocal 对象可以被多个线程所共享；
- ThreadLocal 对象不持有 Value，Value 由线程的 Entry 对象持有。

图中的红色虚线箭头是重点，也是整个 ThreadLocal 难以理解的地方，Entry 的源码如下：

```
static class Entry extends WeakReference<Threadlocal<?>> {
    Object value;

    Entry(ThreadLocal<?> k, Object v) {
        super(k);
        value = v;
    }
}
```

所有 Entry 对象都被 ThreadLocalMap 类实例化对象 threadLocals 持有。当线程对象执行完毕时，线程对象内的实例属性均会被垃圾回收。源码中的红色字标识的 ThreadLocal 的弱引用，即使线程正在执行中，只要 ThreadLocal 对象引用被置成 null，Entry 的 Key 就会自动在下一次 YGC 时被垃圾回收。而在 ThreadLocal 使用 set() 和 get() 时，又会自动地将那些 key==null 的 value 置为 null，使 value 能够被垃圾回收，避免内存泄漏，但是理想很丰满，现实很骨感，ThreadLocal 如源码注释所述：

ThreadLocal instances are typically private static fields in classes.

ThreadLocal 对象通常作为私有静态变量使用，那么其生命周期至少不会随着线程结束而结束。

线程使用 ThreadLocal 有三个重要方法：

（1）set()：如果没有 set 操作的 ThreadLocal，容易引起脏数据问题。

（2）get()：始终没有 get 操作的 ThreadLocal 对象是没有意义的。

（3）remove()：如果没有 remove 操作，容易引起内存泄漏。

如果说一个 ThreadLocal 是非静态的，属于某个线程实例类，那就失去了线程间共享的本质属性。那么 ThreadLocal 到底有什么作用呢？我们知道，局部变量在方法内各个代码块间进行传递，而类内变量在类内方法间进行传递。复杂的线程方法可能需要调用很多方法来实现某个功能，这时候用什么来传递线程内变量呢？答案就是 ThreadLocal，它通常用于同一个线程内，跨类、跨方法传递数据。如果没有 ThreadLocal，那么相互之间的信息传递，势必要靠返回值和参数，这样无形之中，有些类甚至有些框架会互相耦合。通过将 Thread 构造方法的最后一个参数设置为 true，可以把当前线程的变量继续往下传递给它创建的子线程，源码如下：

```
public Thread(ThreadGroup group, Runnable target, String name,
              long stackSize, boolean inheritThreadLocals) {
    this(group, target, name, stackSize, null, inheritThreadLocals);
}
```

下方代码中的 parent 是它的父线程:

```java
if (inheritThreadLocals && parent.inheritableThreadLocals != null)
    this.inheritableThreadLocals =
        ThreadLocal.createInheritedMap(parent.inheritableThreadLocals);
```

createInheritedMap() 其实就是调用 ThreadLocalMap 的私有构造方法来产生一个实例对象,把父线程的不为 null 的线程变量都拷贝过来:

```java
private ThreadLocalMap(ThreadLocalMap parentMap) {
    // table 就是存储
    Entry[] parentTable = parentMap.table;
    int len = parentTable.length;
    setThreshold(len);
    table = new Entry[len];

    for (Entry e : parentTable) {
        if (e != null) {

            ThreadLocal<Object> key = (ThreadLocal<Object>) e.get();
            if (key != null) {
                Object value = key.childValue(e.value);
                Entry c = new Entry(key, value);
                int h = key.threadLocalHashCode & (len - 1);
                while (table[h] != null)
                    h = nextIndex(h, len);
                table[h] = c;
                size++;
            }
        }
    }
}
```

淘宝在很多场景下就是通过 ThreadLocal 来透传全局上下文的,比如用 ThreadLocal 来存储监控系统的某个标记位,暂且命名为 traceId。某次请求下所有的 traceId 都是一致的,以获得可以统一解析的日志文件。但在实际开发过程中,发现子线程里的 traceId 为 null,跟主线程的 traceId 并不一致,所以这就需要刚才说到的 InheritableThreadLocal 来解决父子线程之间共享线程变量的问题,使整个连接过程中的 traceId 一致。实现代码如下所示:

```java
public class RequestProcessTrace {
    private static final InheritableThreadLocal<FullLinkContext> FULL_
```

```java
        LINK_THREADLOCAL
            = new InheritableThreadLocal<>();
    public static FullLinkContext getContext() {
        FullLinkContext fullLinkContext = FULL_LINK_THREADLOCAL.get();
        if (fullLinkContext == null) {
            FULL_LINK_THREADLOCAL.set(new FullLinkContext());
            fullLinkContext = FULL_LINK_THREADLOCAL.get();
        }
        return fullLinkContext;
    }

    public static class FullLinkContext {
        private String traceId;
        public String getTraceId() {
            if (StringUtils.isEmpty(traceId)) {
                FrameWork.startTrace(null, "gujin");
                traceId = FrameWork.getTraceId();
            }
            return traceId;
        }

        public void setTraceId(String traceId) {
            this.traceId = traceId;
        }
    }
}
```

使用 ThreadLocal 和 InheritableThreadLocal 透传上下文时，需要注意线程间切换、异常传输时的处理，避免在传输过程中因处理不当而导致的上下文丢失。

最后，SimpleDateFormat 是线程不安全的类，定义为 static 对象，会有数据同步风险。通过源码可以看出，SimpleDateFormat 内部有一个 Calendar 对象，在日期转字符串或字符串转日期的过程中，多线程共享时有非常高的概率产生错误，推荐的方式之一就是使用 ThreadLocal，让每个线程单独拥有这个对象。示例代码如下：

```java
private static final ThreadLocal<DateFormat> DATE_FORMAT_THREADLOCAL =
new ThreadLocal<DateFormat>() {
    @Override
    protected DateFormat initialValue() {
        return new SimpleDateFormat("yyyy-MM-dd");
    }
};
```

7.5.3　ThreadLocal 副作用

为了使线程安全地共享某个变量，JDK 开出了 ThreadLocal 这剂药方。但"是药三分毒"，ThreadLocal 有一定的副作用，所以需要仔细阅读药方说明书，了解药性和注意事项。ThreadLocal 的主要问题是会产生脏数据和内存泄漏。这两个问题通常是在线程池的线程中使用 ThreadLocal 引发的，因为线程池有线程复用和内存常驻两个特点。

1. 脏数据

线程复用会产生脏数据。由于线程池会重用 Thread 对象，那么与 Thread 绑定的类的静态属性 ThreadLocal 变量也会被重用。如果在实现的线程 run() 方法体中不显式地调用 remove() 清理与线程相关的 ThreadLocal 信息，那么倘若下一个线程不调用 set() 设置初始值，就可能 get() 到重用的线程信息，包括 ThreadLocal 所关联的线程对象的 value 值。

脏数据问题在实际故障中十分常见。比如，用户 A 下单后没有看到订单记录，而用户 B 却看到了用户 A 的订单记录。通过排查发现是由于 session 优化引发的。在原来的请求过程中，用户每次请求 Server，都需要通过 sessionId 去缓存里查询用户的 session 信息，这样做无疑增加了一次调用。因此，开发工程师决定采用某框架来缓存每个用户对应的 SecurityContext，它封装了 session 相关信息。优化后虽然会为每个用户新建一个 session 相关的上下文，但是由于 Threadlocal 没有在线程处理结束时及时进行 remove() 清理操作，在高并发场景下，线程池中的线程可能会读取到上一个线程缓存的用户信息。为了便于理解，用一段简要代码来模拟，如下所示：

```java
public class DirtyDataInThreadLocal {
    public static ThreadLocal<String> threadLocal
        = new ThreadLocal<String>();

    public static void main(String[] args) {
        // 使用固定大小为 1 的线程池，说明上一个的线程属性会被下一个线程属性复用
        ExecutorService pool = Executors.newFixedThreadPool(1);
        for (int i = 0; i < 2; i++) {
            Mythread thread = new Mythread();
            pool.execute(thread);
        }
    }
}
```

```java
private static class Mythread extends Thread {
    private static boolean flag = true;

    @Override
    public void run() {
        if (flag) {
            // 第1个线程set后，并没有进行remove
            // 而第二个线程由于某种原因没有进行set操作
            threadLocal.set(this.getName() + ", session info.");
            flag = false;
        }
        System.out.println(this.getName() + " 线程是 "
            + threadLocal.get());
    }
}
```

执行结果如下：

```
Thread-0 线程是 Thread-0, session info.
Thread-1 线程是 Thread-0, session info.
```

2. 内存泄漏

在源码注释中提示使用 static 关键字来修饰 ThreadLocal。在此场景下，寄希望于 ThreadLocal 对象失去引用后，触发弱引用机制来回收 Entry 的 Value 就不现实了。在上例中，如果不进行 remove() 操作，那么这个线程执行完成后，通过 ThreadLocal 对象持有的 String 对象是不会被释放的。

以上两个问题的解决办法很简单，就是在每次用完 ThreadLocal 时，必须要及时调用 remove() 方法清理。

第 8 章　单元测试

祸乱生于疏忽，单元测试先于交付。穿越暂时黑暗的时光隧道，才能迎来系统的曙光。

计算机世界里的软件产品通常是由模块组合而成的,模块又可以分成诸多子模块。比如淘宝系统由搜索模块、商品模块、交易模块等组成,而交易模块又分成下单模块、支付模块、发货模块等子模块,如此细分下去,最终的子模块是由不可再分的程序单元组成的。对这些程序单元的测试,即称为单元测试(Unit Testing,简称单测)。单元的粒度要根据实际情况判定,可能是类、方法等,在面向对象编程中,通常认为最小单元就是方法。单元测试的目的是在集成测试和功能测试之前对软件中的可测试单元进行逐一检查和验证。单元测试是程序功能的基本保障,是软件产品上线前非常重要的一环。

虽然单元测试的概念众所周知,但是能够深入理解的人却屈指可数,精于单测之道的工程师更是凤毛麟角。在很多人看来,单元测试是一件功不在当下的事情,快速完成业务功能开发才是王道,特别是在评估工作量的时候,如果开发工程师说需要额外时间来写单测,并因此延长项目工期,估计有些项目经理就按捺不住了。其实单元测试是一件有情怀、有技术素养、有长远收益的工作,它是保证软件质量和效率的重要手段之一。单元测试的好处包括但不限于以下几点:

1. 提升软件质量

优质的单元测试可以保障开发质量和程序的鲁棒性。在大多数互联网企业中,开发工程师在研发过程中都会频繁地执行测试用例,运行失败的单测能帮助我们快速排查和定位问题,使问题在被带到线上之前完成修复。正如软件工程界的一条金科玉律——越早发现的缺陷,其修复成本越低。一流的测试能发现未发生的故障;二流的测试能快速定位故障的发生点;三流的测试则疲于奔命,一直跟在故障后面进行功能回归。

2. 促进代码优化

单元测试是由开发工程师编写和维护的,这会促使开发工程师不断重新审视自己的代码,白盒地去思考代码逻辑,更好地对代码进行设计,甚至想方设法地优化测试用例的执行效率。这个过程会促使我们不断地优化自己的代码,有时候这种优化的冲动是潜意识的。

3. 提升研发效率

编写单测表面上占用了项目研发时间,但磨刀不误砍柴工,在后续的联调、集成、回归测试阶段,单元测试覆盖率高的代码通常缺陷少、问题易修复,有助于提升项目的整体研发效率。

4. 增加重构自信

代码重构往往是牵一发而动全身的。当修改底层数据结构时，上层服务经常会受到影响。有时候只是简单地修改一个字段名称，就会引起一系列错误。但是在有单元测试保障的前提下，重构代码时我们会很自然地多一分勇气，看到单元测试 100% 执行通过的刹那充满自信和成就感。

单元测试的好处不言而喻，同时我们也要摒弃诸如：单元测试是测试人员的工作，单元测试代码不需要维护等常见误解。对于开发工程师来说，编写并维护单元测试不仅仅是为了保证代码的正确性，更是一种基本素养的体现。

8.1 单元测试的基本原则

宏观要求上，单元测试要符合 AIR 原则；微观实现上，单元测试的代码层面要符合 BCDE 原则。

AIR 即空气，单元测试亦是如此。当业务代码在线上运行时，可能感觉不到测试用例的存在和价值，但在代码质量的保障上，却是非常关键的。新增代码应该同步增加测试用例，修改代码逻辑时也应该同步保证测试用例成功执行。AIR 原则具体包括：

- A：Automatic（自动化）
- I：Independent（独立性）
- R：Repeatable（可重复）

单元测试应该是全自动执行的。测试用例通常会被频繁地触发执行，执行过程必须完全自动化才有意义。如果单元测试的输出结果需要人工介入检查，那么它一定是不合格的。单元测试中不允许使用 System.out 来进行人工验证，而必须使用断言来验证。

为了保证单元测试稳定可靠且便于维护，需要保证其独立性。用例之间不允许互相调用，也不允许出现执行次序的先后依赖。如下警示代码所示，testMethod2 需要调用 testMethod1。在执行 testMethod2 时会重复执行验证 testMethod1，导致运行效率降低。更严重的是，testMethod1 的验证失败会影响 testMethod2 的执行。

```
@Test
public void testMethod1(){
    ...
}
```

```
@Test
public void testMethod2(){
    testMethod1();
    ...
}
```

在主流测试框架中，JUnit 的用例执行顺序是无序的，而 TestNG 支持测试用例的顺序执行（默认测试类内部各测试用例是按字典序升序执行的，也可以通过 XML 或注解 priority 的方式来配置执行顺序）。

单元测试是可以重复执行的，不能受到外界环境的影响。比如，单元测试通常会被放到持续集成中，每次有代码提交时单元测试都会被触发执行。如果单测对外部环境（网络、服务、中间件等）有依赖，则很容易导致持续集成机制的不可用。

编写单元测试时要保证测试粒度足够小，这样有助于精确定位问题，单元测试用例默认是方法级别的。单测不负责检查跨类或者跨系统的交互逻辑，那是集成测试需要覆盖的范围。编写单元测试用例时，为了保证被测模块的交付质量，需要符合 BCDE 原则。

- B：Border，边界值测试，包括循环边界、特殊取值、特殊时间点、数据顺序等。
- C：Correct，正确的输入，并得到预期的结果。
- D：Design，与设计文档相结合，来编写单元测试。
- E：Error，单元测试的目标是证明程序有错，而不是程序无错。为了发现代码中潜在的错误，我们需要在编写测试用例时有一些强制的错误输入（如非法数据、异常流程、非业务允许输入等）来得到预期的错误结果。

由于单元测试只是系统集成测试前的小模块测试，有些因素往往是不具备的，因此需要进行 Mock，例如：

（1）功能因素。比如被测试方法内部调用的功能不可用。

（2）时间因素。比如双十一还没有到来，与此时间相关的功能点。

（3）环境因素。政策环境，如支付宝政策类新功能；多端环境，如 PC、手机等。

（4）数据因素。线下数据样本过小，难以覆盖各种线上真实场景。

（5）其他因素。为了简化测试编写，开发者也可以将一些复杂的依赖采用 Mock 方式实现。

最简单的 Mock 方式是硬编码，更为优雅的方式是使用配置文件，最佳的方式是使用相应的 Mock 框架，例如 JMockit、EasyMock、JMock 等。Mock 的本质是让我们写出更加稳定的单元测试，隔离上述因素对单元测试的影响，使结果变得可预测，做到真正的"单元"测试。

8.2 单元测试覆盖率

单元测试是一种白盒测试，测试者依据程序的内部结构来实现测试代码。单测覆盖率是指业务代码被单测测试的比例和程度，它是衡量单元测试好坏的一个很重要的指标，各类覆盖率指标从粗到细、从弱到强排列如下。

1. 粗粒度的覆盖

粗粒度的覆盖包括类覆盖和方法覆盖两种。类覆盖是指类中只要有方法或变量被测试用例调用或执行到，那么就说这个类被测试覆盖了。方法覆盖同理，只要在测试用例执行过程中，某个方法被调用了，则无论执行了该方法中的多少行代码，都可以认为该方法被覆盖了。从实际测试场景来看，无论是以类覆盖率还是方法覆盖率来衡量测试覆盖范围，其粒度都太粗了。以阿里研发场景为例，大多数开发工程师都能做到类覆盖率和方法覆盖率达到 100%，但这并不能说明测试用例已经写得很好，因为这个标准是远远不够的。

2. 细粒度的覆盖

细粒度的覆盖包括以下几种。

（1）行覆盖（Line Coverage）

行覆盖也称为语句覆盖，用来度量可执行的语句是否被执行到。行覆盖率的计算公式的分子是执行到的语句行数，分母是总的可执行语句行数。示例代码如下：

```java
public class CoverageSampleMethods {
    public Boolean testMethod(int a, int b, int c) {
        boolean result = false;
        if (a == 1 && b == 2 || c == 3) {
            result = true;
        }
        return result;
    }
}
```

以上方法中有 5 行可执行语句和 3 个入参，针对此方法编写测试用例如下：

```
@Test
@DisplayName("line coverage sample test")
void testLineCoverageSample() {
    CoverageSampleMethods coverageSampleMethods = new
        CoverageSampleMethods();
    Assertions.assertTrue(coverageSampleMethods.testMethod(1, 2, 0));
}
```

以上测试用例的行覆盖率是 100%，但是在执行过程中 c==3 的条件判断根本没有被执行到，a!=1 并且 c!=3 的情况难道不应该测试一下吗？由此可见，行覆盖的覆盖强度并不高，但由于容易计算，因此在主流的覆盖率工具中，它依然是一个十分常见的参考指标。

（2）分支覆盖（Branch Coverage）

分支覆盖也称为判定覆盖，用来度量程序中每一个判定分支是否都被执行到。分支覆盖率的计算公式中的分子是代码中被执行到的分支数，分母是代码中所有分支的总数。譬如前面例子中，(a == 1 && b == 2 || c == 3) 整个条件为一个判定，测试数据应至少保证此判定为真和为假的情况都被覆盖到。分支覆盖容易与下面要说的条件判定覆盖混淆，因此我们先介绍条件判定覆盖的定义，然后再对比介绍两者的区别。

（3）条件判定覆盖（Condition Decision Coverage）

条件判定覆盖要求设计足够的测试用例，能够让判定中每个条件的所有可能情况至少被执行一次，同时每个判定本身的所有可能结果也至少执行一次。例如 (a == 1 && b == 2 || c == 3) 这个判定中包含了 3 种条件，即 a == 1、b == 2 和 c == 3。为了便于理解，下面我们仍使用行覆盖率中的 testMethod 方法作为被测方法，测试用例如下：

```
@ParameterizedTest
@DisplayName("Condition Decision coverage sample test result true")
@CsvSource({
    "0, 2, 3",
    "1, 0, 3",
})
void testConditionDecisionCoverageTrue(int a, int b, int c) {
    CoverageSampleMethods coverageSampleMethods = new
        CoverageSampleMethods();
    Assertions.assertTrue(coverageSampleMethods.testMethod(a, b, c));
}
```

```
@DisplayName("Condition Decision coverage sample test result false")
void testConditionDecisionCoverageFalse() {
    CoverageSampleMethods coverageSampleMethods = new
        CoverageSampleMethods();
    Assertions.assertTrue(coverageSampleMethods.testMethod(0, 0, 0));
}
```

通过 @ParameterizedTest，我们可以定义一个参数化测试，@CsvSource 注解使得我们可以通过定义一个 String 数组来定义多次运行测试时的参数列表，而每一个 String 值通过逗号分隔后的结果，就是每一次测试运行时的实际参数值。我们通过两个测试用例分别测试判定结果为 true 和 false 这两种情况，第一个测试用例 testConditionDecisionCoverageTrue 会运行两次，a、b、c 这 3 个参数的值分别为 0、2、3 和 1、0、3；第二个测试用例 testConditionDecisionCoverageFalse 的 3 个参数的值都为 0。在被测方法 testMethod 中，有一个判定（a == 1 && b == 2 || c == 3）包含了三个条件（a == 1、b == 2、c == 3），判定的结果显而易见有两种（true、false），我们已经都覆盖到了。另外，我们设计的测试用例，也使得上述三个条件真和假的结果都取到了。因此，这个测试用例满足了条件判定覆盖。

反过来再看一下分支覆盖，分支覆盖只要求覆盖分支所有可能的结果，可以看出它是条件判定覆盖的一个子集。

（4）条件组合覆盖（Multiple Condition Coverage）

条件组合覆盖是指判定中所有条件的各种组合情况都出现至少一次。还是以 (a == 1 && b == 2 || c == 3) 这个判定为例，我们在介绍条件判定覆盖时，忽略了如 a==1、b==2、c==3 等诸多情况。针对被测方法 testMethod，满足条件组合覆盖的一个测试用例如下：

```
@ParameterizedTest
@DisplayName("Multiple Condition Coverage sample test result true")
@CsvSource({
    "1, 2, 3",
    "1, 2, 0",
    "1, 0, 3",
    "0, 2, 3",
    "0, 0, 3",
})
void testMultipleConditionCoverageSampleTrue(int a, int b, int c) {
    CoverageSampleMethods coverageSampleMethods
        = new CoverageSampleMethods();
```

```
    Assertions.assertTrue(coverageSampleMethods.testMethod(a, b, c));
}

@ParameterizedTest
@DisplayName("Multiple Condition Coverage sample test result false")
@CsvSource({
    "1, 0, 0",
    "0, 0, 0",
    "0, 2, 0",
})
void testMultipleConditionCoverageSampleFalse(int a, int b, int c) {
    CoverageSampleMethods coverageSampleMethods
        = new CoverageSampleMethods();
    Assertions.assertFalse(coverageSampleMethods.testMethod(a, b, c));
}
```

这组测试用例同时满足了（a==1，b==2，c==3）为（true，true，true）、（true，true，false）、（true，false，true）、（true，false，false）、（false，true，true）、（false，true，false）、（false，false，true）、（false，false，false）这 8 种情况。对于一个包含了 n 个条件的判定，至少需要 2^n 个测试用例才可以。虽然这种覆盖足够严谨，但无疑给编写测试用例增加了指数级的工作量。

（5）路径覆盖（Path Coverage）

路径覆盖要求能够测试到程序中所有可能的路径。在 testMethod 方法中，可能的路径有：① a==1,b==2 ② a==1,b!=2,c==3 ③ a==1,b!=2,c!=3 ④ a!=1,c==3 ⑤ a!=1,c!=3 这 5 种。当存在"||"时，如果第一个条件已经为 true，则不再计算后边表达式的值；而当存在"&&"时，如果第一个条件已经为 false，则同样不再计算后边表达式的值。满足路径覆盖的测试用例如下：

```
@ParameterizedTest
@DisplayName("Path coverage sample test result true")
@CsvSource({
    "1, 2, 0",
    "1, 0, 3",
    "0, 0, 3",
})
void testPathCoverageSampleTrue(int a, int b, int c) {
    CoverageSampleMethods coverageSampleMethods
        = new CoverageSampleMethods();
    Assertions.assertTrue(coverageSampleMethods.testMethod(a, b, c));
}
```

```java
@ParameterizedTest
@DisplayName("Path coverage sample test result false")
@CsvSource({
    "1, 0, 0",
    "0, 0, 0",
})
void testPathCoverageSampleFalse(int a, int b, int c) {
    CoverageSampleMethods coverageSampleMethods
        = new CoverageSampleMethods();
    Assertions.assertFalse(coverageSampleMethods.testMethod2(a, b, c));
}
```

8.3 单元测试编写

单元测试编写是开发工程师的日常工作之一，利用好各种测试框架并掌握好单元测试编写技巧，往往可以达到事半功倍的效果。本节主要介绍如何编写 JUnit 测试用例。我们先简要了解一下 JUnit 单元测试框架。

8.3.1 JUnit 单元测试框架

Java 语言的单元测试框架相对统一，JUnit 和 TestNG 几乎始终处于市场前两位。其中 JUnit 以较长的发展历史和源源不断的功能演进，得到了大多数用户的青睐，也是阿里内部目前使用最多的单元测试框架。

JUnit 项目的起源可以追溯到 1997 年。两位参加"面向对象程序系统语言和应用大会"（Conference for Object-Oriented Programming Systems, Languages & Applications）的极客开发者 Kent Beck 和 Erich Gamma，在从瑞士苏黎世飞往美国亚特兰大的飞机上，为了打发长途飞行的无聊时间，他们聊起了对当时 Java 测试过程中缺乏成熟工具的无奈，然后决定一起设计一款更好用的测试框架，于是采用结对编程的方式在飞机上完成了 JUnit 雏形，以及世界上第一个 JUnit 单元测试用例。经过 20 余年的发展和几次重大版本的跃迁，JUnit 于 2017 年 9 月正式发布了 5.0 稳定版本。JUnit5 对 JDK8 及以上版本有了更好的支持（如增加了对 lambda 表达式的支持），并且加入了更多的测试形式，如重复测试、参数化测试等。因此本书的测试用例会使用 JUnit5 来编写，部分写法如果在 JUnit4 中不兼容，则会提前说明。

JUnit5.x 由以下三个主要模块组成。

- JUnit Platform：用于在 JVM 上启动测试框架，统一命令行、Gradle 和 Maven

等方式执行测试的入口。

- **JUnit Jupiter**：包含 JUnit5.x 全新的编程模型和扩展机制。
- **JUnit Vintage**：用于在新的框架中兼容运行 JUnit3.x 和 JUnit4.x 的测试用例。

为了便于开发者将注意力放在测试编写上，即不必关心测试的执行流程和结果展示，JUnit 提供了一些辅助测试的注解，常用的测试注解说明如表 8-1 所示。

表 8-1　测试注解说明

注　解	释　义
@Test	注明一个方法是测试方法，JUnit 框架会在测试阶段自动找出所有使用该注解标明的测试方法并运行。需要注意的是，在 JUnit5 版本中，取消了该注解的 timeout 参数的支持
@TestFactory	注明一个方法是基于数据驱动的动态测试数据源
@ParameterizedTest	注明一个方法是测试方法，这一点同 @Test 注解作用一样。此外，该注解还可以让一个测试方法使用不同的入参运行多次
@RepeatedTest	从字面意思就可以看出，这个注释可以让测试方法自定义重复运行次数
@BeforeEach	与 JUnit4 中的 @Before 类似，可以在每一个测试方法运行前，都运行一个指定的方法。在 JUnit5 中，除了运行 @Test 注解的方法，还额外支持运行 @ParameterizedTest 和 @RepeatedTest 注解的方法
@AfterEach	与 JUnit4 中的 @After 类似，可以在每一个测试方法运行后，都运行一个指定的方法。在 JUnit5 中，除了运行 @Test 注解的方法，还额外支持运行 @ParameterizedTest 和 @RepeatedTest 注解的方法
@BeforeAll	与 JUnit4 中的 @BeforeClass 类似，可以在每一个测试类运行前，都运行一个指定的方法
@AfterAll	与 JUnit4 中的 @AfterClass 类似，可以在每一个测试类运行后，都运行一个指定的方法
@Disabled	与 JUnit4 中的 @Ignore 类似，注明一个测试的类或方法不再运行
@Nested	为测试添加嵌套层级，以便组织用例结构
@Tag	为测试类或方法添加标签，以便有选择性地执行

下面是一个典型的 JUnit 测试类结构:

```java
// 定义一个测试类并指定用例在测试报告中的展示名称
@DisplayName("售票器类型测试")
public class TicketSellerTest {
    // 定义待测类的实例
    private TicketSeller ticketSeller;

    // 定义在整个测试类开始前执行的操作
    // 通常包括全局和外部资源(包括测试桩)的创建和初始化
    @BeforeAll
    public static void init() {
        ...
    }

    // 定义在整个测试类完成后执行的操作
    // 通常包括全局和外部资源的释放和销毁
    @AfterAll
    public static void cleanup() {
        ...
    }

    // 定义在每个测试用例开始前执行的操作
    // 通常包括基础数据和运行环境的准备
    @BeforeEach
    public void create() {
        this.ticketSeller = new TicketSeller();
        ...
    }

    // 定义在每个测试用例完成后执行的操作
    // 通常包括运行环境的清理
    @AfterEach
    public void destroy() {
        ...
    }

    // 测试用例,当车票售出后余票应该减少
    @Test
    @DisplayName("售票后余票应减少")
    public void shouldReduceInventoryWhenTicketSoldOut() {
        ticketSeller.setInventory(10);
```

```java
    ticketSeller.sell(1);
    assertThat(ticketSeller.getInventory()).isEqualTo(9);
}

// 测试用例, 当余票不足时应该报错
@Test
@DisplayName("余票不足应报错")
public void shouldThrowExceptionWhenNoEnoughInventory() {
    ticketSeller.setInventory(0);
    assertThatExceptionOfType(TicketException.class)
        .isThrownBy(() -> { ticketSeller.sell(1); })
        .withMessageContaining("all ticket sold out")
        .withNoCause();
}

// Disabled 注释将禁用测试用例
// 该测试用例会出现在最终的报告中，但不会被执行
@Disabled
@Test
@DisplayName("有退票时余票应增加")
public void shouldIncreaseInventoryWhenTicketRefund() {
    ticketSeller.setInventory(10);
    ticketSeller.refund(1);
    assertThat(ticketSeller.getInventory()).isEqualTo(11);
}
}
```

需要注意的是，@DisplayName 注解仅仅对于采用 IDE 或图形化方式展示测试运行结果的场景有效，如图 8-1 所示。

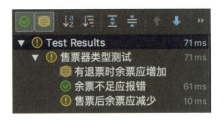

图 8-1　测试场景

但对于使用 Maven 或 Gradle 等命令行方式运行单元测试的情况，该注解中的内容会被忽略，例如单元测试出错时，实际展示结果如下：

```
[ERROR] Failures:
[ERROR]    ExchangeRateConverterTest.shouldReduceInventoryWhenTicketSoldO
ut:29
Expecting: <"failed">
to contain: <"success">
```

当测试用例较多时，为了更好地组织测试的结构，推荐使用 JUnit 的 @Nested 注解来表达有层次关系的测试用例：

```java
@DisplayName("交易服务测试")
public class TransactionServiceTest {

    @Nested
    @DisplayName("用户交易测试")
    class UserTransactionTest {

        @Nested
        @DisplayName("正向测试用例")
        class PositiveCase {
            @Test
            @DisplayName("交易检查应通过")
            public void shouldPassCheckWhenParameterValid() {
                ...
            }
        }
        @Nested
        @DisplayName("负向测试用例")
        class NegativeCase {
            ...
        }
    }

    @Nested
    @DisplayName("商家交易测试")
    class CompanyTransactionTest {
        ...
    }
}
```

JUnit 没有限制嵌套的层级数，除非必要，一般不建议使用超过 3 级的嵌套用例，过于复杂的测试层级结构会增加开发者理解用例关系的难度。

分组测试和数据驱动测试也是单元测试中十分实用的技巧。其中，分组测试能够实现测试在运行频率维度上的分层，例如，将所有单元测试用例分为"执行很快且很重要"的冒烟测试用例、"执行很慢但同样比较重要"的日常测试用例,以及"数量很多但不太重要"的回归测试用例。然后在不同的场景下选择性地执行相应的测试用例。使用 JUnit 的 @Tag 注解可以很容易地实现这种区分。示例代码如下:

```java
@DisplayName("售票器类型测试")
public class TicketSellerTest {

    @Test
    @Tag("fast")
    @DisplayName("售票后余票应减少")
    public void shouldReduceInventoryWhenTicketSoldOut() {

    }

    @Test
    @Tag("slow")
    @DisplayName("一次性购买20张车票")
    public void shouldSuccessWhenBuy20TicketsOnce() {

    }
}
```

通过标签选择执行的用例类型,在 Maven 中可以通过配置 maven-surefire-plugin 插件来实现:

```xml
<build>
    <plugins>
        <plugin>
            <artifactId>maven-surefire-plugin</artifactId>
            <version>2.22.0</version>
            <configuration>
                <properties>
                    <includeTags>fast</includeTags>
                    <excludeTags>slow</excludeTags>
                </properties>
            </configuration>
        </plugin>
    </plugins>
</build>
```

在 Gradle 中可以通过 JUnit 专用的 junitPlatform 配置来实现:

```
junitPlatform {
    filters {
```

```
        engines {
            include 'junit-jupiter', 'junit-vintage'
        }
        tags {
            include 'fast'
            exclude 'slow'
        }
    }
}
```

数据驱动测试适用于计算密集型的算法单元，这些功能单元内部逻辑复杂，对于不同的输入会得到截然不同的输出。倘若使用传统的测试用例写法，需要重复编写大量模板式的数据准备和方法调用代码，以便覆盖各种情况的测试场景。而使用 JUnit 的 @TestFactory 注解能将数据的输入和输出与测试逻辑分开，只需编写一段测试代码，就能一次性对各种类型的输入和输出结果进行验证。示例代码如下：

```java
@DisplayName("售票器类型测试")
public class ExchangeRateConverterTest {

    @TestFactory
    @DisplayName("时间售票检查")
    Stream<DynamicTest> oddNumberDynamicTestWithStream() {
        ticketSeller.setCloseTime(LocalTime.of(12, 20, 25, 0));
        return Stream.of(
            Lists.list("提前购票", LocalTime.of(12, 20, 24, 0), true),
            Lists.list("准点购买", LocalTime.of(12, 20, 25, 0), true),
            Lists.list("晚点购票", LocalTime.of(12, 20, 26, 0), false)
        )
        .map(data -> DynamicTest.dynamicTest((String)data.get(0),
            () -> assertThat(ticketSeller.cloudSellAt(data.get(1))).
                isEqualTo(data.get(2))));
    }

}
```

8.3.2　命名

通常来说，单元测试类的定义与被测类一一对应，放置于与被测类相同的包路径下，并以被测类名称加上 Test 命名。例如，DemoService 的测试类应该命名为 DemoServiceTest，其目录结构示例如下：

```
src
├── main
│   └── java
│       └── com
│           └── alibaba
│               └── demo
│                   └── DemoService.java
└── test
    └── java
        └── com
            └── alibaba
                └── demo
                    └── DemoServiceTest.java
```

单元测试代码必须写在工程目录 src/test/java 下，不允许写在业务代码目录下，因为主流 Java 测试框架如 JUnit，TestNG 测试代码都是默认放在 src/test/java 下的，测试资源文件则放在 src/test/resources 下，这样有利于代码目录标准化。统一约定代码存放结构带来的好处是，当修改别人的工程时，也能有一种修改自己工程的感觉，能清楚知道哪些代码在什么目录下。

如果说规范测试类的目录和命名是为了更好地管理代码结构和获得 IDE 的增强辅助，那么规范单元测试的方法名称则是为了提升测试质量。良好的方法命名能够让开发者在测试发生错误时，快速了解出现问题的位置和影响。试比较以下两个错误信息。

示例一：

```
> Task :test

com.alibaba.demo.DemoServiceTest > test83 FAILED
    java.lang.AssertionError at DemoServiceTest.java:177

200 tests completed, 1 failed
```

示例二：

```
> Task :test

com.alibaba.demo.DemoServiceTest > shouldSuccessWhenDecodeUserToken FAILED
    java.lang.AssertionError at DemoServiceTest.java:177

200 tests completed, 1 failed
```

两者差异仅仅在于出错提示中的方法名称。显然，示例一中的名称 test83 无法让开发者在众多用例中迅速回忆起它究竟测试了什么，而示例二中的名称 shouldSuccessWhenDecodeUserToken 则包含了足够多的信息，即使这个测试不是自己写的，也能猜测到是最近的修改把用户令牌解码的功能搞坏了。

主流的 Java 单元测试方法命名规范有两种：一种是传统的以 "test" 开头，然后加待测场景和期待结果的命名方式，例如 "testDecodeUserTokenSuccess"；另一种则是更易于阅读的 "should...When" 结构，它类似于行为测试的 "Given...When...Then" 叙述，只是将 Then 部分的结果前置了，由于 Given 中的前提通常已在测试准备的 @BeforeEach 或 @BeforeAll 方法中体现，因此不必在各个测试方法名中重复，例如 "shouldSuccessWhenDecodeUserToken"。

在命名时，应当在不影响表意的情况下适当精简描述语句长度（通常控制在 5 个单词内），例如，将 "shouldReturnTicketInfomationIncludingOrderNumberToUserWhenAllDataIsValidAndTokenIsNotExpired" 缩短为 "shouldGetTicketInfoWhenAllParametersValid"。过长的命名容易产生信息量过载，反而给阅读和理解带来负担。

8.3.3 断言与假设

当定义好了需要运行的测试方法后，下一步则是关注测试方法的细节处理，这就离不开断言（assert）和假设（assume）：断言封装好了常用的判断逻辑，当不满足条件时，该测试用例会被认定为测试失败；假设与断言类似，只不过当条件不满足时，测试会直接退出而不是认定为测试失败，最终记录的状态是跳过。断言和假设是单元测试中最重要的部分，各种单元测试框架均提供了丰富的方法。以 JUnit 5.x 为例，它提供了一系列经典的断言和假设方法。

常用的断言被封装在 org.junit.jupiter.api.Assertions 类中，均为静态方法，表 8-2 列举了一些常用的断言相关方法。

表 8-2 常用的断言相关方法

方　　法	释　　义
fail	断言测试失败
assertTrue/assertFalse	断言条件为真或为假
assertNull/assertNotNull	断言指定值为 null 或非 null
assertEquals/assertNotEquals	断言指定两个值相等或不相等，对于基本数据类型，使用值比较；对于对象，使用 equals 方法比较
assertArrayEquals	断言数组元素全部相等

续表

方　法	释　义
assertSame/assertNotSame	断言指定两个对象是否为同一个对象
assertThrows/assertDoesNotThrow	断言是否抛出了一个特定类型的异常
assertTimeout/assertTimeoutPreemptively	断言是否执行超时，区别在于测试程序是否在同一个线程内执行
assertIterableEquals	断言迭代器中的元素全部相等
assertLinesMatch	断言字符串列表元素全部正则匹配
assertAll	断言多个条件同时满足

相较于断言，假设提供的静态方法更加简单，被封装在 org.junit.jupiter.api.Assumptions 类中，同样为静态方法，如表 8-3 所示。

表 8-3　假设判定

方　法	释　义
assumeTrue assumeFalse	先判断给定的条件为真或假，再决定是否继续接下来的测试

相对于假设，断言更为重要。这些断言方法中的大多数从 JUnit 的早期版本就已经存在，并且在最新的 JUnit 5.x 版本中依然保持着很好的兼容性。当断言中指定的条件不满足时，测试用例就会被标记为失败。

对于断言的选择，优先采用更精确的断言，因为它们通常提供了更友好的结果输出格式（包括预期值和实际值），例如 assertEquals(100, result) 语句优于 assertTrue(100 == result) 语句。对于非相等情况的判定，比如大于、小于或者更复杂的情况，则可以使用 assertTrue 或 assertFalse 表达，例如 assertTrue(result > 0)。对于特别复杂的条件判定，直接使用任何一种断言方法都不容易表达时，则可以使用 Java 语句自行构造条件，然后在不符合预期的情况下直接使用 fail 断言方法将测试标记为失败。

另外值得强调的是，对于所有两参数的断言方法，例如 assertEquals 或 assertSame，第一个参数是预期的结果值，第二个参数才是实际的结果值。例如：
assertEquals(0, transactionMaker.increase(10).reduce(10))

假如测试结果错误，将会在测试报告中产生如下内容：

```
org.opentest4j.AssertionFailedError:
Expected :0
Actual   :20
```

倘若将参数的位置写反，则生成报告的预期值与实际值位置也会颠倒，从而给阅读者带来困扰。

assertTimeout 和 assertTimeoutPreemptively 断言的差异在于，前者会在操作超时后继续执行，并在最终的测试报告中记录操作的实际执行时间；后者在到达指定时间后立即结束，在最终的报告中只体现出操作超时，但不包含实际执行的耗时。例如，使用 assertTimeout 断言的错误报告：

```
org.opentest4j.AssertionFailedError: execution exceeded timeout of
1000 ms by 5003 ms
```

使用 assertTimeoutPreemptively 断言的错误报告：

```
org.opentest4j.AssertionFailedError: execution timed out after 1000 ms
```

断言负责验证逻辑，以及数据的合法性和完整性，所以有一种说法："在单元测试方法中没有断言就不是完整的测试"。而在实际开发过程中，仅使用 JUnit 的断言往往不能满足需求：要么是被局限在 JUnit 仅有的几种断言中，对于不支持的断言就不再写额外的判断逻辑；要么花费很大的精力，对要判断的条件经过一系列改造后，再使用 JUnit 现有的断言。有没有第三种选择？答案是：有的！

AssertJ 的最大特点是流式断言（Fluent Assertions），与 Builder Chain 模式或 Java 8 的 stream&filter 写法类似。它允许一个目标对象通过各种 Fluent Assert API 的连接判断，进行多次断言，并且对 IDE 更友好。但是 AssertJ 的 assertThat 的处理方法和之前有些不同，它利用 Java 的泛型，同时增加了目标类型对应的 XxxxAssert 类，签名为 "public static AbstractCharSequenceAssert<?, String> assertThat(String actual)"，而 JUnit 中的 "public static void assertThat()" 是 void 返回，其中，AbstractCharSequenceAssert 是针对 String 对象的，这样不同的类型有不同的断言方法，如 String 和 Date 就有不一样的断言方法。

如果是我们自定义的 JavaBean 该如何判断，例如我们常见的 Account 对象，如何传给 assertThat，然后进行断言判断？AssertJ 通过 AssertJ assertions generator 来生成对应的 XxxAssert 类，然后辅助我们对模板 JavaBean 对象进行断言 API 判断。AssertJ assertions generator 有相应的 Maven 和 Gradle Plugin，生成这样的代码非常容易，所以很容易实现对自定义 JavaBean 对象的判断需求。此外，AssertJ 还添加了常用的扩展，如 DB assertions，Guava assertions 等，以方便我们使用。例如，典型的 DB assertions，无论你使用哪种框架（MyBatis、Hibernate 等），在执行完数据库操作后，就可以使用 DB assertions 对数据库中的数据进行断言，非常适合单元测试。

下面通过一个例子，来一起认识一下强大的 AssertJ。首先使用 JUnit 的经典断言实现一段测试：

```java
// 使用 JUnit 的断言
public class JUnitSampleTest {
    @Test
    public void testUsingJunitAssertThat() {
        // 字符串判断
        String s = "abcde";
        Assertions.assertTrue(s.startsWith("ab"));
        Assertions.assertTrue(s.endsWith("de"));
        Assertions.assertEquals(5, s.length());

        // 数字判断
        Integer i = 50;
        Assertions.assertTrue(i > 0);
        Assertions.assertTrue(i < 100);

        // 日期判断
        Date date1 = new Date();
        Date date2 = new Date(date1.getTime() + 100);
        Date date3 = new Date(date1.getTime() - 100);
        Assertions.assertTrue(date1.before(date2));
        Assertions.assertTrue(date1.after(date3));

        // List 判断
        List<String> list = Arrays.asList("a", "b", "c", "d");
        Assertions.assertEquals("a", list.get(0));
        Assertions.assertEquals(4, list.size());
        Assertions.assertEquals("d", list.get(list.size() - 1));

        // Map 判断
        Map<String, Object> map = new HashMap<>(16);
        map.put("A", 1);
        map.put("B", 2);
        map.put("C", 3);
        Set<String> set = map.keySet();
        Assertions.assertEquals(3, map.size());
        Assertions.assertTrue(set.containsAll
```

```java
            (Arrays.asList("A", "B", "C")));
    }
}
```

下面，我们使用 AssertJ 来完成同样的断言：

```java
// 使用 AssertJ 的断言
public class AssertJSampleTest {
    @Test
    public void testUsingAssertJ() {
        // 字符串判断
        String s = "abcde";
        Assertions.assertThat(s).as("字符串判断：判断首尾及长度")
            .startsWith("ab").endsWith("de").hasSize(5);
        // 数字判断
        Integer i = 50;
        Assertions.assertThat(i).as("数字判断：数字大小比较")
            .isGreaterThan(0).isLessThan(100);
        // 日期判断
        Date date1 = new Date();
        Date date2 = new Date(date1.getTime() + 100);
        Date date3 = new Date(date1.getTime() - 100);
        Assertions.assertThat(date1).as("日期判断：日期大小比较")
            .isBefore(date2).isAfter(date3);
        // List 判断
        List<String> list = Arrays.asList("a", "b", "c", "d");
        Assertions.assertThat(list)
            .as("List 的判断：首、尾元素及长度").startsWith("a")
            .endsWith("d").hasSize(4);
        // Map 判断
        Map<String, Object> map = new HashMap<>(16);
        map.put("A", 1);
        map.put("B", 2);
        map.put("C", 3);
        Assertions.assertThat(map).as("Map 的判断：长度及 Key 值")
            .hasSize(3).containsKeys("A", "B", "C");
    }
}
```

不难发现，AssertJ 的断言代码要清爽许多，流式断言充分利用了 Java 8 之后的匿名方法和 Stream 类型的特点，很好地对 JUnit 断言方法进行了补充。

第 9 章 代码规约

车同轨、书同文。手册源起,不忘初心,伯牙子期,琴瑟共鸣。

9.1 代码规约的意义

别人都说程序员是"搬砖"的码农，但我们知道自己是追求个性的艺术家。也许我们不会过多在意自己的外表和穿着，但在不羁的外表下，骨子里追求着代码的美、系统的美、设计的美，代码规约其实就是对程序美的一个定义。但是这种美离程序员的生活有些遥远，尽管代码规约的价值在业内有着广泛的共识，然而在现实中执行得并不是很好。程序员曾经最引以为豪的代码，因为代码规约的缺失严重制约了相互之间的高效协同，频繁的系统重构和心惊胆战的维护似乎成了工作的主旋律，如何走出这种怪圈呢？众所周知，互联网公司的效能是企业的核心竞争力，体现在开发领域上，其实就是沟通效率和研发效率。沟通效率的重要性可以从程序员三大"编程理念之争"（如图 9-1 所示）说起：

- 缩进采用空格键，还是 Tab 键。
- if 单语句需要大括号，还是不需要大括号。
- 左大括号不换行，还是单独另起一行。

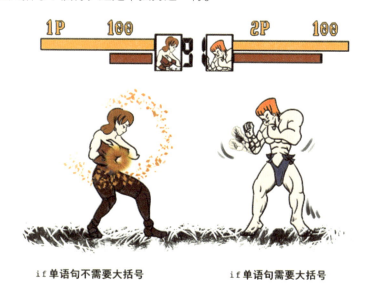

图 9-1　编程理念之争

其中，if 单语句是否需要大括号是争论不休的话题。相对来说，写过格式缩进类编程语言（比如 Python）的开发工程师，更加习惯于不加大括号。因为单语句的写法，继续添加其他语句时，容易引起视觉上的错误判断导致程序逻辑问题，所以我们提倡 if、for、while 单语句必须加大括号。此外，不加大括号还可能会导致作用域问题：

```java
public class IfSingleStatementTest {
    public static void main(String[] args) {
        // 以下三句均编译报错：declaration not allowed here
        if (true)    int x;
        for (; ; )   int y;
        while (true) int z;
    }
}
```

有程序员想当然地认为编译会通过，最多出现警告提示：variable is never used。实际上，编译报错为 declaration not allowed here。单语句在没有加大括号的情况下，声明的变量不可能再被使用，编译器认为没有任何意义，参考官方说明：Every declaration that introduces a name has a scope，in which they can be used.

这些理念之争的本质就是程序员多年代码习惯生了茧，不愿意对不一样的代码风格妥协。很多代码风格客观上没有对与错，但是一致性很重要，可读性很重要，团队沟通效率很重要。帕金森琐碎定律是指团队成员往往会把过多的精力花费在一些琐碎的争论上，而真正重要的决议反而可以轻松通过。在代码风格上，团队不需要进行过多的讨论、争论，而应该把更多的精力放在重要问题的沟通和协调上。个性化应尽量表现在系统架构和算法效率的提升上，而不是独特的代码风格上。

原始社会的部落冲突讲究个人蛮力，现代化战争则需要海陆空多兵种联合作战，软件工程亦是如此。从软件小作坊发展到现在，凭一人之力编写大型软件系统已经是不可能的了。跨团队的联合开发越来越常见，需要一定的规范来保障沟通的有效性。如果规范不一，就像图 9-2 中的小鸭和小鸡对话一样，言语不通，一脸囧相。鸡同鸭讲也恰恰形容了人与人之间沟通的痛点，自说自话，无法沟通。

图 9-2　鸡同鸭讲

第 9 章 代码规约

代码规约除代码风格之外，还应该包括异常日志、数据库规约、安全规约、单元测试等相关领域，旨在提升开发工程师之间的沟通效率，本书的书名"码出高效"指的就是高效沟通与协作。大雁是一种非常讲究团队配合的鸟类，它们飞翔的队形可以有效地减少空气阻力。所以，封面选择大雁作为背景，传递团队沟通与协作的理念，顺利达到共同的目标。即使代码规约的价值是明确的，有些开发工程师依然对代码规约存在如下的错误认识：

1. 代码规约消灭创造力

程序员对代码的创造力与业务理解、建模能力、架构设计等都有关系。有人认为，代码规约是把程序员变成流水线上的工人，消灭创造力。非要类比的话，代码规约只是墙上的安全生产规范，并非定义工作内容本身（这才是程序员真正发挥创造力的地方），代码规约让代码生产更加有序、更加高效。

2. 代码本人理解就行

代码是给三个群体看的：编译器、编写者、维护者。编译器需要代码符合语法；编写者需要代码符合自己的编程风格；维护者需要代码可读性强。在软件生命周期内，编译器的时间单位是"秒"，编写者的时间单位是"天"，则编写者有可能成为维护者。此外，一个人对于团队的价值，取决于他的稀缺性。有些程序员认为自己写的代码只有自己能够看懂，比如 if-else 嵌套 5 层，再来一个 for 循环，才能显示出个人的不可替代性。实际上，写代码的时候，应该多从团队利益、公司战略的角度考虑，遵从统一的代码规约，助人也是助己，在维护自己代码的时候，也会更加从容。

3. 一成不变的代码不需要规范

代码部署到服务器上稳定运行后，即使没有任何功能的增加或删除，也不是永远不需要修改的。代码具有时间维度、机器维度、框架维度等相关属性。时间维度，比如千年虫问题或 2038 问题等；机器维度，比如机器过保或机器换代等；框架维度，比如 JDK 升级或框架安全风险等。举个例子，JDK6 升级到 JDK7 必须要及时修改代码，使 Comparator 满足 JDK7 的新要求，否则 Arrays.sort 会抛异常。诚如哲学家所述"人不能两次踏进同一条河流"，代码的每一次部署，也是不可能完全相同的。所以没有一成不变的代码。

4. 代码规约必须符合所有人的习惯

如果一双鞋适合所有人的脚，那绝对是一双废鞋。代码规约并不是寻找最优解，而是寻找认知中的最大公约数。如果一个餐馆日料、法餐、湘菜、杭帮菜都做的话，必然不是一个好餐馆。舍得，就是舍去小部分的意志，得到大格局上的成功。在制订代码规约的过程中，一些规则向左走或向右走都有自身的合理性。比如返回集合时，是否允许 return null 的问题，可归结为防御式编程理念与契约式编程理念不同的处理方式。积累多次教训后，我们提倡防御式编程理念，明确允许返回为 null 值。在共识的规约面前，我们应该放下成见，牺牲小我，成就大我。

综上所述，代码规约的意义如下：

（1）码出高效。标准统一，提升沟通效率和协作效率，促使研发效能的提升。

（2）码出质量。防患未然，提升质量意识，降低故障率和维护成本，快速定位问题。

（3）码出情怀。追求卓越的工匠精神，打磨精品代码。

9.2 如何推动落地

任何出发点多么美好的规章制度，如果没有被落地执行到位，也终将是一纸空文。如何落地，上令下达，往往是很多标准类文件的痛点。在制订团队代码规约的时候，往往是一帆风顺的，但是真正到实际执行层面的时候，规约落地的过程总会遇到各种推三阻四的情况。我们可以尝试从三个方面推动落地：第一，立法透明；第二，执法坚定；第三，组织支持。推进的节奏需要循序渐进，过于生硬的一刀切很可能触发团队的抵触情绪，甚至有些程序员会以不惜辞职为代价捍卫自己的编程习惯。

1. 立法透明

在规约制订的过程中，保持全程透明与公开，充分讨论，反复审稿，谨慎定稿。需要明确回答规约为什么这样制订，违反了会有什么后果。不论团队成员是否理解，是否赞同，要让所有人觉得规约的制订是一个共同参与、共同讨论的过程，规约是共同遵守的约定。但某些规则或左或右时，仅仅需要的是一个拍板。由于技术是不断向前发展的，没有一套代码规约可以流行数年而不更新，我们需要保持规约内容的与时俱进。比如，《阿里巴巴 Java 开发手册》（下称《手册》）制订之初是 JDK7 时代，转眼间已经开始拥抱 JDK11，底层技术发生了很大的变化，因此，规约需要不断地吸收新的特性，并且修改不再适用于主流版本的相关内容。

2. 执法坚定

对于规约的遵守符合典型的破窗理论，如果团队某个成员完全不遵守共同的代码规约，久而久之，出于人性的弱点，其他成员必然一个接一个地开始违反规约，最后规约就是形同虚设。执法的过程需要面对两件事情：第一，如何判断是否违反规约；第二，如何进行奖惩。第一件事情，首先由程序自动分析保证，能够降低规约的遵守成本。保障规约轻量化落地的技术包括自动化扫描、数据分析等配套工具，自动化扫描最好提供全量和增量的配置，尤其是后者可以减少因为历史代码而增加的规约遵守成本。规约扫描的相关数据分析是指形成数据报表，按时间、团队、应用各个维度进行聚合，立体地分析违反规约的成员和代码，有助于长效地提升规约的生命力。《手册》也提供相应的静态代码扫描工具，称为 P3C 扫描插件，甚至提供部分自动纠错功能，可以有效地提升开发效率。其次，在自动化分析的基础上，增加人工 CodeReview 来保证规约的落地，进一步判断无法通过自动扫描的规则是否被遵守。比如：即使是多个字段组合，只要业务特性唯一，就必须建成唯一索引，这样的规则很难通过自动化分析进行判断，需要 Reviewer 根据业务逻辑进行人工审查。第二件事情，数据分析的结果可以作为考核机制的参考指标，督促团队成员更好地遵守代码规约。此外，对于优秀代码，可以通过代码秀或者代码墙分享出来，引导其他成员学习和主动遵守代码规范。

3. 组织支持

公司是否需要代码规约来提升整体开发效率，维护长效的开发秩序，它是一个管理决定，决定之后的执行需要某个部门进行专项推进。通常来说，推进规约落地是一件成就感并不是特别强的脏活累活，并且经常会面对各种抵触行为，甚至是漫骂，这时就需要组织给予充分的支持。组织支持包括三个方面：第一，给予负责人相应的考核权限；第二，需要进行各种广泛而有力的宣传和引导，敢于公布红黑榜；第三，建立良性、有序、分享的长效代码文化。

9.3　手册纵览

现代软件行业的高速发展和复杂架构对于开发者的综合素质要求越来越高，因为不仅是编程知识，其他维度的知识结构也会影响到软件的最终交付质量。比如，数据库的表结构和索引设计缺陷可能带来软件上的架构缺陷或性能风险；工程结构混乱导致维护困难；没有鉴权的漏洞代码被黑客攻击等。《手册》全文被划分为编程规约、异常日志、单元测试、安全规约、MySQL 数据库、工程结构、设计规约七大章节，呈现出完整的程序员能力模型。衍生的问题是这样的知识体系是不是过于庞大？仅安全规约扩展开来可以是上百页的资料。《手册》主要关注的是与开发紧密相关的知识点，如果不知道水平权限校验，如果不知道建立合理的索引，如果不知道设计模式七大原则，那么会是一名合格的开发工程师吗？这本手册不是提倡深究所有的知识点而成为安全专家、运维专家，而是关注与编码相关的生态知识，成为知识全面的开发工程师。

回顾 2013 年的手册原型，最初的内容只涉及编程习惯和异常处理两个章节。数据库规约是第一个被扩充的章节，是因为当时认知到数据库的设计极为轻佻。建库建表、字段名称、字段类型、字段长度的决定都比较随意，导致上层应用不得不花费更大的代价去修正底层数据结构的缺陷。

比如，存储一对多的关系主要有四种实现方式，分别为 JSON 方式、XML 方式、逗号分隔、多字段存储，底层实现方式的不同选择决定着上层实现逻辑的巨大差异。当时在技术评审会上，开发工程师根本就没有认真评审四种实现方式的区别，直接选择多字段存储，导致后期不断增加列来适配一对多的关系。推荐使用 JSON 方式来进行存储，因为解析框架比较成熟，存储开销适中，性能不错，并且数据存储格式可以直接阅读。

再如，表达删除的字段名非常杂乱，类似于 delete、delete_flag、is_deleted、is_delete 等。甚至在同一个应用中的多个表中，表达删除的字段名都没有统一，这导致在进行数据分析时，总要小心翼翼，像玩文字游戏。另外，在同一个字段中，居然出现 1/0 和 y/n 同时表达已删除和未删除的状态，《手册》推荐使用 is_deleted 的字段命名，使用 1/0 表示已删除和未删除的状态。

为何将约束等级分为三级？传统观念上的代码规约只列出强制项，而不是把那些无法衡量的推荐或参考写入规约。在《手册》诞生之前，业界并没有使用过代码规约分级制。什么都是强制项的"规范"，更像是一纸冰冷的法律文书。在《手册》的制订过程中，发现有些规则可以量化，有些规则难以量化，根据约束力强弱及故障敏感性，规约依次分级为强制、推荐、参考三大类。强制是一种命令型的约束，表达的是协作痛点或故障隐患。推荐是一种语气比较强的提倡，即使不这样做也不会产生严重的问题，但如果团队一致遵守会使代码结构更清晰，团队协作更高效。参考分成两种情况：第一种是无法用规则量化的要求，比如避免出现重复的代码，即 Don't Repeat Yourself；第二种向左向右均可以，仅提出一种期望，自由度由开发工程师自己把握，比如在服务层的方法命名中，获取单个对象的方法用 get 作为前缀等。

扩展的说明、正例、反例希望达到什么样的目的？知其然，知其不然，深度地理解规则背后的思想。如果只是冷冰冰的规则，对于阅读者的理解和记忆都是很大的挑战。《手册》希望读者能够非常舒心地完成阅读，掩卷遐思，亦有所得。其中"说明"对内容做了引申和解释，为求知其然；"正例"展示什么样的编码、配置、实现方式是被倡导的；"反例"标识需要提防的雷区，以及真实的错误案例，让人知其不然。

考虑到方便离线查看，《手册》是以 PDF 文件的方式进行发布的，至本书出版时共有 9 个版本。2017 年 2 月 9 日，第一个版本正式公布，引起社区热议。紧接着 5 月 20 日，吸纳社区意见，修正错误描述，发布完美版。9 月 25 日，增加单元测试规约，发布终极版。但是，注意到软件设计领域没有比较好的指导原则，2018 年 5 月 20 日，增加 16 条设计规约，发布详尽版。2019 年 6 月 19 日，Java 开发手册（华山版）发布，未来电子版均会去掉阿里巴巴限定，致敬全球开发者，引发业界热议。版本命名是有当时特定的背景考量的，在《手册》最后的附表中，每个版本都有相应的详细说明。

9.4　从规约到学习方法论

《阿里巴巴 Java 开发手册》的知识体系庞大，碰到疑难点查手册是一种点状的学习方式，但这是被动式的。而系统性地学习需要遵守学习的基本规律，才能够运用自如，主动地提升自己的知识体系。一种思想在批判和演进后，与自己的思想相结合，不断消化才会成为自己的知识。下面从学习方法论的纵切面和横切面两个维度来谈。

学习的纵切面是：记忆、理解、表达、融会贯通。第一步，记忆。学习是一个体力活，并不是一种技巧，我对于 21 天能学会什么一直是抱有怀疑的态度的，因为人类对信息的采集、识别、记录、遗忘是一种自然规律。对抗遗忘最好的方式就是重复、重复、再重复地去记忆。所谓技巧型地突击，这种遗忘曲线几乎是呈线性下降的。记忆是一种苦差，如果有技巧，那么就是在信息的采集和识别阶段，对信息进行有效的分类。第二步，理解。记忆与理解并非是一定在同一阶段发生的。随着信息的记忆量越来越大，原来理解的点由于记忆信息的互相碰撞、互相矛盾、互相扶持，使理解一直在受到内心的不断质疑和不断肯定。理解可以借鉴别人的思想，可以借鉴错误的案例使自己的理解不断趋近于正确的观点。第三，表达。知识在被理解之后，如何表达出来往往存在非常大的鸿沟。表达出来是对理解最好的尊重，否则所谓的理解只是内心深处对自己的阿 Q 精神。表达是比较难以精进的一个过程，它是对于前两个阶段的一个反馈，是知识的试金石。第四，融会贯通。知识的价值在于运用，融会贯通是要正确而熟练地运用。它是一种境界，不管是否能够清晰地表达出来，在内心中对于知识体系经常有小火花产生，能够自我修正知识体系，能够创造新的知识理念。大师之所以成为大师，就是因为在知识的层面上远远超越于常人，所以才能够不断地创造出新的学术分支和科学成果出来。

学习的横切面是：量变质变、对立统一、否定之否定。这也是任何事物发展的根本规律，当然也是学习知识的本质方法论，它从另外一个维度来提升自己的学习成果。量变质变昭示了知识是需要坐得起冷板凳，耐得住寂寞。尤其在量变与质变的临界点上，往往是最痛苦的。因为从学习者本身来说，是感知不到这个临界点的，只是觉得自己的学习如此辛苦，怎么突然某个简单的问题都无法解决。那只是因为积累的知识使自己的解题路径更多，导致简单的问题有了更多的求解过程，反而使自己绕在云雾中。量变质变在客观上要求学习者在学习到一个极点状态时，需要的就是坚持。对立统一需要我们客观地看待问题，没有一刀切的对与错、黑与白，人的常规思维就是喜欢简单地分对错，所以小时候在看武侠片的时候，第一个问题就是谁是好人，谁是坏人。只要他定性为坏人，什么思想和行为都是带着深深的阴谋。我们在评价某种数据结构类型是好是坏时，也需要客观面对，链表可能在某种情况下倾向于更好的表现，在另一种情况下倾向于更差的表现。评论任何框架、知识点都需要用更加全面的观点看待。否定之否定是知识积累与进步的必然结果，如果没有这个阶段，很可能感知不到在被否定的情况下，对于知识的另一种认知。

9.5　聊聊成长

成长并没有直线式的捷径，"不走弯路就是捷径"这个观点未必正确。弯路是成长的必经之路，我们在成长的路上需要注意的是保证弯路的前进大方向与直线的行进方向基本一致。南辕北辙消耗的是时间成本、精力成本、机会成本，尤其机会成本往往是可遇不可求的。弯路上的泥泞、徘徊、痛苦等都是成长的养分，一味地想速成某种能力，反而适得其反。夯实基础，方能建万丈高楼。浮沙筑高台，那只是极少数天才的专利而已。

代码能力的提升就是不断磨炼、不断尝试、不断纠错的成长过程。编程实战能力是开发工程师的核心能力，现在越来越多的企业会进行在线编程能力测试，甚至在计算机类博士的相关招聘中，也会有此类要求。优秀的代码能力应该体现在运行效率和架构设计上。运行效率取决于对语言的合理运用和算法设计的合理性上。要尽量避免《手册》中提到很多关于Java语言一些低效的处理方式。在算法设计上，可以参考本书的"数据结构与集合"章节，尽可能写出高质量的算法代码；而架构设计，需要融会贯通，使代码优雅、具有扩展性。

孔子曰："学而不思则罔，思而不学则殆。"如果只是把书架上的书的数量来衡量自己的技术功底，那真错了，真正的书架应在心中，反复地学习、实践，再夯实理论。如果缺乏思考，就会因为不能深刻理解书本的意义而不能有效地在实际中运用好这些知识，甚至陷入更深的迷茫中。我们只有把学习和思考结合起来，才能把知识转为己用。笔者很喜欢在学习的同时作深度总结，至今沉淀了超过2000页的笔记，分为四个文档：搜集、整理、专题、哲学。知识快速进入搜集区，包括书上的、听到的、看到的、疑惑的；不断地去思考、复核并总结之后，沉淀在整理区。这是点维度的总结；把这些点的知识串成一个专题是线维度的总结；而最后的知识上升到哲学方法论级别，是面维度的总结。

我们考完驾照的时候，总想找机会显示一下自己的驾驶技术。同理，学习和体会计算机技术，也要敢于到班门去弄斧。提倡把自己丑陋的代码在比自己更优秀的人面前晒出来。含蓄的结果就是以为自己是宇宙中心，别人写的代码都不如我，自己的风格总是正道。在一度火爆的"向代码致敬，寻找你的第83行"活动中，最后的获奖者感言，在这个过程中收获了成长，正因为大神们的指导，打开了自己知识的广度，找到了自己的不足之处。

最后，做一个有技术情怀的人。技术情怀总结成两个关键词：热爱、卓越。热爱是一种源动力，卓越是一种境界。兴趣是最好的老师，也是最好的动力。而热爱是一种信念，即使痛苦，也不会让你背离这份事业和内心的执着。对技术的热爱，让人勇于追根究底，勇于坐冷板凳，勇于回馈别人。极致与卓越，似乎是一个意思，即出类拔萃，超出期望。技术情怀提倡我们追求极致式的卓越，把卓越再往前提升。不管一个人如何卓越与优秀，都要学会自我驱动，持续进步，追求个人内心的极致。因为卓越，所以经典，只有这样百尺竿头，才能更进一步。仰望星空的同时，是脚踏实地，这样才能不断地学习和打磨自己。

在成长的路上，愿《码出高效：Java开发手册》和你一路同行，成为良师益友，一起成长，一起携手面对技术难题，走向更精彩的明天！

午后茶：猜猜看

```java
package easy.coding;

public class SwitchTest {
    public static void main(String[] args) {
        // 当default在中间时，且看输出是什么？
        int a = 1;
        switch (a) {
            case 2:
                System.out.println("print 2 ");
            case 1:
                System.out.println("print 1 ");
            default:
                System.out.println("first default print");
            case 3:
                System.out.println("print 3 ");
        }

        // 当switch括号内的变量为String类型的外部参数时，且看输出是什么？
        String param = null;
        switch (param) {
            case "param":
                System.out.println("print param");
                break;
            case "String":
                System.out.println("print String");
                break;
            case "null":
                System.out.println("print null");
                break;
            default:
                System.out.println("second default print");
        }
    }
}
```

午后茶：猜猜看

```java
package easy.coding;

public class FloatTest {
    public static void main(String[] args) {
        float a = 1.0f - 0.9f;
        float b = 0.9f - 0.8f;

        if (a == b) {
            System.out.println("true");
        } else {
            System.out.println("false");
        }

        Float m = Float.valueOf(a);
        Float n = Float.valueOf(b);
        if (m.equals(n)) {
            System.out.println("true");
        } else {
            System.out.println("false");
        }


        Double x = new Double(a);
        Double y = new Double(b);
        if (x.equals(y)) {
            System.out.println("true");
        } else {
            System.out.println("false");
        }
        // 运行一下，结果可能超乎想象，其中到底有几个true？
    }
}
```

读书笔记